Stahlmaste für Starkstrom - Freileitungen

Wilhelm Taenzer

Stahlmaste für Starkstrom-Freileitungen

Berechnung und Beispiele

Dritte erweiterte Auflage

von

Dipl.-Ing. **Kurt Fielitz** und Dr.-Ing. **Heinz Mors**

Mit 134 Abbildungen und 8 Tabellen

Springer-Verlag Berlin Heidelberg GmbH

1960

Vorwort zur dritten Auflage

Die Neubearbeitung der Vorschriften für den Bau von Starkstrom-Freileitungen ist in der Ausgabe VDE 0210/2.58 erschienen und der vorliegenden dritten Auflage zugrunde gelegt.

Auf Wunsch des Herrn WILHELM TAENZER habe ich die Bearbeitung der Neuauflage übernommen. Herr Dr.-Ing. H. MORS ist Mitverfasser. Herr Dr.-Ing. C. SCHARNOW, der inzwischen verstorben ist, war an den Vorarbeiten beteiligt.

Die Einteilung des Lehrstoffes entspricht den beiden früheren Auflagen. Abschnitt II: „Berechnungsbeispiele" mußte entsprechend der Entwicklung des Freileitungsbaues um einige Beispiele der Mast- und Fundamentberechnungen erweitert werden. Der Umfang der Neuauflage wurde dadurch nicht wesentlich vergrößert.

Ich hoffe, daß diese Schrift in allen Fachkreisen die gleiche dankbare Aufnahme finden möge wie die beiden von Herrn TAENZER bearbeiteten Auflagen.

Osnabrück, im Juni 1960

K. Fielitz

Vorwort zur ersten Auflage

In den Anfängen der Überlandzentralen galt der Mastenbau naturgemäß als etwas Nebensächliches im Eisenkonstruktionsfach.

Das wurde bald anders, als mit dem Ausbau der Leitungsnetze die Nachfrage nach Masten stieg und gleichzeitig die mit hoher elektrischer Spannung betriebenen Verbindungsleitungen besondere Anforderungen an die Konstruktion der Maste stellten.

Es kam alles darauf an, daß Mastkonstruktionen geschaffen wurden, die gute Wirtschaftlichkeit mit unbedingter Betriebssicherheit der aufgehängten Hochspannungsleitungen vereinigten.

Die zu diesem Ziele führenden Grundlagen der Statik und Konstruktion zum erfolgreichen Mastenbau sind als reife Frucht langjähriger Erfahrung in dieser kleinen Schrift niedergelegt.

Mit dieser Gabe möchte sie dienen: den Elektrizitätsfirmen bei der Projektierung neuer Leitungsstrecken, den Eisenbaufirmen als brauchbare Handhabe zur Berechnung und Herstellung wirtschaftlicher Masttypen und nicht zuletzt den Studierenden als Rüstzeug zum Studium dieses aussichtsreichen, mit der gesamten Elektrizitätswirtschaft so eng verbundenen Fachgebietes.

Bad Oeynhausen, im Frühling 1930

W. Taenzer

Inhaltsverzeichnis

I. Allgemeine Grundlagen der Berechnung

II. Berechnungsbeispiele

III. Anhang

I. Allgemeine Grundlagen der Berechnung

1. Übersicht über die Vorschriften des Verbandes Deutscher Elektrotechniker (VDE) für den Bau von Starkstrom-Freileitungen

Der Berechnung der Maste, Querträger und Gründungen sind die jeweils gültigen „Vorschriften für den Bau von Starkstrom-Freileitungen" VDE 0210 und VDE 0211 zugrunde zu legen. In diesen Vorschriften sind auch die für die Errichtung von Starkstrom-Freileitungen außerdem zu beachtenden VDE-Bestimmungen und DIN-Normen aufgeführt. Die Vorschriften VDE 0211 gelten für Starkstrom-Freileitungen mit Nennspannungen unter 1 kV und stellen lediglich eine Erleichterung für den Benutzer bei Anwendung der Bestimmungen von VDE 0210 dar.

Der Abschnitt C. „Gestänge" der Vorschriften VDE 0210 wurde mit Ausnahme der §§ 19 und 31 von den für die Bauaufsicht zuständigen Ministern (Senatoren) der Länder als Richtlinie für die Baugenehmigungsbehörden eingeführt. Diese wurden außerdem auch noch auf die bautechnischen Angaben der übrigen Abschnitte hingewiesen.

2. Auszug aus den „Vorschriften für den Bau von Starkstrom-Freileitungen VDE 0210/2.58"

Es sind nachstehend auszugsweise die „Vorschriften" zusammengestellt, soweit sie Bestimmungen über die Berechnung und Ausführung der Maste, Querträger und Gründungen enthalten.

Für die Berechnungsbeispiele erforderliche Hilfstabellen sind im Anhang aufgeführt.

§ 3. Begriffserklärungen

Im Sinne dieser Vorschriften gelten folgende Begriffserklärungen:

a) *Freileitung* (vielfach auch nur *Leitung* genannt) ist die Gesamtheit einer der Fortleitung von Starkstrom dienenden Anlage, bestehend aus Stützpunkten — Maste und deren Gründungen, Dachständer, Konsolen und dergleichen —, oberirdisch verlegten Leitern mit Zubehör, Isolatoren mit Zubehör und Erdungen.

b) *Leiter* sind die zwischen den Stützpunkten einer Freileitung frei gespannten blanken, isolierten oder umhüllten Drähte und Seile, unabhängig davon, ob sie unter Spannung stehen oder nicht.

Bündelleiter sind Anordnungen von zwei oder mehr an Stelle eines Einfachleiters verwendeten und auf ihrer ganzen Länge in annähernd gleichem Abstand gehaltenen Leitern.

c) *Nennspannung* (U_n) ist diejenige Spannung, für die eine Freileitung benannt wird und auf die bestimmte Betriebseigenschaften bezogen werden.

d) *Prüffestigkeit* der Drähte ist die auf den Ausgangsquerschnitt bezogene Zugspannung, die eindrähtige Leiter oder für Seile verwendete Drähte beim Zugversuch 1 min lang aushalten müssen, ohne zu reißen.

e) *Prüflast* eines Drahtes ist das Produkt aus Nennquerschnitt und Prüffestigkeit.

f) *Nennlast* eines Leiters ist bei eindrähtigen Leitern die unter e) genannte Prüflast, bei Seilen aus Einzeldrähten gleichen Werkstoffes die Summe der Prüflasten der Einzeldrähte, bei Stahl-Aluminiumseilen das 0,9fache der Summe der Prüflasten der Einzeldrähte.

g) *Dauerzugfestigkeit* der Leiter ist die größte statische Zugspannung, die eindrähtige Leiter oder für Seile verwendete Drähte ein Jahr lang aushalten müssen, ohne zu reißen.

h) *Dauerlast* eines Leiters ist das Produkt aus Istquerschnitt und Dauerzugfestigkeit.

i) *Höchstzugspannung* ist die Zugspannung im tiefsten Punkt der Durchhangslinie der Leiter, die nach dem bei der Verlegung gewählten Durchhang weder bei -5 °C mit der der Berechnung zugrunde gelegten Zusatzlast noch bei -20 °C ohne Zusatzlast überschritten wird.

k) *Höchstzug* eines Leiters ist das Produkt aus Istquerschnitt und Höchstzugspannung.

l) *Istquerschnitt* eines Leiters ist sein tatsächlicher Querschnitt.

m) *Nennquerschnitt* ist der zur normmäßigen Bezeichnung des Leiters dienende abgerundete Istquerschnitt.

n) *Durchhang* eines Leiters ist der Abstand der Mitte der Verbindungslinie seiner beiden Aufhängepunkte von dem lotrecht darunterliegenden Punkt des Leiters.

o) *Spannweite* ist die waagerecht gemessene Entfernung zweier benachbarter Stützpunkte.

p) *Abspannabschnitt* ist der zwischen zwei Festpunkten liegende Teil der Freileitung.

q) *Kreuzungsabschnitt* ist der zwischen zwei Kreuzungsmasten nach § 16 a) 6 liegende Teil der Freileitung, in dem Anlagen nach § 35 a) 1 gekreuzt werden.

r) *Kreuzungsfeld* ist das zwischen zwei benachbarten Stützpunkten liegende Spannfeld über einer nach §§ 32, 35 und 36 gekreuzten Anlage.

§ 7. Zulässige Zugspannungen und Spannweiten

a) Nachstehende Werte der Höchstzugspannungen dürfen beim Auftreten weder der normalen Zusatzlast [siehe § 8 b)] noch einer größeren Zusatzlast [siehe § 7 d)] überschritten werden.

Art der Leiter	Zulässige Höchstzugspannung
Eindrähtige Kupferleiter	12 kg/mm²
Eindrähtige Leiter aus anderen Werkstoffen	35% der Dauerzugfestigkeit
Seile aus Kupfer.	19 kg/mm²
Seile aus Aluminium	8 kg/mm²
Seile aus Aldrey	12 kg/mm²
Seile aus Bronze Bz I	24 kg/mm²
Seile aus Bronze Bz II	30 kg/mm²
Seile aus Bronze Bz III	35 kg/mm²
Stahl-Aluminiumseile nach DIN 48 204 auf den Gesamtquerschnitt bezogen mit Querschnittsverhältnis	
Al/St 5,7 bis 6	11 kg/mm²
Al/St 4,3	11,5 kg/mm²
Al/St 3	12 kg/mm²
Seile aus anderen Werkstoffen	50% der Dauerzugfestigkeit

Bei freigespannten Leitern ist die Zugspannung an den Aufhängepunkten bzw. bei ungleich hohen Aufhängepunkten an dem höhergelegenen größer als die Höchstzugspannung [siehe § 3 i)]. Die Zugspannung an den Aufhängepunkten darf in keinem Fall die vorgenannten Werte um mehr als 5% überschreiten.

Bei Spannweiten mit annähernd gleich hohen Aufhängepunkten erübrigt sich eine Nachprüfung, wenn der größte Durchhang nach § 8 c) etwa 4% der Spannweite nicht überschreitet.

§ 8. Durchhang

a) Der Durchhang der Leiter ist so zu bemessen, daß die nach § 7 zulässige Höchstzugspannung weder bei -5 °C mit der der Berechnung zugrunde gelegten Zusatzlast noch bei -20 °C ohne Zusatzlast überschritten wird.

b) Bei der Berechnung des Durchhanges kommt zum Gewicht des Leiters eine Belastung durch Eisbehang, Rauhreif, Schnee oder Wind. Für normale Fälle ist diese Zusatzlast mit dem Wert $0{,}18 \sqrt{d}$ in Kilogramm für 1 m Leiterlänge — in Richtung der Schwerkraft wirkend — anzunehmen. Hierin ist d der Nennwert des Leiterdurchmessers in Millimetern. In Gegenden, in denen größere Zusatzlasten als die normale regelmäßig auftreten, sind diese zu berücksichtigen.

c) Als größter Durchhang gilt der größere der Werte, die sich bei -5 °C mit Zusatzlast nach b) oder bei $+40$ °C ohne Zusatzlast ergeben.

Bei Tragketten ist der Durchhang für die lotrechte Stellung der Ketten zu ermitteln.

d) Für die Durchhangsberechnung gelten die in Tab. 2 enthaltenen Festwerte der Leiterwerkstoffe.

Tabelle 2. *Festwerte der Leiterwerkstoffe für die Durchhangsberechnung*

Nr.	1a Werkstoff	1b nach DIN	2 Wichte kg/dm³	3 Wärme- dehnungszahl ε_t für 1°	4 Elastische Dehnungszahl α cm²/kg	5 Dauer- zug- festig- keit kg/mm²	6 Prüf- festig- keit kg/mm²
1	Kupfer	48200 Bl. 1	8,9	$1,7 \cdot 10^{-5}$	$\dfrac{1}{1,3 \cdot 10^6}$	30	40
2	Bronze Bz I	48200 Bl. 2	8,9	$1,7 \cdot 10^{-5}$	$\dfrac{1}{1,3 \cdot 10^6}$	40	50
3	Bronze Bz II	48200 Bl. 2	8,65	$1,66 \cdot 10^{-5}$	$\dfrac{1}{1,3 \cdot 10^6}$	50	60
4	Bronze Bz III	48200 Bl. 2	8,65	$1,66 \cdot 10^{-5}$	$\dfrac{1}{1,3 \cdot 10^6}$	62	70
5	Aluminium	48200 Bl. 1	2,7	$2,3 \cdot 10^{-5}$	$\dfrac{1}{0,56 \cdot 10^6}$	12	18*
6	Aldrey	48200 Bl. 1	2,7	$2,3 \cdot 10^{-5}$	$\dfrac{1}{0,60 \cdot 10^6}$	24	30
7	Stahl St I	48200 Bl. 3	7,8	$1,23 \cdot 10^{-5}$	$\dfrac{1}{1,92 \cdot 10^6}$	32	40
8	Stahl St II	48200 Bl. 3	7,8	$1,1 \cdot 10^{-5}$	$\dfrac{1}{1,96 \cdot 10^6}$	56	70
9	Stahl St III	48200 Bl. 3	7,8	$1,1 \cdot 10^{-5}$	$\dfrac{1}{2,0 \cdot 10^6}$	90	120
10	Stahl St IV	48200 Bl. 3	7,8	$1,1 \cdot 10^{-5}$	$\dfrac{1}{2,0 \cdot 10^6}$	110	150
11	Stahl-Aluminium	48204 Al/St 5,7 bis 6	3,45	$1,95 \cdot 10^{-5}$	$\dfrac{1}{0,75 \cdot 10^6}$	**	—
12		48204 Al/St 4,3	3,65	$1,76 \cdot 10^{-5}$	$\dfrac{1}{0,79 \cdot 10^6}$	**	—
13		48204 Al/St 3	3,98	$1,66 \cdot 10^{-5}$	$\dfrac{1}{0,87 \cdot 10^6}$	**	—

* Bei Drahtdurchmesser ab 2,5 mm und darüber 17 kg/mm².

** Für Stahl-Aluminiumseile gilt als Dauerzugfestigkeit des Seiles das 0,9fache der Summe der Dauerzugfestigkeiten der einzelnen Werkstoffe unter Beachtung des Querschnittsverhältnisses von Stahl zu Aluminium.

C. Gestänge

1. Allgemeines

§ 15. Äußere Lasten

a) Maste, Querträger und Mastgründungen sind nach ihrem Verwendungszweck für die höchsten, gleichzeitig zu erwartenden äußeren Lasten zu bemessen. Als solche kommen in Betracht:

1. Eigengewicht der Maste und der Querträger, der Leiter einschließlich Eisbehang sowie der Isolatoren und dergleichen. Bei Isolatoren ist eine Eislast von 2,5 kg für 1 m Kettenlänge anzunehmen.

2. Windlast auf die vorgenannten Bauteile

2.1 Die Windrichtung ist waagerecht, die Windlast rechtwinklig zu der vom Wind getroffenen Fläche wirkend, ohne Berücksichtigung einer gleichzeitigen Vereisung anzunehmen.

Die Windlast ist: $W = c\,q\,F$

Hierin bedeuten:

c einen Staudruckbeiwert, der von der Gestalt, Ausdehnung und Oberflächenbeschaffenheit des vom Wind getroffenen Körpers abhängig ist;

$q = \dfrac{v^2}{16}$ den Staudruck in kg/m², wobei v die Windgeschwindigkeit in m/s ist;

F die vom Wind getroffene Fläche in m².

Für die verschiedenen Höhen über Erde sind die in Tab. 4 angegebenen Werte für die Windgeschwindigkeit und den Staudruck anzunehmen.

Für Maste, Querträger und Isolatoren sind die in Tab. 4, Spalte 4 angegebenen Werte des Staudruckes, für Leiter die Werte der Spalte 5 einzusetzen.

Bei Leitern ist die Windlast in Höhe ihrer Aufhängepunkte an den Isolatoren anzunehmen.

Tabelle 4. *Windgeschwindigkeit und Staudruck*

1	2	3	4	5
	Windgeschwindigkeit v m/s		Staudruck q kg/m²	
Höhe über Gelände m	Maste Querträger Isolatoren	Leiter	Maste Querträger Isolatoren	Leiter
0 bis 40	33,5	29	70	52,5
über 40 bis 100	38	32,9	90	67,5
übes 100 bis 150	43	37	115	86
über 150 bis 200	45	39	125	95

Für Freileitungen bis zu 20 m Höhe über Gelände darf der Staudruck abweichend von Tab. 4 bei Bauteilen, die bis zu 15 m über Gelände liegen, auf 55 kg/m², bei Leitern auf 44 kg/m² ermäßigt werden. Bei Bauteilen und Leitern dieser Freileitungen, die zwischen 15 und 20 m über Gelände liegen, ist mit dem Staudruck nach Tab. 4 zu rechnen.

Der Staudruckbeiwert c für die einzelnen Bauteile geht aus Tab. 5 hervor.

Bei quadratischen oder rechteckigen Fachwerkmasten ist nur die Fläche der dem Wind zugekehrten Fachwerkwand zu berücksichtigen. Der Winddruck auf Fachwerkverbände, deren Ebenen in der Windrichtung liegen, kann vernachlässigt werden.

Tabelle 5. *Staudruckbeiwert**

Nr.	1	2
	Bauteil	Staudruckbeiwert c
1	Ebene Fachwerkwände aus Profilen	1,4
2	Quadratische oder rechteckige Fachwerkmaste aus Profilen	2,6
3	Ebene Fachwerkwände aus Rohren	1,1
4	Quadratische oder rechteckige Fachwerkmaste aus Rohren	2,0
5	Holzmaste, Stahlrohrmaste, Stahlbetonmaste mit kreisförmigem Querschnitt .	0,7
6	Stahlrohr- und Stahlbetonmaste mit sechs- und achteckigem Querschnitt . . .	1,0
7	Leiter bis 12,5 mm Durchmesser	1,2
8	Leiter über 12,5 bis 15,8 mm Durchmesser	1,1
9	Leiter über 15,8 mm Durchmesser	1,0

* Für alle hier nicht aufgeführten Bauformen gelten sinngemäß die Staudruckbeiwerte nach DIN 1055, Blatt 4, Tab. 2.

Bei vierstieligen Masten darf zur Vereinfachung der Berechnung eine Verteilung der Windlast je zur Hälfte auf die dem Wind zugewendete und auf die dem Wind abgewendete Mastwand angenommen werden.

Bei Masten mit Höhen über Gelände von mehr als 60 m ist der Wind auf den Mast über Eck zu berücksichtigen. Die gesamte Windlast ist dann gleich $k \cdot W$ in Kilogramm. Für vierstielige Maste aus Stahl ist $k = 1,1$. Die Last wirkt inWindrichtung und ist deshalb noch in ihre Teillasten rechtwinklig und gleichlaufend zu den Seitenwänden zu zerlegen. Als Windangriffsfläche ist die in Richtung der Queranströmung gesehene Ansichtsfläche einer Mastwand einzusetzen.

Bei Bauteilen mit Kreisquerschnitt ist die senkrechte Projektion der vom Wind getroffenen Fläche anzusetzen.

Bei Doppelmasten mit Kreisquerschnitt, deren Zwischenraum kleiner ist als der mittlere Durchmesser eines Mastes, ist mit dem Staudruckwert $c = 0,8$ zu rechnen, wenn der Wind senkrecht zu der Ebene wirkt, die durch die Längsachse der beiden Maste geht.

Wirkt der Wind in Richtung der Ebene, die durch die Längsachse der beiden Maste bestimmt ist, dann ist der Abschirmfaktor für den dem Wind abgekehrten Mast $\varphi = 0,011\,a/D + 0,34$, wobei a den Abstand von Mitte Mast bis Mitte Mast und D den Durchmesser des Mastes bedeuten. Bei A-Masten ist a in halber Höhe der Maste über Gelände zu messen.

Bei Bündelleitern, bei denen Teilleiter nebeneinander liegen, beträgt der Abschirmfaktor für die dem Wind abgekehrten Teilleiter $\varphi = 0,8$.

Werden Flächen unter einem Winkel vom Wind getroffen, so ergibt sich die Windlast aus dem Produkt der Windlast bei einer Windrichtung senkrecht zur Fläche und dem Sinus des Einfallwinkels.

2.2 In besonders windgefährdeten Gegenden ist mit einer den örtlichen Verhältnissen entsprechenden höheren Windlast zu·rechnen.

3. Höchstzug der Leiter

b) Bei Masten, die vorläufig nur teilweise belegt werden, muß dieses bei der Berechnung berücksichtigt werden.

§ 16. Einteilung der Maste nach dem Verwendungszweck

a) Nach dem Verwendungszweck sind zu unterscheiden:

1. *Tragmaste*, die lediglich zum Tragen der Leiter dienen und nur in gerader Strecke verwendet werden;

2. *Winkelmaste*, die Leiterzüge in Winkelpunkten aufnehmen;

3. *Abspannmaste*, die Festpunkte in der Freileitung schaffen;

4. *Endmaste* zur Aufnahme der gesamten einseitigen Leiterzüge;

5. *Abzweig-* und *Verteilungsmaste* zum Abzweigen oder zum Verteilen der Leitungen nach verschiedenen Richtungen;

6. *Kreuzungsmaste*, die in den Endpunkten von Kreuzungen mit Eisenbahnen, Fernmeldeleitungen, Wasserstraßen und Seilbahnen (siehe § 35) verwendet werden;

7. *Zwischenmaste* innerhalb des Kreuzungsabschnittes, die als Trag- oder Winkelmaste ausgeführt sein können [siehe § 35 g) 4)].

b) Für einen bestimmten Verwendungszweck berechnete Maste dürfen für andere Zwecke nur verwendet werden, wenn sie auch den hierfür geltenden Anforderungen genügen.

Bei Masten, die den Unterschied ungleicher Züge in entgegengesetzter Richtung aufnehmen sollen, ist dieser Belastung Rechnung zu tragen.

§ 17. Belastungsannahmen

Soweit nicht außergewöhnliche Verhältnisse eine besondere Ermittlung erfordern, sind für Windlast, Leiterzug, Eigengewicht (Mast, Leiter, Isolatoren und Zubehör) und Eislast die nachstehend aufgeführten äußeren Lasten als wirksam anzunehmen. Als Leiterzug gilt der Höchstzug der Leiter bzw. der Bündelleiter.

a) Normalbelastung

Hierfür gelten die in Tab. 6, Spalte 2, angeführten Berechnungsgrundlagen. Diese sind jedoch nicht gleichzeitig anzunehmen, sondern es sind die Fälle auszuwählen, bei denen in den einzelnen Bauteilen die größten Spannungen auftreten.

Bei Masten, die dauernd einer Verdrehungsbelastung unterworfen sind, ist gleichzeitig das Drehmoment zu berücksichtigen.

b) Ausnahmebelastung

Stahlgittermaste, Stahlrohrmaste, Stahlbetonmaste und Holzgittermaste mit Kettenisolatoren sind außerdem unter der Annahme zu berechnen, daß durch den Fortfall eines Leiterzuges eine Verdrehungsbelastung hervorgerufen wird.

Dabei ist bei Tragmasten der halbe, bei allen anderen Masten der volle einseitige Höchstzug des Leiters anzusetzen, für den sich in den einzelnen Bauteilen die größten Spannungen ergeben. Bei Tragmasten in Gegenden

Tabelle 6. *Berechnungsannahmen für die einzelnen Mastarten*

Nr.	1	2	3
	Mastart	Normalbelastung nach a)	Ausnahmebelastung nach b)
1.	Tragmaste	α) Windlast senkrecht zur Leitungsrichtung auf Mast, Kopfausrüstung und auf die halbe Länge der Leiter der beiden Spannfelder. Gleichzeitig Eigengewicht ohne Eislast.	Die Normalbelastungen α), β), γ) und δ) bleiben unberücksichtigt. Nur die Belastung nach b) kommt in Betracht. Keine Windlast, Eigengewicht ohne Eislast.
		β) Windlast in der Leitungsrichtung auf Mast und Kopfausrüstung (Querträger, Isolatoren). Gleichzeitig Eigengewicht ohne Eislast.	
		γ) Kräfte, die in der Höhe und in der Richtung der Leiter angenommen werden und gleich einem Viertel der Windlast senkrecht zur Leitungsrichtung auf die halbe Länge der Leiter der beiden Spannfelder zu setzen sind. Gleichzeitig Eigengewicht ohne Eislast. Diese Kräfte brauchen nur bei Masten von mehr als 10 m Länge berücksichtigt zu werden.	
		δ) Windlast über Eck auf Mast und Kopfausrüstung (Querträger, Isolatoren) und gleichzeitig in dieser Richtung auf die halbe Länge der Leiter der beiden Spannfelder. Gleichzeitig Eigengewicht ohne Eislast. Diese Kräfte brauchen nur bei Masten mit Höhen über Gelände von mehr als 60 m berücksichtigt zu werden.	
2.	Winkelmaste	α) Die Mittelkräfte der Höchstzüge der Leiter und gleichzeitig Windlast auf Mast und Kopfausrüstung in Richtung der Gesamtmittelkraft. Gleichzeitig Eigengewicht einschließlich aller Leiter mit Eislast.	Die Normalbelastung nach α) und die Belastung nach b) sind gleichzeitig anzunehmen. Dabei ist die Normalbelastung ohne Wind, und unter Berücksichtigung des Fortfalls eines Leiterzuges anzusetzen. Eigengewicht ohne Eislast.
		β) Die Mittelkräfte der Leiterzüge bei $+5\,°C$ und bei Wind in Richtung der Halbierenden des Leitungswinkels und gleichzeitig Windlast in dieser Richtung auf Mast, Kopfausrüstung und auf die halbe Länge der Leiter der beiderseitigen Spannfelder. Gleichzeitig Eigengewicht ohne Eislast.	
		γ) Die Mittelkräfte der Leiterzüge bei $+5\,°C$ und bei Wind senkrecht zu dem größten Leiterzug und gleichzeitig Windlast auf Mast, Kopfausrüstung und die halbe Länge der Leiter für diese Windrichtung. Gleichzeitig Eigengewicht ohne Eislast. Diese Bestimmung gilt nur für Maste, die senkrecht zur Mittelkraft ein geringeres Widerstandsmoment als in Richtung dieser Kraft haben.	
		δ) Die Mittelkräfte der Leiterzüge bei $+5\,°C$ und bei Wind in Richtung über Eck des Mastes und gleichzeitig Windlast in dieser Richtung auf Mast, Kopfausrüstung und auf die halbe Länge der Leiter der beiderseitigen Spannfelder. Gleichzeitig Eigengewicht ohne Eislast. Diese Kräfte brauchen nur bei Masten mit Höhen über Gelände von mehr als 60 m berücksichtigt zu werden.	

Tabelle 6 (Fortsetzung)

Nr.	1	2	3
	Mastart	Normalbelastung nach a)	Ausnahmebelastung nach b)
3.	Abspannmaste in gerader Strecke	α) Wie 1 α). β) Wie 1 β). γ) Zwei Drittel der einseitigen Höchstzüge der Leiter und gleichzeitig Windlast auf Mast und Kopfausrüstung in Richtung der Querträger. Gleichzeitig Eigengewicht einschließlich aller Leiter mit Eislast.	Die Normalbelastungen nach α), β) und γ) bleiben unberücksichtigt. Nur die Belastung nach b) kommt in Betracht. Keine Windlast; Eigengewicht ohne Eislast.
4.	Abspannmaste in Winkelpunkten	α) Wie 2 α). β) Wie 2 β). γ) Zwei Drittel der einseitigen Höchstzüge der Leiter und gleichzeitig Windlast auf Mast und Kopfausrüstung in Richtung der Querträger. Gleichzeitig Eigengewicht einschließlich aller Leiter mit Eislast.	Die Normalbelastung nach α) und die Belastung nach b) sind gleichzeitig anzunehmen. Dabei ist die Normalbelastung ohne Wind und unter Berücksichtigung des Fortfalls eines Leiterzuges anzusetzen. Eigengewicht ohne Eislast. Die Normalbelastungen nach β) und γ) sind nicht gleichzeitig mit der Belastung nach b) anzuwenden.
5.	Endmaste	Die gesamten einseitigen Höchstzüge der Leiter und gleichzeitig die senkrecht zur Leitungsrichtung wirkende Windlast auf Mast und Kopfausrüstung. Gleichzeitig Eigengewicht einschließlich aller Leiter mit Eislast.	Die Normalbelastung und die Belastung nach b) sind gleichzeitig anzunehmen. Dabei ist die Normalbelastung ohne Wind und unter Berücksichtigung des Fortfalls eines Leiterzuges anzusetzen. Eigengewicht ohne Eislast.
6.	Kreuzungsmaste	Über die Berechnungsgrundlagen bei Kreuzungsmasten siehe § 35 g).	
7.	Abzweig- und Verteilungsmaste	Die größte Mittelkraft aus den Kräften bei Normalbelastung, die sich aus dem Verwendungszweck des Mastes für die einzelnen Leitungen ergeben und gleichzeitig Windlast auf Mast und Kopfausrüstung in Richtung dieser Mittelkraft. Gleichzeitig Eigengewicht ohne Eislast. Die bei Ermittlung der einzelnen Kräfte bei Normalbelastung vorgeschriebene Windlast auf Mast und Kopfausrüstung braucht nicht berücksichtigt zu werden.	Die Normalbelastung und die Belastung nach b) sind gleichzeitig anzunehmen. Dabei ist die Normalbelastung ohne Wind und unter Berücksichtigung des Fortfalls eines Leiterzuges anzusetzen. Eigengewicht ohne Eislast.
8.	Als Stützpunkte verwendete Bauwerke	Die Bauwerke müssen die durch den Höchstzug der Leiter hervorgerufenen Spannungen aufnehmen können.	

in denen nachweislich größere Zusatzlasten als die normale [siehe § 8 b)] regelmäßig auftreten, ist mit dem vollen Höchstzug des Leiters zu rechnen. Windlast ist nicht anzunehmen. Erdseile, die so beschaffen und verlegt sind, daß sie einer größeren Zusatzlast als die unter Spannung stehenden Leiter standhalten, können hierbei unberücksichtigt bleiben.

Wenn Bündelleiter verlegt werden, braucht bei Tragmasten in Gegenden mit normaler Zusatzlast nur $^1/_4$, in Gegenden, in denen nachweislich größere Zusatzlasten als die normale regelmäßig auftreten, nur $^1/_2$ des vollen einseitigen Höchstzuges des Bündelleiters angenommen zu werden.

Wird durch besondere Maßnahmen (Entlastungsklemmen, bewegliche Ausleger, Spannseile oder dergleichen) die Verdrehungsbelastung der Maste verhindert oder vermindert, so kann dies bei der Berechnung in dem Maße berücksichtigt werden, wie die Verminderung nachgewiesen wird.

Tragmaste, bei denen durch besondere Maßnahmen die Verdrehungsbelastung vermindert wird, sind für ein Drehmoment mit dem halben nachgewiesenen verminderten Höchstzug bzw. in Gegenden mit nachweislich größeren Zusatzlasten dem vollen nachgewiesenen verminderten Höchstzug eines Leiters zu berechnen. Hierbei darf nur die Verminderung berücksichtigt werden, die durch die besonderen, die Verdrehung verhindernden Maßnahmen selbst erreicht wird, also z. B. nicht eine Verminderung durch das Ausschwingen der Isolatorenketten.

c) *Für die Berechnung nach a) und b)* gelten für Stahlgittermaste die nach § 24a). Tab. 7, Spalte 2 und 3, für Stahlrohrmaste die nach § 24 i) und k) und für Stahlbetonmaste die nach § 25 anzunehmenden zulässigen Spannungen und Sicherheiten.

d) Für die Berechnung der einzelnen Mastarten gelten die in Tab. 6 zusammengestellten Annahmen.

e) Die *Querträger* der Abspannmaste und der nach b) zu berechnenden Winkelmaste müssen den einseitigen Höchstzug aller Leiter sowie die Belastung durch Eigengewicht, Isolatoren und Leiter mit Eislast, die Querträger der Tragmaste die Belastung durch Eigengewicht, Isolatoren und Leiter mit Eislast aufnehmen können. Querträger für die nach b) zu berechnenden Tragmaste sind außerdem unter Zugrundelegung der zulässigen Spannungen und Sicherheiten nach § 17 c) für den halben bzw. vollen Höchstzug des Leiters und bei Bündelleitern für $^1/_4$ bzw. $^1/_2$ des vollen einseitigen Höchstzuges des Bündelleiters zu berechnen, für den sich in den einzelnen Bauteilen die größten Spannungen ergeben. Wird dieser Zug durch besondere Maßnahmen entsprechend b), vierter und fünfter Absatz vermindert, so kann dieses auch für die Berechnung der Querträger insofern berücksichtigt werden, als der vorgenannte und nachgewiesene verminderte Höchstzug eines Leiters eingesetzt wird.

Erdseilstützen für Abspann- und Winkelmaste sind ebenso wie die Querträger zu berechnen. Erdseilstützen für Tragmaste sind für Windlast senkrecht zur Leitungsrichtung auf die Erdseilstütze und auf die halbe Länge des Leiters der beiden Spannfelder, einschließlich Eigengewicht ohne Eislast zu berechnen. Erdseilstützen für die nach b) zu berechnenden Tragmaste sind außerdem unter Zugrundelegung der zulässigen Spannungen und Sicherheiten nach § 17 c) für den halben bzw. vollen Höchstzug des Leiters einschließlich Belastung durch das Eigengewicht der Erdseilstütze und des Leiters mit Eislast zu berechnen.

Die Querträger und Erdseilstützen für *Kreuzungsmaste* sind nach § 35 g) zu berechnen.

3. Stahlmaste

§ 23. Konstruktion und Rostschutz

a) *Konstruktion*

1. Ist bei quadratischen Gittermasten die Mittelkraft aus Leiterzügen und Windlast einer Mastseite nicht parallel gerichtet, so muß sie in zwei zu den Mastseiten parallele Kräfte zerlegt werden. Die Eckstiele sind für die arithmetische Summe dieser beiden Teilkräfte zu berechnen.

2. Bei Gittermasten mit rechteckigem Querschnitt ist die Berechnung für die Belastung in Richtung der längeren und der kürzeren Seite je für sich auszuführen. Eine schräg zu den Mastseiten liegende Mittelkraft ist in zwei zu den Mastseiten parallele Teilkräfte zu zerlegen. Für jede der beiden Teilkräfte ist die in den Eckstielen hervorgerufene Stabkraft zu bestimmen. Die arithmetische Summe dieser Stabkräfte ergibt die Kraft, für die die Eckstiele zu berechnen sind. Die Streben sind für die Teilkraft zu berechnen, die der betreffenden Mastseite parallel läuft.

3. Für die Berechnung der Gittermaste nach § 17 b) können folgende Formeln angewendet werden:

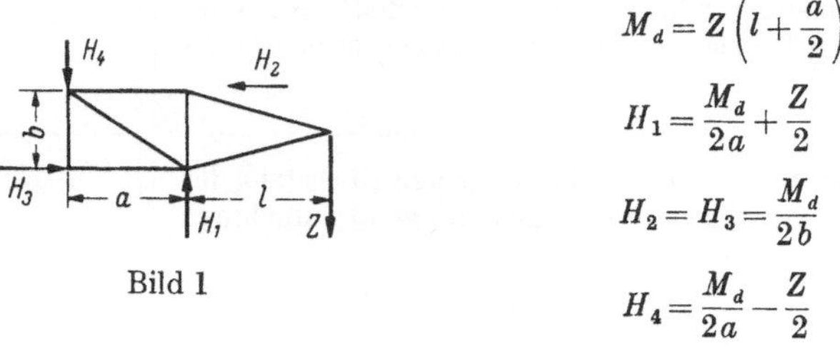

$$M_d = Z \left(l + \frac{a}{2} \right)$$

$$H_1 = \frac{M_d}{2a} + \frac{Z}{2}$$

$$H_2 = H_3 = \frac{M_d}{2b}$$

$$H_4 = \frac{M_d}{2a} - \frac{Z}{2}$$

Bild 1

Bei Anwendung dieses Verfahrens darf das Verhältnis a/b nicht größer als 1,5 sein, die Form des Mastes muß prismatisch sein oder einem Pyramidenstumpf entsprechen, und in allen Querträgerebenen müssen waagerechte Aussteifungen angeordnet sein.

4. Die Abstände der Strebenanschlüsse in den Knotenpunkten sind möglichst klein zu halten.

5. Für sämtliche Bauteile sind Anschlußniete unter 13 mm Durchmesser des geschlagenen Nietes und für Flach- und Winkelstähle Stahldicken unter 4 mm, außerdem Schenkelbreiten unter 35 mm und Flachstähle unter 30 mm Breite unzulässig, sofern sie durch einen Niet geschwächt sind.

6. Die größtzulässigen Durchmesser der geschlagenen Niete und die größtzulässigen Gewindestärken mechanisch beanspruchter Schrauben sowie die Lochdurchmesser sind durch die Schenkelbreiten bestimmt und der folgenden Aufstellung zu entnehmen:

Mindestschenkelbreiten	mm	35	45	50	60	70	75	80
Nietdurchmesser	mm	13	15	17	21	25	28	31
Zulässige Gewindedurchmesser . . .	mm	12	14	16	20	24	27	30
Lochdurchmesser	mm	13	15	17	21	25	28	31

Kleinere Gewindedurchmesser als 12 mm sind für mechanisch beanspruchte Schrauben unzulässig. Schraubenmuttern müssen gegen Lockern gesichert werden, z. B. durch Körner- oder Meißelschlag.

7. Bei Stahlmasten können Niet- und Schraubenlöcher in Profilen und Blechen bis zu Dicken von 8 mm im Stanzverfahren hergestellt werden. Dabei ist durch laufende Überwachung der Fertigung darauf zu achten, daß scharfe Stempel und passende Matrizen verwendet werden. Vom Stanzen ausgenommen sind dauernd auf Zug beanspruchte Teile von Querträgern.

8. Geschweißte Maste sind zulässig, wenn sie DIN 4100 entsprechen. Außerdem gelten sinngemäß die Bestimmungen für genietete Maste.

b) *Rostschutz*

Stahlmaste müssen zuverlässig gegen Rost geschützt sein. Dieser Schutz kann bei Teilen, die über Erde liegen, durch Aufbringen eines Rostschutzanstriches (siehe auch DIN 53210 und 55928) oder metallene Überzüge erfolgen. Rostschutzanstriche müssen hinsichtlich der Zusammensetzung des Anstrichmaterials und der Art ihrer Aufbringung die Gewähr für eine möglichst lange Dauer ihrer Wirksamkeit bieten. Wird ein Zinküberzug gewählt, so ist, soweit es die Formgebung der Stahlteile zuläßt, Feuerverzinkung anzuwenden. Das für die Zinkbäder verwendete Zink muß reines Hüttenzink sein. Auf andere Art verzinkte Gegenstände müssen nach der Verzinkung noch mit einem die Schutzwirkung erhöhenden Überzug (z. B. Firnis, Farbe) versehen werden.

Über die an die Verzinkung zu stellenden Anforderungen siehe *Anhang* „Verzinkungsgüte verzinkter Stahldrähte und sonstiger verzinkter Bauteile, Anforderungen und Prüfverfahren".

In der Erde liegende Mastteile sind mit einem geeigneten Schutzmittel, z. B. Bitumen- oder Teerpechlösung zu streichen. Rostschutz von einzubetonierenden Stahlteilen ist nicht statthaft, wenn dadurch die Haftspannung zwischen Beton und Stahl ungünstig beeinflußt wird.

Bei Mastkonstruktionen, die unter die Bestimmungen von DIN 4115 fallen, sind die dort angegebenen Richtlinien zu beachten.

§ 24. Zulässige Spannungen, Festigkeitsberechnung

a) In folgenden Bestimmungen ist die Verwendung von Baustahl St 37.12 (siehe DIN 1612) und St 52 vorgesehen.

Baustahl St 00 darf grundsätzlich nicht verwendet werden.

In Tab. 7 sind die zulässigen Spannungen angegeben.

Bei Paßschrauben und bei rohen Schrauben ist für die Zugspannung der Kernquerschnitt maßgebend. Bei Baugliedern, die auf Zug oder Biegung beansprucht werden, ist die Schwächung des Querschnittes durch Bohrung zu berücksichtigen.

Bei Ermittlung der Zugspannung eines Stabes aus Winkelstahl, der mit nur einem Niet oder mit nur einer Schraube angeschlossen ist, darf nur der Querschnitt des angeschlossenen Schenkels nach Abzug des Lochquerschnittes in Rechnung gesetzt werden; bei Anschluß mit zwei und mehr Nieten oder Schrauben an einem Winkelschenkel gilt das 0,8fache des Gesamtquerschnittes nach Abzug des Lochquerschnittes.

Für die Scherspannung und den Lochleibungsdruck gilt bei Nieten und Paßschrauben der Bohrungsdurchmesser, bei rohen Schrauben der Schaftdurchmesser.

Für die zulässigen Spannungen der Schweißnähte bei geschweißten Masten nach § 23 a) 8 gilt DIN 4100.

b) Als gerade, mittig gedrückte Stäbe gelten nur solche, die nach dem Bauentwurf gerade sind und mittig gedrückt werden. Bei den auf Druck beanspruchten Eckstielen der Gittermaste mit gemittelter Schwerachse darf die Außermittigkeit des Kraftangriffes unberücksichtigt bleiben.

Bei gedrückten, aus einem einzelnen Winkelstahl gebildeten Füllstäben der Gittermaste, die mit einem der beiden Winkelschenkel an den Eckstiel oder ein Knotenblech angeschlossen sind, kann die Außermittigkeit des Kraftangriffs unberücksichtigt bleiben.

c) Wenn die Stabenden von Druckstäben gegen seitliches Ausweichen gesichert sind, gilt als Knicklänge s_k bei den Eckstielen der Gittermaste die Länge der Netzlinie s des Stabes. Bei Streben darf bei Verwendung von Winkelstählen für die Knicklänge $s_k = 0,9\ s$ gesetzt werden, wenn diese durch eine Niet- oder Schraubverbindung oder durch Schweißung angeschlossen sind und die Eckstiele aus einem gleichschenkligen Winkelstahl oder zwei über Eck gestellten gleichschenkligen Winkelstählen ausgeführt sind. Bei Schweißanschluß muß die Einspannung der Streben der Niet- oder Schraubverbindung gleichwertig sein. Voraussetzung ist ferner, daß der Querschnitt der Streben jeweils kleiner ist als der der zugehörigen Eckstiele. Sind die vorgenannten Bedingungen nicht erfüllt, dann ist auch bei den Streben die Knicklänge s_k gleich der Netzlinie s des Stabes zu setzen. Bei sich kreuzenden Stäben, von denen der eine Druck und der andere Zug erhält, ist der Kreuzungspunkt als ein in der Trägerebene und senkrecht dazu festliegender Punkt anzunehmen, falls die sich kreuzenden Stäbe in ihm ordnungsgemäß[1]) miteinander verbunden sind.

Tabelle 7. *Zulässige Spannungen für Bauteile aus Stahl*

Nr.	1 Art der Beanspruchung und Werkstoff		2 Normalbelastung [§ 17 d), Tab. 6, Spalte 2] kg/cm²	3 Ausnahmebelastung [§ 17 d), Tab. 6, Spalte 3] kg/cm²
1	Zug- und Biegespannung	St 37 St 52	1600 2400	2200 3300
2	Scherspannung der Niete und der Paßschrauben (DIN 7968)	St 34 bzw. 4 D* St 44 bzw. 5 D*	1600 2400	2200 3300
3	Lochleibungsdruck der Niete und der Paß- schrauben	St 34 bzw. 4 D St 44 bzw. 5 D	4000 4800	5500 6600
4	Scherspannung der rohen Schrauben (DIN 7990)	4 D	1120	1540
5	Lochleibungsdruck der rohen Schrauben	4 D	2500	3400
6	Zugspannung der rohen Schrauben und der Paß- schrauben	4 D 5 D	1120 1500	1540 2060

* Siehe DIN 17110 und DIN 267.

d) Die Stabkraft S eines Druckstabes ist mit der Knickzahl ω zu multiplizieren; im übrigen ist der Stab hinsichtlich der zulässigen Spannung wie ein Zugstab, jedoch mit unverschwächter Querschnittsfläche zu berechnen. Daher muß sein:

$$\frac{\omega S}{F} \leqq \sigma_{\text{zul}}.$$

Für die verschiedenen Schlankheitsgrade λ sind die Knickzahlen ω nach DIN 4114 für Flußstahl St 37 bzw. St 52 aus Anhang 1. Tafel 1 und 2 zu entnehmen.

Hierin bedeuten:

$$\lambda = \frac{s_k}{i}, \qquad \text{wobei} \qquad i = \sqrt{\frac{J}{F}}$$

J das für die Berechnung in Frage kommende Trägheitsmoment des unverschwächten Stabes in cm⁴,

F Querschnitt des unverschwächten Stabes in cm²,

$$\omega = \frac{\text{zulässige Zug- und Biegespannung}}{\text{zulässige Druckspannung}} = \frac{\sigma_{\text{zul}}}{\sigma_{d\,\text{zul}}} \quad \text{und}$$

σ_{zul} entsprechend Tab. 7, Nr. 1 ist.

Der Schlankheitsgrad bei Stäben von Gittermasten ist nicht begrenzt.

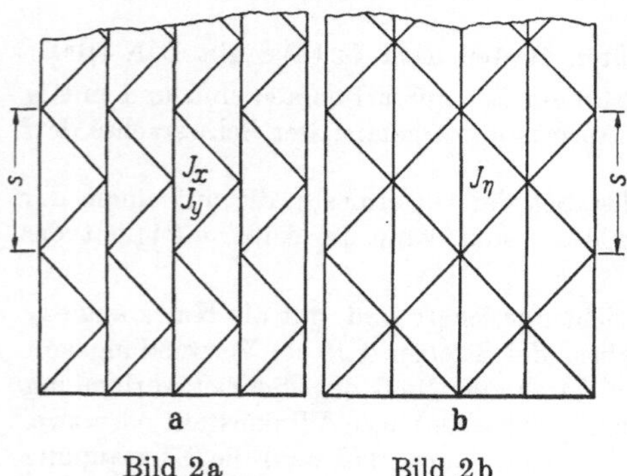

e) Ist die Ausknickung eines Stabes durch Anschlüsse innerhalb der Knicklänge an eine bestimmte Richtung gebunden, so ist das Trägheitsmoment auf die zu dieser Richtung senkrecht stehende Achse zu beziehen.

Sind bei einem Gittermast aus gleichschenkligem Winkelstahl nach Abb. 2a die in der Abwicklung der Mastseiten in gleicher Höhe liegenden Streben parallel gerichtet, so kann bei der Berechnung der Eckstäbe das Trägheitsmoment auf die zu einem Winkelschenkel parallele Achse bezogen werden (J_x oder J_y siehe die jeweils gültige DIN-Norm). Bei nicht parallelgerichteten Streben (Abb. 2b) ist das kleinste Trägheitsmoment (J_η) einzusetzen.

Die Knicklänge s_k der Eckstäbe (Abb. 2a) kann gleich s gesetzt werden, wenn der Schlankheitsgrad

$$\lambda_x = \frac{s_k}{i_x} \leqq 80 \quad \text{ist.}$$

---

[1]) Anschlüsse mit einem Niet oder einer Schraube, deren Mutter besonders (z. B. durch Körner- oder Meißel- schlag bzw. Federringe) gesichert sein muß, oder gleichwertige Schweißanschlüsse sind zulässig (siehe auch DIN 4114).

Bei $\lambda_z > 80$ darf s_k nur dann gleich s gesetzt werden, wenn die Stabkräfte von oben nach unten zunehmen und die Stablängen im oberen Teil des Mastes bzw. Mastschusses nicht größer sind als im unteren Teil; ist dies nicht der Fall, so muß $s_k = 1{,}1s$ gesetzt werden. Für die in Rechnung zu setzende Knicklänge der Streben gilt c).

f) Bei Stäben mit gleichbleibendem Querschnitt, die planmäßig außermittig durch eine Druckkraft S, deren Kraftangriffspunkt auf einer der beiden Hauptachsen liegt, oder die neben einer Druckkraft S planmäßig von einem von S abhängigen oder unabhängigen, in einer Hauptebene wirkenden Biegungsmoment M beansprucht werden, darf bei Stabquerschnitten, deren Schwerpunkt vom Biegezug- und Biegedruckrand den gleichen Abstand hat, oder deren Schwerpunkt dem Biegezugrand näher liegt, die aus der Gleichung

$$\sigma = \frac{\omega S}{F} + 0{,}9\,\frac{M}{W_d}$$

errechnete (gedachte) Randspannung die für Zug und Biegung nach Tab. 7 zulässige Spannung σ_{zul} nicht überschreiten. Die Momente M und das Widerstandsmoment W_d sind dabei auf eine Querschnittshauptachse des unverschwächten Querschnittes zu beziehen. Bei Stabquerschnitten, deren Schwerpunkt dem Biegedruckrand näher als dem Biegezugrand liegt, müssen die beiden Bedingungen

$$\frac{\omega S}{F} + 0{,}9\,\frac{M}{W_d} \leqq \sigma_{zul}; \qquad \frac{\omega S}{F} + \frac{300 + 2\lambda}{1000}\,\frac{M}{W_z} \leqq \sigma_{zul}$$

erfüllt sein. W_d und W_z sind die auf den Biegedruck- bzw. Biegezugrand bezogenen Widerstandsmomente des unverschwächten Stabquerschnittes in cm³.

Bezüglich Außermittigkeit von angeschlossenen Füllstäben von Gittermasten siehe § 24 b).

g) Bei mehrteiligen Druckstäben darf der Schlankheitsgrad jedes Einzelstabes nicht größer als 50 sein. Bei Anordnung von Bindeblechen sind diese mindestens in den Drittelpunkten der Gesamtknicklänge und an den Stabenden vorzusehen. Werden zweiteilige Stäbe aus Winkelstahl an ein gemeinsames Knotenblech angeschlossen, so sind besondere Bindebleche an den Stabenden nicht erforderlich. Jedes Bindeblech ist an jedem Einzelstab mit mindestens zwei Nieten oder einer nach den jeweiligen Vorschriften gleichwertigen Schweißnaht anzuschließen, an den Stabenden ist bei jedem dieser Anschlüsse ein Niet mehr anzuordnen. Mehrteilige Druckstäbe mit Vergitterung müssen an den Stabenden ebenfalls Bindebleche erhalten.

h) Entspricht die bauliche Ausbildung mehrteiliger Druckstäbe den Bedingungen unter g), so dürfen die Stäbe nach den folgenden Regeln berechnet werden:

1. Mehrteilige Druckstäbe, die aus m Einzelstäben bestehen und deren Querschnitt eine Stoffachse x—x hat, sind für das Ausknicken quer zu dieser Stoffachse wie einteilige Druckstäbe zu berechnen. Für das Ausknicken quer zur stofffreien Querschnittshauptachse y—y ist der Stab wie ein einteiliger Druckstab mit der ideellen Schlankheit

$$\lambda_{yi} = \sqrt{\lambda_y{}^2 + \frac{m}{2}\,\lambda_1{}^2}$$

zu berechnen. λ_1 ist der Schlankheitsgrad des Einzelstabes. Als Knicklänge s_{ki} ist bei Vergitterungen die Netzlänge, bei Bindeblechen ihr Mittenabstand zu nehmen.

Es muß $\omega_{yi}\,\dfrac{S}{F} \leqq \sigma_{zul}$ sein, wobei ω_{yi} die der ideellen Schlankheit λ_{yi} zugeordnete Knickzahl und σ_{zul} die dem untersuchten Belastungsfall entsprechende Zugspannung bedeuten.

2. Wird der Eckstiel eines Gittermastes aus 2 oder 4 nebeneinanderliegenden Winkelstählen gebildet und liegen die Winkelschenkel parallel zu den Fachwerksebenen, so ist er auf Knickung in jeder der beiden Fachwerksebenen zu untersuchen. Für den Schlankheitsgrad ist der größere der beiden Werte λ_x und λ_y einzuführen.

3. Druckstäbe, die aus zwei über Eck gestellten Winkelstählen bestehen und bei denen die Ausknickung nicht durch Anschlüsse innerhalb der Knicklänge an eine bestimmte Richtung gebunden ist, brauchen nur auf Knickung quer zur Stoffachse x—x berechnet zu werden.

4. Bei mehrteiligen Druckstäben mit zwei stofffreien Querschnittsachsen ist der Schlankheitsgrad λ_{yi} für die Querschnittsachse des Gesamtstabes und der Schlankheitsgrad λ_1 für die Querschnittsachse des Einzelstabes zu ermitteln, für die sich das kleinste Trägheitsmoment ergibt.

5. Bei ungleichen Querschnitten der Einzelstäbe ist für λ_1 der Einzelquerschnitt mit dem kleinsten Trägheitsmoment J_1 maßgebend.

6. Alle Bindebleche und Ausfachungen sowie die Anschlüsse derselben sind so zu bemessen, daß bei Einwirkung der ideellen Stabquerkraft $Q_i = \dfrac{\omega_{yi}\,S}{80}$ die dem untersuchten Belastungsfall entsprechenden zulässigen Spannungen nicht überschritten werden. Hierbei ist ω_{yi} die dem ideellen Schlankheitsgrad zugeordnete Knickzahl.

7. Bei Berechnung der Bindebleche und Flachstahl-Futterstücke der Stäbe nach Ziffer 2 und 3 genügt der Nachweis, daß ihr Anschluß zur Übertragung der Schubkraft T ausreicht. Bei Stäben nach Ziffer 3 können die Bindebleche im rechten Winkel versetzt oder gleichlaufend angeordnet werden.

8. Schrauben dürfen zum Anschluß der Querverbindungen nur an Stellen verwendet werden, an denen sich kein Niet schlagen läßt; hierbei sind nach Möglichkeit Paßschrauben zu verwenden.

i) Bei einstieligen nahtlosen oder gleichwertigen Stahlrohrmasten und einstieligen Masten mit vieleckigem Querschnitt mit einer Werkstoffestigkeit von mindestens 5500 kg/cm² darf die Zug- und Biegespannung σ_{zul} für die Normalbelastung nach § 17 d), Tab. 6, Spalte 2, 2200 kg/cm², bei der Berechnung nach Tab. 6, Spalte 3, die zulässige Zug- nnd Biegespannung σ_{zul} 2600 kg/cm² nicht überschreiten. Dabei ist die Beulsicherheit gesondert zu untersuchen.

Bei geschweißten Konstruktionen müssen die in DIN 4100 und DIN 4115 hierfür festgelegten Bedingungen erfüllt sein. Die Wanddicke darf im allgemeinen 4 mm nicht unterschreiten. Sofern ein einwandfreier Korrosionsschutz nach den Bestimmungen von DIN 4115 innen und außen gewährleistet ist, darf die Wanddicke der vorgenannten Maste auf 3 mm verringert werden.

k) Bei Gittermasten aus nahtlosen oder gleichwertigen Stahlrohren mit einer Werkstoffestigkeit von mindestens 5500 kg/cm² darf die Zug- und Biegespannung σ_{zul} für die Normalbelastung nach Tab. 6, Spalte 2, 2400 kg/cm² nicht überschreiten. Bei der Berechnung der Ausnahmebelastung nach Tab. 6, Spalte 3, darf die zulässige Zug- und Biegespannung σ_{zul} 3300 kg/cm² nicht überschreiten. Bei geschweißten Konstruktionen müssen die in DIN 4100 und DIN 4115 hierfür festgelegten Bedingungen erfüllt sein.

Druckstäbe werden nach b), c), d) und f) berechnet. Die Werte für ω sind der für Baustahl St 52 aufgestellten Tabelle in der jeweils gültigen DIN-Norm zu entnehmen (siehe Anhang 1, Tab. 1).

Bei Verwendung von betongefüllten Stahlrohren gilt folgendes:

1. Bemessungsformel:

1.1 Auf Druck (Knicken)

Es muß sein

$$\sigma = \omega S / F_{id} \leqq \sigma_{zul}$$

Die Werte für ω sind in Abhängigkeit von dem Schlankheitsgrad λ_{id} nach der jeweils gültigen DIN-Norm [1]) zu wählen.

Die obige Bemessungsformel ist zunächst nur für den Bereich $\lambda_{id} \geqq 50$ anzuwenden.

Es bedeutet:

$F_{id} = F_e + F_b/n$; F_e Stahlrohrquerschnitt in cm², F_b Betonquerschnitt in cm²

$$n = \frac{\text{Elastizitätsmodul des Stahles}}{\text{Elastizitätsmodul des Betons}} = \frac{E_e}{E_b} \text{ ist anzunehmen: für B 300 mit 9, für B 450 mit 7;}$$

$i_{id} = \sqrt{J_{id}/F_{id}}$, $J_{id} = J_e + J_b/n$;

J_e = Trägheitsmoment des Stahlrohrquerschnittes;

J_b = Trägheitsmoment des Betonquerschnittes.

1.2 Ein anderer Festigkeitsnachweis dem Stand der Technik entsprechend ist erlaubt, wenn die in DIN 4114 geforderten Sicherheiten eingehalten werden und dem Beton eine größere Sicherheit als dem Stahl zugeordnet wird. Ein solches Berechnungsverfahren bedarf einer besonderen Zulassung.

1.3 Bei Zugbeanspruchung darf nur der Nutzquerschnitt des Stahls in Rechnung gestellt werden.

2. Betongüte:

Der Füllbeton muß durch Rütteln, Schleudern oder nach einem mindestens gleichwertigen Verfahren eingebracht werden. Im übrigen gilt für die Herstellung des Betons DIN 1045.

3. Mindestwanddicken:

Die Mindestwanddicke des Stahlrohres muß bei betongefüllten bzw. zuverlässig abgedichteten Rohren 2,5 mm betragen.

Die Wanddicke des Betons bei Schleuderbetonfüllung muß mehr als 17% des Rohraußendurchmessers, jedoch mindestens 20 mm betragen. Die Beulsicherheit muß berücksichtigt werden.

§ 28. Berechnung der Gründungen

a) Allgemeines

1. Bei der Berechnung der Gründung sind die für die Baugrundverhältnisse geltenden Kennwerte des Bodens nach Tab. 9 zu berücksichtigen, falls sich aus besonderen Untersuchungen keine anderen Werte ergeben.

Gegebenenfalls ist die mögliche Verschlechterung der Konsistenz bindiger Böden und damit die Verminderung der Tragfähigkeit zu berücksichtigen.

Ist Grundwasser vorhanden, so muß die Gewichtsverminderung des Betons und des Erdreichs infolge des Auftriebs, und zwar unter Beachtung des ungünstigsten Grundwasserstandes in der Berechnung berücksichtigt werden.

---

[1]) Vergleiche DIN 4114.

Tabelle 9 (zu § 28). *Bodenkennwerte für die Berechnung von Mastgründungen*

1	2	3	4	5	6	7
Bodenart	Raumgewicht t/m³	Winkel ϱ der inneren Reibung in Grad	zulässige Bodenpressung kg/cm²	Einblockgründung Erdauflastwinkel β in Grad	Mehrblockgründung Erdauflastwinkel β in Grad	Gründungstype *
A. Angeschütteter, nicht künstlich verdichteter Boden Je nach der Beschaffenheit und Dicke der Gründungsschicht sowie der Dichte und Gleichmäßigkeit ihrer Lagerung.	1,4 bis 1,6	20 bis 25	0 bis 1,0	5	14 bis 20	A—B
B. Gewachsener (offensichtlich unberührter) Boden						
1. Schlamm, Torf, Moorerde im allgemeinen	0,65 bis 1,1	0	0	0	0	Sondergründung
2. Nichtbindige, festgelagerte Böden**						
a) Fein- und Mittelsand bis zu 1 mm Korngröße	1,6	30 bis 32	2,0 bis 3,0	8 bis 10	20 bis 22	B
b) Grobsand, Körnung 1 bis 3 mm c) Kiessand mit mindestens ¹/₃ Raumteilen Kies und Kies bis 70 mm Korngröße	1,8	33 bis 35	3,0 bis 4,0	8 bis 12	20 bis 25	B—C
3. Bindige Böden (Lehm, Ton und Mergel)***						
a) breiig.	1,6	0	0	0	0	Sondergründung
b) weich (leicht knetbar) . . .	1,8	11 bis 17	0,4	4	8 bis 10	A
c) steif (schwer knetbar)	1,8	16 bis 22	1,0	6	14 bis 16	A—B
d) halbfest.	1,7	20 bis 24	2,0	8	22	B
e) hart	1,7	22 bis 30	4,0	10	22 bis 25	C
4. Fels in gesundem, unverwittertem Zustand mit geringer Zerklüftung und in günstiger Lagerung . . . Fels bei stärkerer Zerklüftung oder ungünstiger Lagerung						Sondergründung C

* Gründungstype A   für wenig tragfähigen Baugrund,
     B   für tragfähigen Baugrund,
     C   für gut tragfähigen Baugrund,
     Sondergründung für nicht tragfähigen oder besonders gut tragfähigen Baugrund.

** Für Böden mit geringer Lagerungsdichte und Scherfestigkeit können sich die Werte des Erdauflastwinkels β bis auf die unter A angegebenen Werte vermindern.

*** Als Behelfsregel gilt:
 Breiig ist ein Boden, der in der geballten Faust gepreßt zwischen den Fingern hindurchquillt.
 Weich ist ein Boden, der sich leicht kneten läßt.
 Steif ist ein Boden, der nur schwer knetbar ist, sich aber in der Hand zu 3 mm dicken Walzen ausrollen läßt, ohne zu reißen oder zu bröckeln.
 Halbfest ist ein Boden, der beim Versuch, ihn zu 3 mm dicken Walzen auszurollen, zwar bröckelt und reißt, der aber doch noch feucht ist und deshalb dunkel aussieht.
 Hart ist ein Boden, der ausgetrocknet ist und deshalb hell aussieht und dessen Schollen in Scherben zerbrechen.

2. Bei der Berechnung ist das Gewicht des unbewehrten Kiesbetons mit höchstens 2200 kg/m² und das des bewehrten Kiesbetons mit höchstens 2400 kg/m³ einzusetzen (DIN 1055, Blatt 1).

b) Einblockgründung (Einzelgründung)

1. Bei der Berechnung von Einblockgründungen sind die Eigengewichte aus äußeren Lasten (siehe § 15) sowie der Gründung selbst einschließlich der lotrechten Erdauflast über Fundamentsohle zu berücksichtigen. Außerdem

darf zusätzlich das Gewicht eines Erdkörpers, dessen Begrenzungsflächen allseitig an den Fundamentunterkanten beginnen und unter einem Winkel β gegen die Lotrechte nach außen geneigt sind, angenommen werden.

Die Größe des Winkels β ist vor allem von dem Wert des Winkels der inneren Reibung, sowie der Konsistenz bei bindigen Böden, der Lagerungsdichte des Bodens und dem Grad der Haftung und Verbindung des Gründungskörpers mit dem Erdreich abhängig (Richtwerte siehe Tab. 9).

Der seitliche Erdwiderstand kann bei der Bemessung von Einblockgründungen der Lagerungsdichte und den Bodenkennwerten entsprechend in Rechnung gestellt werden.

2. Für die Bemessung der Gründung sind die Verfahren von KLEINLOGEL (Forschungshefte auf dem Gebiet des Ingenieurwesens, herausgegeben vom VDI 1927, Heft 295) und BÜRKLIN (Elektrotechnische Zeitschrift 1940, Heft 50, S. 1143 bis 1147 und Elektrizitätswirtschaft 1943, Heft 9, S. 194 bis 198), sowie das Verfahren von SULZBERGER (Bull. SEV 1945, Heft 10, S. 289 bis 308) und andere geeignete Verfahren zulässig.

c) Mehrblockgründung (aufgeteilte Gründung)

1. Bei der Berechnung gelten für die auf Druck beanspruchten Einzelgründungen sinngemäß die Vorschriften nach a) 1. und 2. Die Erdauflast ist lotrecht über der Fundamentsohle anzunehmen.

2. Bei den auf Zug beanspruchten Einzelgründungen darf außer dem der Zugkraft entgegenwirkenden Eigengewicht der Gründung einschließlich einer Erdauflast lotrecht über der Fundamentsohle ein Widerstand gegen Herausziehen in Rechnung gestellt werden, der nach bisherigen Versuchen und Erfahrungen eine genügende Standsicherheit gewährleistet. Es ist zu beachten, daß Bewegungen der Gründungen die Mastkonstruktion ungünstig beeinflussen können.

Zur Vereinfachung der Rechnung kann der Widerstand gegen Herausziehen der Gründungen mit genügend überstehender Sohlenplatte (mindestens 0,2 m Überstand) durch das Gewicht eines Erdkörpers ersetzt werden, dessen seitliche Begrenzungsfläche je nach dem Grad der Einspannung an Gründungssohle oder Oberkante der unteren Fundamentstufe beginnend, unter einem Erdauflastwinkel β gegen die Lotrechte nach außen geneigt angenommen werden kann. Richtwerte für Winkel β siehe Tab. 9.

Für außergewöhnlich große Zugbeanspruchungen, Gründungsformen oder Eingrabtiefen sind eingehendere Untersuchungen oder Versuche für eine zutreffende Bemessung zweckmäßig.

Für pfahlartige Gründungen ohne genügende Verbreiterung am unteren Ende kann unabhängig von der Gründungstiefe mit einem konstanten Wert der Mantelreibung zur Ermittlung des Widerstandes gegen Herausziehen gerechnet werden.

Die Tragkraft der auf Zug beanspruchten Gründungen ist wesentlich durch die Dichte und Konsistenz des umgebenden Erdreichs beeinflußt. Bei intensiver künstlicher Verdichtung des Baugrundes (Rütteldruckverfahren oder ähnliche Verfahren) kann diese besonders berücksichtigt werden.

3. Die Standsicherheit der Maste mit aufgeteilten Gründungen und Pfahlgründungen muß mindestens 1,5 fach sein. Wo mit Streuungen in der Mantelreibung zu rechnen ist, ist eine 2 fache Sicherheit der Pfahlgründungen zweckmäßig (vgl. DIN 1054).

§ 29. Ausführung der Gründungen

a) Betongründungen

1. Der Beton ist in der Regel aus Normenzement nach DIN 1164, reinem Sand und Kies oder Schotter herzustellen. Der Beton für Einblockgründungen muß mindestens der Güteklasse B 80 mit einem Zementgehalt von mindestens 150 kg/m³ fertigem Beton entsprechen; der Beton für aufgeteilte Gründungen muß mindestens die Güteeigenschaften des B 120 mit einem Zementgehalt von mindestens 180 kg/m³ fertigem Beton haben. Im übrigen sind die Bestimmungen von DIN 1047 und 1045 für die Ausführung von Bauwerken aus Beton bzw. Stahlbeton zu beachten. Ein Verdichten des Betons mit Innenrüttlern wird empfohlen.

2. Das Verhältnis der Höhe der unteren Stufe unbewehrter Betongründungen zu der Auskragung, muß, gemessen an der Ansatzstelle, mindestens 1,4 betragen, wenn nicht durch Rechnung nachgewiesen wird, daß die Beanspruchung ein größeres Maß der Auskragung zuläßt.

3. Die Gründung soll unbeschadet einer einwandfreien Absteifung der Baugrube[1]) unmittelbar an das Erdreich anbetoniert werden.

4. Bei der Ausführung von Betongründungen ist DIN 4030 zu beachten.

b) Platten-, Schwellen- und sonstige Gründungen

1. Bei Verwendung von Platten-, Schwellen- und anderen Gründungen (Pfahlgründungen) sind die in der Erde liegenden Stahlteile mit einem geeigneten Schutzmittel [siehe § 23 b] gegen Rost zu schützen.

2. Holzschwellen und Holzpfähle müssen wirksam gegen Fäulnis geschützt sein. Für Pfahlgründungen mit Stahlbetonpfählen gelten die Bestimmungen unter a) 4 und § 25.

---

[1]) Vergleiche hierzu Unfallverhütungsvorschriften der Bau-Berufsgenossenschaften.

§ 35. Kreuzungen mit Eisenbahnen, Fernmeldefreileitungen, Wasserstraßen und Seilbahnen sowie Näherungen

g) Kreuzungs- und Zwischenmaste, Belastungsannahmen, Berechnung der Maste und Gründungen

1. Bei Kreuzungen durch Starkstrom-Freileitungen mit Nennspannungen von 1 kV und darüber sind für die Berechnung der Maste einschließlich Gründungen die Annahmen nach Tab. 12 zugrunde zu legen.

a) Normalbelastung

Hierfür gelten die Berechnungsgrundlagen nach Tab. 12, Spalte 2. Diese Belastungen sind jedoch nicht gleichzeitig wirkend anzunehmen, sondern es sind die Fälle auszuwählen, bei denen in den einzelnen Bauteilen die größten Spannungen auftreten.

Bei Masten, die dauernd einer Verdrehungsbelastung unterworfen sind, ist gleichzeitig das Drehmoment zu berücksichtigen.

b) Ausnahmebelastung

Stahlgittermaste, Stahlrohrmaste, Stahlbetonmaste und Holzgittermaste mit Kettenisolatoren sind außerdem für eine Ausnahmebelastung nach Tab. 12, Spalte 3, unter der Annahme zu berechnen, daß durch den Fortfall

Tabelle 12 (zu § 35 g). *Berechnungsannahmen für die einzelnen Mastarten in Kreuzungsabschnitten für Starkstrom-Freileitungen mit Nennspannungen von 1 kV und darüber*

Nr.	1 Mastart	2 Normalbelastung nach § 35 g), Abschnitt 1 a)	3 Ausnahmebelastung nach § 35 g) Abschnitt 1 b)
1.	Kreuzungsmaste nach § 16 a), 6		
1.1	Maste mit Leitungsabspannung	α) Sämtliche Leiterzüge in allen von einem Mast abgehenden Feldern und gleichzeitig Windlast auf Mast und Kopfausrüstung in Richtung der Mastquerträger. Gleichzeitig Eigengewicht einschließlich aller Leiter mit Eislast. β) Zwei Drittel der einseitigen Höchstzüge der Leiter im Kreuzungsabschnitt in Mastmitte und in Richtung des Kreuzungsabschnittes, gleichzeitig Windlast auf Mast und Kopfausrüstung in Richtung der Mastquerträger. Gleichzeitig Eigengewicht einschließlich aller Leiter mit Eislast.	Die Normalbelastung nach α) und die Belastung nach § 35 g), Abschnitt 1 b) sind bei Masten ohne Leitungswinkel mit unterschiedlichen Leiterzügen im Kreuzungsabschnitt und Nachbarfeldern, bei Masten mit Leitungswinkel, bei Abzweigmasten und Endmasten als gleichzeitig wirkend anzunehmen. Dabei ist die Normalbelastung nach α) ohne Wind, und unter Berücksichtigung des Fortfalls eines Leiterzuges im Nachbarfeld einzusetzen. Eigengewicht ohne Eislast. Bei Masten ohne Leitungswinkel mit gleichen Leiterzügen im Kreuzungsabschnitt und Nachbarfeldern bleibt die Normalbelastung nach α) unberücksichtigt. Nur die Belastung nach § 35 g) Abschnitt 1 b) kommt in Betracht. Keine Windlast, Eigengewicht ohne Eislast. Die Normalbelastung nach β) ist nicht gleichzeitig mit der Belastung nach § 35 g) Abschnitt 1 b) anzuwenden.
1.2	Maste mit Tragketten	α) Die Berechnungsannahmen nach §17, Tab. 6, 1., Spalte 2. β) Die Hälfte des Höchstzuges der Leiter im Kreuzungsabschnitt. Gleichzeitig Eigengewicht einschließlich aller Leiter mit Eislast (ohne Windlast).	Die Normalbelastung bleibt unberücksichtigt. Nur die Belastung nach § 35 g), Abschnitt 1 b) kommt in Betracht. Keine Windlast, Eigengewicht ohne Eislast.
2.	Zwischenmaste nach § 16 a) 7		
2.1	Tragmaste	Die Berechnungsannahmen nach § 17, Tab. 6, 1., Spalte 2.	Die Berechnungsannahmen nach § 17, Tab. 6, 1., Spalte 3.
2.2	Winkelmaste	Die Berechnungsannahmen nach § 17, Tab. 6, 2., Spalte 2.	Die Berechnungsannahmen nach § 17, Tab. 6, 2., Spalte 3.

eines Leiterzuges eine Verdrehungsbelastung hervorgerufen wird, die in den einzelnen Bauteilen die größten Spannungen ergibt.

Dabei ist bei den Kreuzungsmasten nach Tab. 12, 1.1 und 1.2 der Fortfall eines Leiterzuges im Nachbarfeld zu berücksichtigen und der volle einseitige Höchstzug der Leiter einzusetzen. Für die Zwischenmaste nach Tab. 12, 2.1 und 2.2 ist § 17 zu berücksichtigen; als Leiterzug darf dabei der Höchstzug eines Leiters im Kreuzungsfeld eingesetzt werden.

Erdseile, die so beschaffen und verlegt sind, daß sie eine größere Zusatzlast als die unter Spannung stehenden Leiter aushalten, können bei der Ausnahmebelastung unberücksichtigt bleiben.

Bezüglich der Belastungsannahmen und Festigkeitsberechnungen wird auf §§ 17 und 24 verwiesen.

3. Berechnung und Konstruktion der Maste

Bauart

Für Ortsnetz- und Fahrstromleitungen (Obus, Straßenbahn, Eisenbahn usw.) kommen in Frage:

Einstielige Rohrmaste oder Maste aus Walzstahlprofilen wie Breitflanschträger, die üblichen Flachmaste aus vergitterten Winkel- oder U-Eisenprofilen.

Die Rohrmaste können mit kreisförmigem oder vieleckigem Querschnitt von Firmen mit Spezialeinrichtungen hergestellt werden. Sie haben in der Regel eine konische Form. Besondere Aufmerksamkeit ist bei geschlossenen Querschnitten der Ableitung des Kondenswassers zu schenken, sofern sie nicht zuverlässig abgedichtet sind.

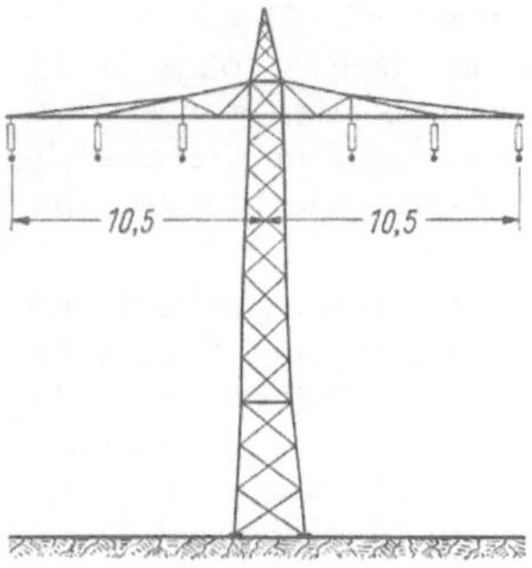

Abb. 1
110-kV-Tragmast

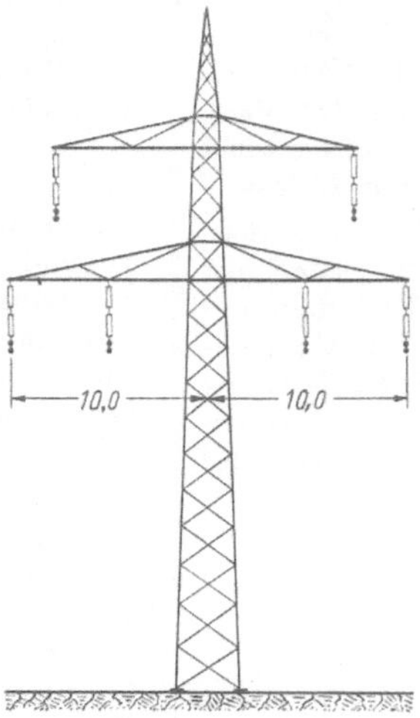

Abb. 2
220-kV-Tragmast

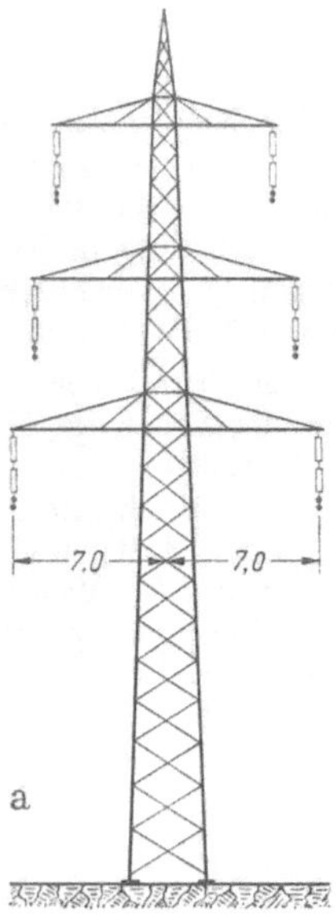

Abb. 3a
220-kV-Tragmast

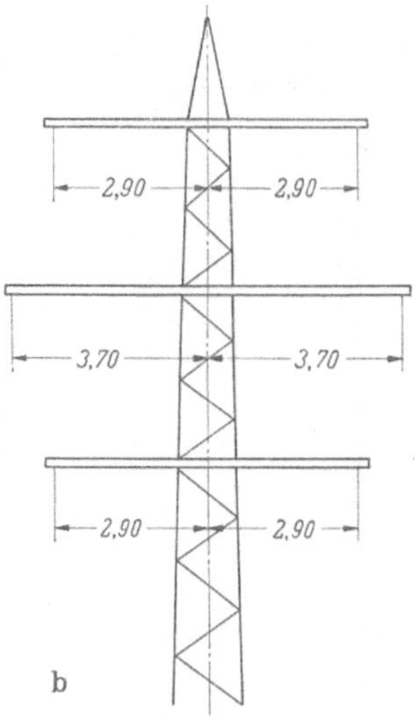

Abb. 3b
110-kV-Tragmast

Für weitgespannte Starkstrom-Freileitungen werden in Deutschland meist Einständermaste für mehrere Stromkreise verwendet.

Folgende Kopfbilder sind üblich:

1. Sämtliche Leiter in einer Ebene (Maste mit einer Traverse), Abb. 1.
2. Die Leiter in zwei Ebenen mit Dreiecksanordnung (Donaumastbild), Abb. 2.
3. Die Leiter in drei Ebenen (Tannenbaummastbild, Tonnenmastbild), Abb. 3a und 3b.

Das Mastbild wird nach wirtschaftlichen und betrieblichen Gesichtspunkten gewählt.

Die Anordnung 1 bedingt naturgemäß die größte Baubreite, während sie bei Anordnung 3 wesentlich kleiner wird.

In Gebieten mit außergewöhnlicher Eis- und Rauhreiflast (Zusatzlast) bietet die Anordnung der Leiterseile in einer Ebene die höchste Betriebssicherheit.

Weit verbreitet und am gebräuchlichsten ist das Donaumastbild nach Anordnung 2.

Ergänzend werden nebenstehend Mastkopfbilder zweier Einfachleitungen für 20 und 60 kV Betriebsspannung und einer 220/110 kV-Vierfachleitung gezeigt.

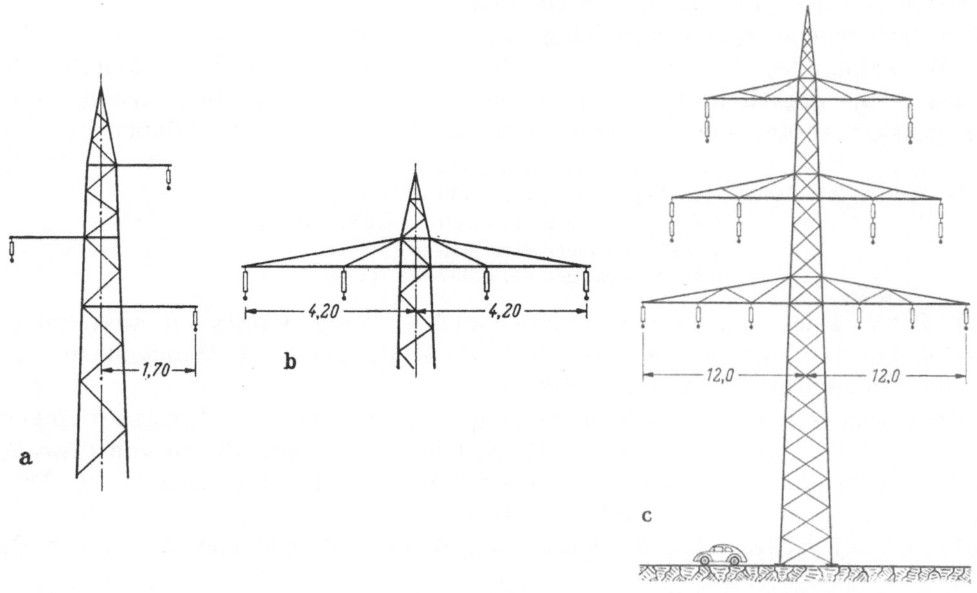

Abb. 4a. 20-kV-Tragmast   Abb. 4b. 60-kV-Tragmast   Abb. 4c. 110/220-kV-Tragmast

Ausschwingbilder, Sicherheitsabstände

Die Anordnung der Leiter muß den Vorschriften VDE 0210 § 9 entsprechen. Daraus ergeben sich die gegenseitigen Phasenabstände und die Abstände von geerdeten Bauteilen nach festgelegten Formeln und aus sogenannten Ausschwinguntersuchungen für Leiterseile, Erdseile und Isolatorenketten. Infolge außergewöhnlicher Belastungen durch Wind oder Eis können größere Sicherheitsabstände erforderlich werden.

Es ist zweckmäßig, bei dem Entwurf von Mastkopfbildern weitgehend Betriebserfahrungen mit Leitungen, die in der betreffenden Gegend bereits stehen, zu berücksichtigen.

Die allgemeinen Bestimmungen über den Schutz gegen zufällige Berührungen sind in § 4 zusammengefaßt. Danach sind beispielsweise Bodenabstände und Sicherheitsabstände von Bäumen vorgeschrieben. Die Bestimmungen für Kreuzungen und Näherungen sind nach den §§ 32—36 zu beachten.

Baugrundsätze

Die Mastform muß so entworfen werden, daß Normalbelastung und Ausnahmebelastung möglichst wirtschaftlich aufgenommen werden.

Die Mastschäfte erhalten in der Regel einen quadratischen Querschnitt, durch den eine große Steifigkeit bei Verdrehungsbelastungen erreicht wird. Diese Belastung wird nach VDE 0210 durch einseitigen Zug eines Leiterseiles hervorgerufen.

Der Querschnitt des Schaftes muß im Anschlußpunkt der Traversen so groß sein, daß das errechnete Torsionsmoment, siehe VDE 0210 § 23a, einwandfrei von der Traverse auf den Schaft übertragen und sowohl vom Schaft als auch von der Traverse aufgenommen werden kann.

Die Breitenzunahme nach unten ergibt sich unter Berücksichtigung des Aussehens und statischer Gesichtspunkte, sie beträgt in der Regel 40 bis 80 mm je lfd. m.

Ob die Diagonalen einfach oder gekreuzt ausgeführt werden, wird durch Vergleichen der Gewichtsberechnungen festgestellt. Dabei findet die Anschlußmöglichkeit der Diagonalen an den Eckstielen Berücksichtigung, d. h. der Anschluß soll aus wirtschaftlichen Gründen ohne Knotenbleche möglich sein.

Theoretisch erhält man die kleinsten Diagonalkräfte aus Normalbelastungen, wenn man die Eckstiele so anordnet, daß sie sich mit der Resultierenden der horizontalen Belastung in einem Punkt schneiden.

Praktisch ist dies nur angenähert zu erreichen.

Die wirtschaftliche Spannweite hängt von der Form des Geländes und der Leitungsführung (Winkelpunkte, Kreuzungen) ab. Sie muß von Fall zu Fall besonders festgelegt werden. Durch die praktische Erfahrung haben sich Regelspannweiten ergeben, die im folgenden angeführt werden und als ungefährer Anhaltspunkt dienen können:

$$
\begin{aligned}
&\text{30-kV-Leitungen etwa } 150 \text{ m} \\
&\text{60-kV-Leitungen etwa } 150 \text{ bis } 250 \text{ m} \\
&\text{110-kV-Leitungen etwa } 260 \text{ bis } 320 \text{ m} \\
&\text{220-kV-Leitungen etwa } 320 \text{ bis } 400 \text{ m} \\
&\text{380-kV-Leitungen etwa } 350 \text{ bis } 500 \text{ m}
\end{aligned}
$$

Beim Entwurf ist anzustreben, mit möglichst wenig Masttypen auszukommen, um große Serien bei der Fertigung zu erreichen. So kann man z. B. Winkelmaste in wenigen Typen nach Winkelgruppen zusammenfassen.

Die Maste werden in einzelnen Schüssen hergestellt und in der Werkstatt soweit zusammengebaut, wie es der Bahnversand zuläßt. Hierbei ist eine größte Breite von etwa 2,6 m zulässig. Wird dieses Maß überschritten, werden nur 2 Wände zusammengebaut. Die übrigen zwei Wände werden auf der Baustelle montiert.

Hierbei ist ein größtes Maß der zusammengebauten Wände von etwa 3,1 m Breite zulässig.

Horizontalverbände

Zur gleichmäßigen Verteilung der Torsionskräfte sind ausreichend Horizontalverbände im Mastschaft anzuordnen, mindestens in Untergurthöhe jeder Traverse und in den Punkten, in denen sich die Verteilung ändert, sofern nicht andere Maßnahmen getroffen werden. Für den Transport kann die Aussteifung eines fertig montierten Mastschusses zweckmäßig sein.

Verzinkte Maste

Die Maste sollen vor dem Zusammenbau in Einzelteilen verzinkt werden. Eine saubere Verzinkung zusammengebauter Maste ist nicht gewährleistet, da das Zink nicht immer in die Verbindungsstellen der Stäbe eindringt. Dadurch können nachträglich Korrosionserscheinungen auftreten.

Statische Berechnung

Die Stabkräfte können rechnerisch und zeichnerisch ermittelt werden.

a) Für die Eckstiele der Mastschäfte und die Gurte der Traversen werden die Momente aus der Belastung für die Bezugspunkte der einzelnen Stäbe berechnet und durch den entsprechenden Hebelarm r dividiert.

Hierbei kann eine geringe Breitenzunahme des Mastes unberücksichtigt bleiben, und die Momente können durch die Breite b anstatt des Hebelarmes r dividiert werden, siehe Abb. 5.

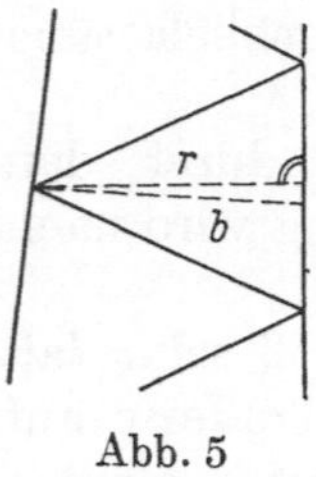

b) Für die Füllstäbe wird oft das graphische Verfahren oder das RITTERsche Schnittverfahren angewandt. Hierfür eignet sich anstatt der zeichnerischen Methode zur Ermittlung des Hebelarms r auch folgendes rechnerische Verfahren, bei dem die Ähnlichkeit der Dreiecke benutzt wird.

Abb. 5

Es ist nach Abb. 6

$$
\frac{r}{h} = \frac{a+b}{d} \qquad \text{oder} \qquad r = \frac{a+b}{d} \cdot h
$$

Es lassen sich hiermit sämtliche Hebelarme r aus dem gegebenen System ohne zeichnerische Arbeit ermitteln.

Liegen beide Gurtstäbe symmetrisch zur Mittelachse, so ergibt sich aus folgenden geometrischen Beziehungen (Abb. 6) ein Verfahren zur Ermittlung der Kräfte für einfache Diagonalanordnung.

D = Stabkraft
d = Systemlänge
b = Systembreite in den Knotenpunkten
φ = Neigungswinkel der Diagonalen zur Horizontalen

H = Horizontalbelastung des Mastes
$Q = D \cdot \cos \varphi$
Q = Querkraft zur Ermittlung der Stabkraft D

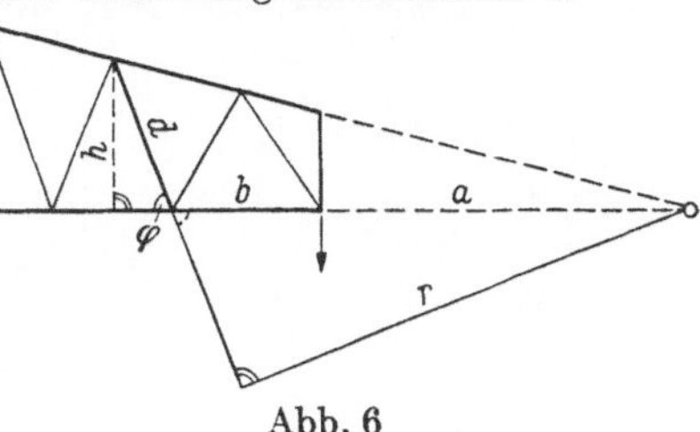
Abb. 6

$$Q_1 = \frac{H\,b_1}{1/2 \cdot (b_1 + b_2)} \qquad Q_2 = \frac{H\,b_1}{1/2 \cdot (b_2 + b_3)} \quad \text{usw.}$$

Für die Anordnung gekreuzter Diagonalen halbieren sich die Kräfte Q_1 und Q_2.

Wenn sich die Breitenzunahme der Maste im üblichen Rahmen hält, kann zur Vereinfachung für $\dfrac{b_n + b_{n+1}}{2 \cdot}$ der Wert von b_n eingesetzt werden, womit man auf der sicheren Seite bleibt.

Diese Formeln sind geeignet zur Berechnung der Diagonalen in Mastschäften und in Untergurten von Traversen.

4. Berechnung und Ausführung der Mastgründungen

Allgemeines

Die Maste sind derart im Boden zu befestigen, daß eine ausreichende Standsicherheit vorhanden ist und unzulässige Bewegungen vermieden werden.

Die Mastgründungen werden in der Regel als *Flachgründungen* ausgeführt (eingegrabene einstielige Stahlmaste, Schwellen-, Block- und Bohrfundamente, sowie Fundamente aus Betonfertigteilen). Die Gründungssohle muß in frostfreier Tiefe liegen.

Wenn der tragfähige Boden erst in größerer Tiefe ansteht, sind Tiefgründungen (Pfähle und Brunnengründungen) vorzusehen.

Die Tragfähigkeit der Gründungen ist vornehmlich durch Lagerungsdichte, Raumgewicht und Scherfestigkeit des Baugrundes beeinflußt. Baugruben sind daher nach Herstellung der Gründungen sorgfältig zu verfüllen. In Sonderfällen, und zwar für hoch belastete Gründungen, kann eine künstliche Verfestigung des Baugrundes vorteilhaft sein.

Ausführungsbeispiele

Im folgenden werden Gründungen danach unterschieden, ob sie im wesentlichen durch ihre seitliche Einspannung, wenn sie auf Kippen beansprucht werden und die Reaktionskräfte mehr waagerecht gerichtet sind, tragen oder ob sie auf Druck und Herausziehen beansprucht und die Reaktionskräfte dementsprechend mehr senkrecht gerichtet sind.

a) Gründungen, die vorwiegend durch waagerechte Belastung auf Kippen beansprucht sind

Bei den nachgenannten Gründungsarten ist die seitliche Einspannung besonders wirksam; daneben treten mehr oder weniger große Reaktionskräfte an der Gründungssohle auf. Bei den Schwellenfundamenten stützen sich die Schwellenlager auf der Druck- und Zugseite in der Senkrechten auf den Baugrund ab.

Vollwandige Maste aus *Stahlrohren* und Walzstahlprofilen (Abb. 7) können ohne besondere Maßnahmen kleine Spitzenzüge aufnehmen, wenn sie mindestens auf ein Sechstel ihrer Gesamtlänge eingegraben werden. Diese Maste sind also so gegründet, daß die Seitenwandflächen auf das Erdreich drücken. Dabei entsteht die notwendige Reaktionskraft. Falls größere Belastungen aufgenommen werden sollen, werden zusätzlich Maßnahmen, wie Steinkränze uud Seitenschwellen zur Verstärkung erforderlich. Für noch höhere Beanspruchungen werden *Blockfundamente* mit oder ohne Stufen erforderlich (Abb. 8). Damit können neben den bis jetzt genannten Masttypen eng gespreizte Gittermast-Konstruktionen, wie man sie in Deutschland für leichte Leitungen und auch noch für Tragmaste der 110-kV-Leitungen wählt, wirtschaftlich gegründet werden. Neben den Blockfundamenten stellen *Schwellenfundamente* (Abb. 9) eine übliche Gründungsart dar.

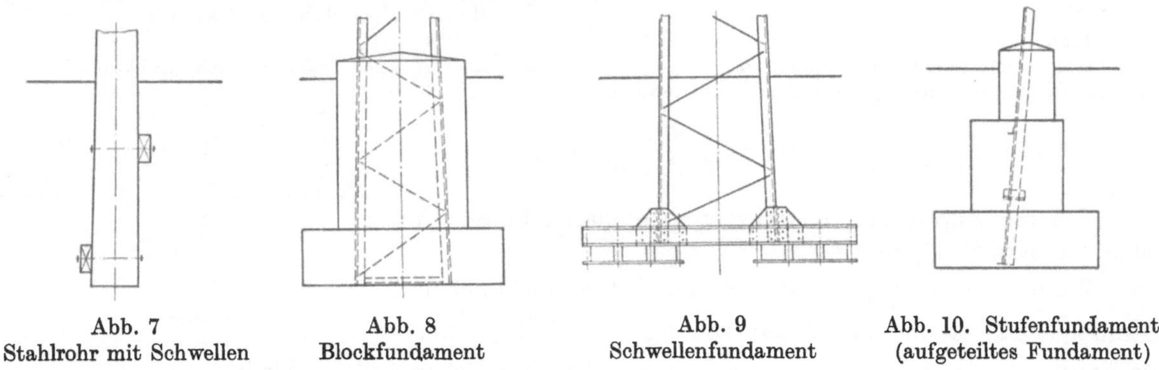

Abb. 7
Stahlrohr mit Schwellen

Abb. 8
Blockfundament

Abb. 9
Schwellenfundament

Abb. 10. Stufenfundament
(aufgeteiltes Fundament)

b) *Gründungen, die vornehmlich auf Druck und auf Herausziehen aus dem Baugrund beansprucht werden*

Maste mit höheren Belastungen werden beispielsweise für 110-, 220- und 380-kV-Leitungen verhältnismäßig weit gespreizt und wirtschaftlich durch sogenannte aufgeteilte Gründungen oder Einzelfundamente gegründet. Diese werden durch die Eckstielkräfte auf Zug und Druck beansprucht. Die horizontale Schubkraft ist von untergeordneter Bedeutung. In der Regel kann diese Schubbelastung bei der Druck- und Zugbemessung vernachlässigt werden. Andernfalls sind besondere Maßnahmen wie Verbreiterung an den oberen Fundamentenden und Anordnung von Horizontalriegeln zu treffen.

Meistens werden solche Maste durch *Stufenfundamente* gegründet (Abb. 10). In Böden mit Grundwasserandrang, besonders in Kies- und Fließsandböden, haben sich sogenannte

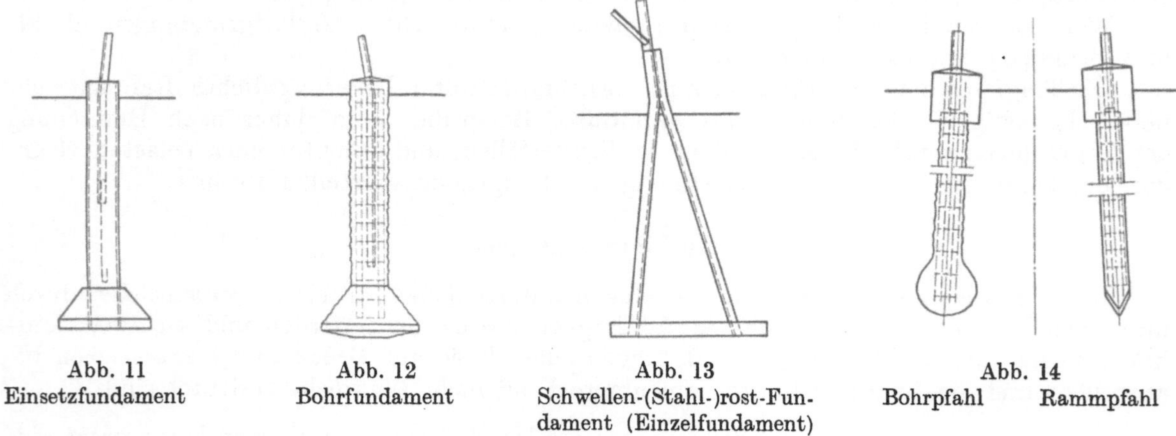

Abb. 11
Einsetzfundament

Abb. 12
Bohrfundament

Abb. 13
Schwellen-(Stahl-)rost-Fundament (Einzelfundament)

Abb. 14
Bohrpfahl   Rammpfahl

Einsetzfundamente, das sind Fundamente aus Betonfertigteilen, als besonders wirtschaftlich erwiesen (Abb. 11). Ihre Vorteile sind durch die Güte der verwendeten Fertigteile und die besonders entwickelten Montagemethoden, durch welche jede Wasserhaltung entfällt, gegeben.

In standfesten, trockenen Böden bieten *Bohrfundamente*, die am unteren Ende eine Verbreiterung erfahren, einen wirtschaftlichen Vorteil (Abb. 12). *Schwellenroste* als Einzelfundamente (Abb. 13) sind in Deutschland weniger üblich.

Neben diesen Flachgründungen werden Tiefgründungen dann erforderlich, wenn schlecht tragfähige Schichten zu durchstoßen sind, um die Maste in dem darunterliegenden, tragfähigen Boden zu gründen. Die Pfähle werden meistens als *Bohr-* oder *Rammpfähle* ausgeführt (Abb. 14). Brunnengründungen verwendet man seltener.

c) Sondergründungen, die bei außergewöhnlichen Baugrundverhältnissen und Belastungen notwendig werden können, sind im Rahmen dieses Buches nicht behandelt.

Holzteile (Pfähle und Schwellen) müssen wirksam gegen Fäulnis geschützt werden. Wenn Stahlbauteile im Erdreich liegen, sind sie besonders sorgfältig gegen Rost zu schützen. Die Stahlteile werden meistens mit heißem Teer oder anderen Schutzmitteln gestrichen und Holzteile wie Schwellen mit Teeröl durchtränkt, sofern nicht andere Imprägnierverfahren zweckmäßiger erscheinen. Im Beton liegen die Stahlteile geschützt, so daß Unterhaltungsarbeiten damit vermieden werden. Für Blockfundamente (Einblockgründungen) muß der Beton mindestens der Güteklasse B 80 und für aufgeteilte Gründungen (Mehrblockgründungen) mindestens der Güteklasse B 120 entsprechen.

Bemessung der Gründungen

Die bekanntesten Bemessungsverfahren beruhen mehr oder weniger auf der Auswertung eingehender Versuche, nach denen Mastgründungen zutreffend und wirtschaftlich bemessen werden können. Voraussetzung ist die Kenntnis der Baugrundverhältnisse. Es genügt vor allem bei Gründung schwerer Maste oft nicht, die Bodenarten auf Grund gestörter Bodenproben zu klassifizieren, sondern man muß auch die Bodeneigenschaften, wie Lagerungsdichte, Raumgewicht und Scherfestigkeit beurteilen können. Beim Auftrieb muß die Gewichtsverminderung des Betons und des Erdreiches unter Beachtung des ungünstigsten Grundwasserstandes berücksichtigt werden.

a) Berechnungsverfahren für Blockfundamente und Schwellengründungen

Im folgenden werden die am meisten üblichen Bemessungsverfahren angeführt:

Das Verfahren nach MOHR:

Danach wird die Reaktion in der Sohlenfläche gegen das Kippen der Fundamente ermittelt (Abb. 15). Da dem Baustoff Erde keine Zugspannungen zugemutet werden können,

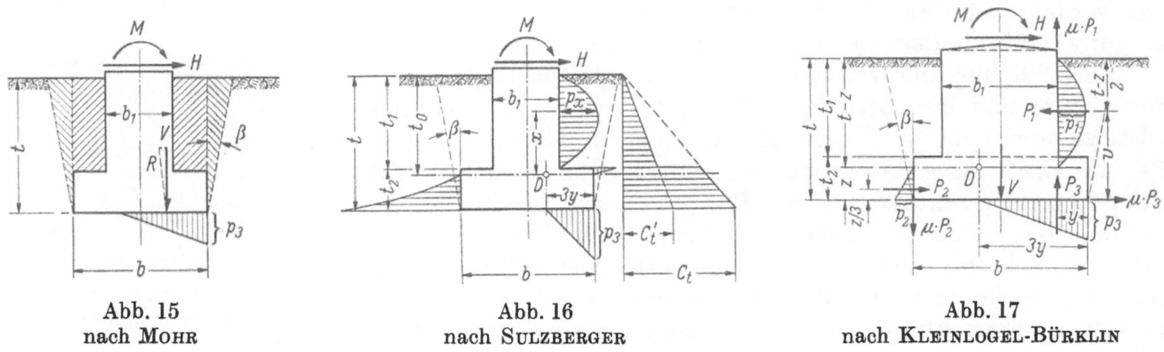

Abb. 15
nach MOHR

Abb. 16
nach SULZBERGER

Abb. 17
nach KLEINLOGEL-BÜRKLIN

Abb. 15—17. Bezeichnungen

t, t_1, t_2, t_0 Eingrabtiefen und Teileingrabtiefen, z senkrechter Abstand des Drehpunktes von der Sohle, D Drehpunkt der Gründung, β^0 Erdauflastwinkel, b Sohlenbreite, b_1 Sockelbreite, C, C_t Baugrundziffern, M Kippmoment, R Resultierende, H Horizontallast, V Vertikallast, p_1, p_2, p_3 Bodenpressung, P_1, P_2, P_3 Bodendrücke und μ Reibungsziffern

entsteht nach dieser Annahme die bekannte dreieckförmige Druckspannungsverteilung mit der am Rande der Sohlenfläche auftretenden größten Druckspannung. Die seitliche Einspannung wird durch eine Erdauflast ersetzt, deren äußere Begrenzungsflächen unter einem Auflastwinkel zur Senkrechten geneigt sind. Die Größe dieses Erdauflastwinkels hängt von den Bodeneigenschaften ab.

Das Verfahren nach SULZBERGER:

Danach wird eine Baugrundziffer, deren Wert linear mit der Eingrabtiefe zunimmt, verwendet, so daß sich an den Seitenwänden des Fundamentes eine parabelförmige Druckspannungsverteilung ergibt (Abb. 16). Bei der Ermittlung der Reaktionen wird eine zulässige Drehung des Fundamentes entsprechend dem Werte tg = 0,01 vorausgesetzt.

Das Verfahren nach KLEINLOGEL-BÜRKLIN:

Auch dieses Verfahren geht davon aus, daß das Fundament sich um einen bestimmten Drehpunkt bewegt (Abb. 17). Dabei wird der aktive Erddruck berücksichtigt, der voraussetzungsgemäß nicht überschritten werden darf. Ebenso ist ein zulässiger Wert der Pressung in der Sohlenfläche eingehalten. Damit erscheint an den Seitenflächen eine parabelförmige und in der Sohlenfläche eine dreieckförmige Druckspannungsverteilung.

Bei der Ermittlung der Erdauflast über den Schwellenlagern rechnet man üblicherweise für gut tragfähige Böden mit einem Erdauflastwinkel β von etwa 22° (tgβ = 0,4). Für schlecht tragfähige Böden ist der Erdauflastwinkel bis zu dem Wert 0° zu vermindern.

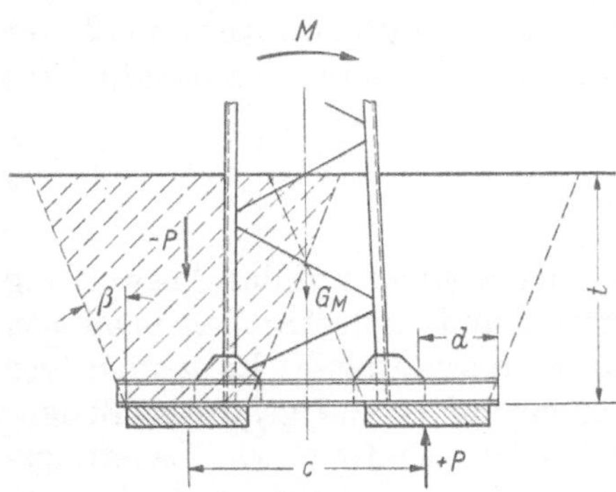

Abb. 18. Berechnungsverfahren
für Schwellengründungen

Das Berechnungsverfahren für *Schwellengründungen*: Beim Kippen der Fundamente stützen sich die Schwellenlager auf der Druckseite senkrecht nach unten und auf der Zugseite senkrecht nach oben auf das Erdreich ab. Auf der Druckseite darf die zulässige Bodenpressung nicht überschritten werden. Auf der Zugseite ist als Reaktionskraft eine Erdauflast angenommen (Abb. 18). Der Winkel, unter dem die äußeren Begrenzungsflächen gegen die Senkrechte geneigt sind, hängt von den Bodeneigenschaften ab.

b) Berechnungsverfahren für aufgeteilte Fundamente, die auf Druck und gegen Herausziehen aus dem Baugrund beansprucht sind.

Bei der Bemessung der auf Druck beanspruchten Fundamente sind die zulässigen Bodenpressungen zu beachten, die nach VDE-Vorschrift 0210, § 28 vorgeschrieben werden.

Bei dem auf Herausziehen beanspruchten Fundament kann als Reaktionskraft außer dem Eigengewicht der Gründungen eine Erdauflast berücksichtigt werden, wenn am unteren Ende der Gründungen eine Auskragung von mindestens 0,2 m vorhanden ist (Abb. 19).

Die Neigung der seitlichen Begrenzungsflächen gegen die Senkrechte und ihre Ansatzpunkte hängt von den Bodeneigenschaften und dem Grad der Einspannung der Gründungen ab. Bei der Ermittlung der Erdauflast wird üblicherweise mit Erdauflastwinkeln von 20° bis 25° für gut tragfähige Böden gerechnet. Für schlecht tragfähige Böden ist der Wert des Erdauflastwinkels bis auf 0° zu vermindern. Die seitlichen Begrenzungsflächen der Erdauflast beginnen an der Oberkante der unteren Fundamentstufe; bei guter Einspannung der Gründungen, und zwar, wenn die Fundamente an den gewachsenen

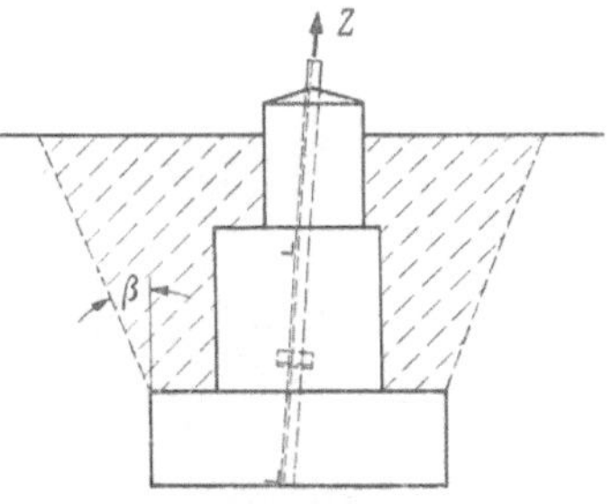

Abb. 19. Berechnungsverfahren
für Einzelfundamente

Baugrund anbetoniert sind, können die seitlichen Begrenzungsflächen an Gründungssohle beginnend angenommen werden.

Der Widerstand gegen Herausziehen der Gründungen muß nach den bisherigen Erfahrungen und Versuchen gewährleistet sein.

Pfahlartige Gründungen ohne genügende Verbreiterung am unteren Ende tragen im wesentlichen durch ihre Mantelreibung. Der Wert der Mantelreibung kann für die im Leitungsbau üblichen Gründungstiefen als konstant angenommen werden. Für gut tragfähige körnige und bindige Böden können Werte der zulässigen Mantelreibung von 0,25 bis 0,2 kg/cm² in Rechnung gestellt werden.

Die Standsicherheit der Gründungen

Die Standsicherheit soll mindestens 1,5 betragen. Wo mit Streuungen in der Mantelreibung der Pfahlgründungen zu rechnen ist, ist eine zweifache Sicherheit zweckmäßig. In den unter a) genannten Berechnungsverfahren von SULZBERGER und KLEINLOGEL-BÜRKLIN ist die Standsicherheit in besonderer Weise berücksichtigt.

II. Berechnungsbeispiele

Die Beispiele sind statischen Berechnungen entnommen, die für neuere Leitungsbauten aufgestellt wurden. Sie umfassen zwei Berechnungen für Mittelspannungsleitungen mit 30 und 60 kV Betriebsspannung, weiter eine Berechnung für das Gestänge einer Hochspannungsleitung mit 110 kV Betriebsspannung, danach Berechnungen für das Gestänge von Höchstspannungsleitungen mit 220 und 380 kV Betriebsspannung. Auch die Berechnung eines Mehrfachgestänges für 110/220 kV Betriebsspannung ist angeführt. Abschließend wird die Berechnung für einen geschweißten Flachmast durchgeführt.

Neben den früher bekannten Schwellen-, Block- und Stufenfundamenten werden neuere Gründungsarten wie Einzelfundamente (Fundamente aus Betonfertigteilen) und Bohrfundamente in einigen Beispielen berechnet.

Als Materialgüte des Stabstahles ist bis auf das Berechnungsbeispiel 9 für einen Rohrgittermast, für das besondere Angaben gemacht werden, St 37 vorgesehen und für die rohen Schrauben 4 D. Die Bestimmungen für die Festigkeitsberechnungen und die zulässigen Spannungen sind in § 24 der Vorschrift VDE 0210 angeführt. Die zahlenmäßigen Nachrechnungen sind mit Rechenschiebergenauigkeit durchgeführt.

1. Berechnungsbeispiel. Statische Berechnung des Tragmastes T + O einer 30-kV-Doppelleitung   (s. Abb. 20)

I. Belastungsannahmen

1. Beseilung und Spannweite

1 Erdseil Staku III 50 mm²

Querschnitt $F = 50$ mm²;
Durchmesser $d = 9,0$ mm;
σ_1 (bei $-5\,°C$ + Eislast $0,18\,\sqrt{d}$)
   $= 20$ kg/mm²;
g (Eigengewicht/1fm) $= 0,414$ kg/m;
g_z (Gewicht + Zusatzlast/1fm) $= 0,954$ kg/m;

6 Leiterseile Al/St 70/12 (nach DIN 48204)

$F = 77,8$ mm²; $d = 11,6$ mm;
$\sigma_1 = 8,0$ kg/mm²; $g = 0,275$ kg/m;
$g_z = 0,888$ kg/m

Isolatoren 2 Vollkernisolatoren VK 60
(Am Mast wird Doppel- und Einfachaufhängung vorgesehen.)

Regelspannweite 150 m
Windanteil: 150 m
Seilgewichtsanteil: max. $1,3 \cdot 150$ m
                     min. $0,7 \cdot 150$ m

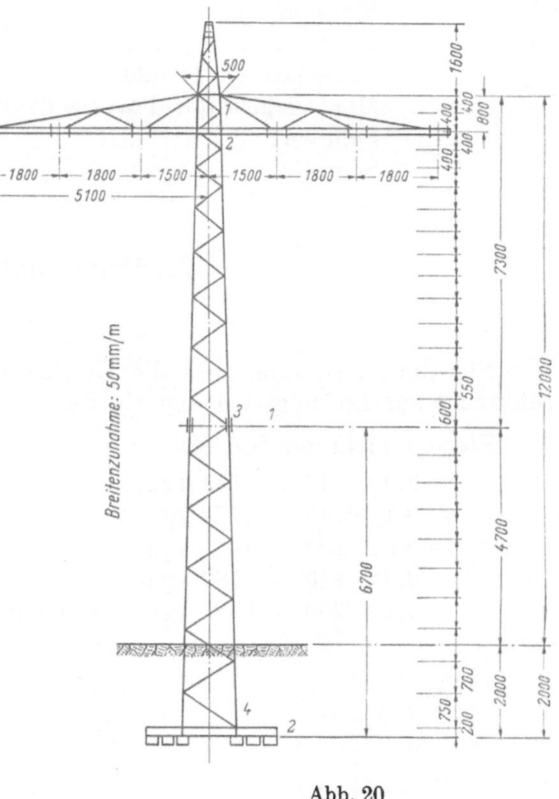

Abb. 20

2. Windlasten und Seilzüge (Horizontallasten)

a) *Wind auf Erdseil*
   $W_E = 150 \cdot 1,2 \cdot 44 \cdot 0,009$ . . . . $= \quad 72$ kg

Wind auf Leiterseile
   $W_L = 6 \cdot 150 \cdot 1,2 \cdot 44 \cdot 0,0116$ . . . . $= \quad 546$ kg

Wind auf Isolatorenketten
$$W_J = 6 \cdot 15 \ldots \ldots \ldots \ldots \ldots = 90 \text{ kg}$$

Wind auf Mast, senkrecht zur Leitungsrichtung
$$\text{Wind auf Erdseilstütze } W_{ESt} \ldots \ldots \ldots \ldots = 40 \text{ kg}$$
$$\text{Wind auf Traverse } W_{Tr} \ldots \ldots \ldots \ldots = 100 \text{ kg}$$

Wind auf Mastschuß 1 $(F_{w_1} = 1{,}42 \text{ m}^2)$
$$W_{M_1} = 55 \cdot 2{,}6 \cdot 1{,}42 \ldots \ldots \ldots \ldots = 210 \text{ kg}$$

Wind auf Mastschuß 2 $(F_{w_2} = 1{,}10 \text{ m}^2)$
$$W_{M_2} = 55 \cdot 2{,}6 \cdot 1{,}1 \ldots \ldots \ldots \ldots = 160 \text{ kg}$$

b) Seilzüge für Ausnahmebelastung

$$\tfrac{1}{2} \text{ Erdseilzug:} \quad \tfrac{1}{2} Z_E = \tfrac{1}{2} \cdot 50 \cdot 20 \ldots \ldots \ldots = 500 \text{ kg}$$

$$\tfrac{1}{2} \text{ Leiterseilzug:} \quad \tfrac{1}{2} Z_L = \tfrac{1}{2} \cdot 77{,}8 \cdot 8 \ldots \ldots \ldots = \sim 312 \text{ kg}$$

3. Gewichtslasten (Vertikallasten)

Erdseil: max. $1{,}3 \cdot 150 \cdot 0{,}414 \ldots \ldots \ldots \ldots = 81 \text{ kg}$
$\phantom{\text{Erdseil:}}$ min. $0{,}7 \cdot 150 \cdot 0{,}414 \ldots \ldots \ldots \ldots = 44 \text{ kg}$
6 Leiterseile (ohne Eis): max. $6 \cdot 1{,}3 \cdot 150 \cdot 0{,}275 \ldots \ldots = 322 \text{ kg}$
$\phantom{\text{6 Leiterseile (ohne Eis): }}$ min. $6 \cdot 0{,}7 \cdot 150 \cdot 0{,}275 \ldots \ldots = 172 \text{ kg}$
Erdseilstütze $\ldots \ldots \ldots \ldots \ldots \ldots = \sim 60 \text{ kg}$
Traverse $\ldots \ldots \ldots \ldots \ldots \ldots \ldots = \sim 650 \text{ kg}$
12 Isolatoren $12 \cdot 20 \ldots \ldots \ldots \ldots = 240 \text{ kg}$
Montagelast (an Traversenspitze angreifend) $\ldots = \sim 200 \text{ kg}$
Schuß 1 $\ldots \ldots \ldots \ldots \ldots \ldots = \sim 330 \text{ kg}$
Schuß 2 $\ldots \ldots \ldots \ldots \ldots \ldots = \sim 370 \text{ kg}$

II. Berechnung und Bemessung

1. Eckstiele

Für die Bemessung sind die Gewichtsbelastungen ohne Eis und die Windbelastungen senkrecht zur Leitungsrichtung als Horizontalbelastung maßgebend [vgl. VDE 0210, § 17 a)].

Biegemoment an Stelle ①

$$
\begin{aligned}
8{,}9 \cdot 72 &= 641 \text{ kgm} \\
+\,8{,}1 \cdot 40 &= 324 \text{ kgm} \\
+\,6{,}5 \cdot 832 &= 5415 \text{ kgm} \\
+\,3{,}65 \cdot 210 &= 767 \text{ kgm} \\
+\,5{,}1 \cdot 200 &= 1020 \text{ kgm} \quad \text{(Moment aus einseitiger Montage-}\\
&\phantom{= 1020 \text{ kgm} \quad (} \text{last)}
\end{aligned}
$$

Summe $H_1 \cong 1150 \text{ kg}$ $\qquad$ $M_1 = 8167 \sim 8170 \text{ kgm}$
$\qquad 6{,}7 \cdot 1150 = 7720$
$\quad +\,4{,}35 \cdot \underline{ 160} = \underline{ 697}$
Summe $H_2 \cong 1310 \text{ kg}$ $\qquad$ $M_2 \cong 16584 \sim 16600 \text{ kgm}$

Nachweis der Beanspruchung am Stoß ①

$\qquad$ Systembreite a_1: $500 + 7{,}3 \cdot 50 - 32 = 833 \text{ mm}$
$\qquad$ $\llcorner 55 \cdot 55 \cdot 6;$ $\quad l = 120 \text{ cm};$ $\quad i_x = 1{,}66 \text{ cm};$ $\quad \lambda = 72$

Eckstieldruckkraft

$$S_d = \frac{M_1}{2a} + \frac{G_{1_{max}}}{4} = \frac{8170}{2 \cdot 0{,}833} + \frac{1890}{4} = 4900 + 473 = 5373 \sim 5380 \text{ kg}$$

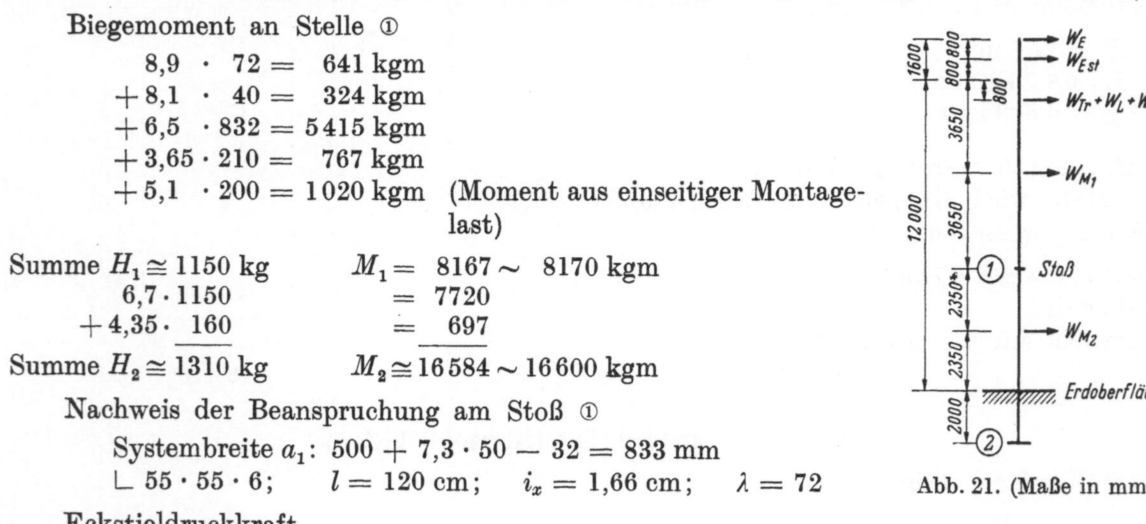

Abb. 21. (Maße in mm)

Eckstielzugkraft

$$S_z = \frac{M_1}{2a} - \frac{G_{1_{max}}}{4} = \frac{8170}{2 \cdot 0{,}833} - \frac{1496}{4} = 4900 - 374 = 4526 \sim 4530 \text{ kg}$$

Druckbeanspruchung

$$\sigma_d = \omega \, \frac{S_d}{F_d} = 1{,}44 \cdot \frac{5380}{6{,}31} = 1228 \text{ kg/cm}^2$$

Zugbeanspruchung

$$\sigma_z = \frac{S_z}{F_z} = \frac{4530}{4{,}27} = 1062 \text{ kg/cm}^2$$

Einschnittiger Anschluß mit 8 M 16 (Schachtelstoß)
$$\text{Scherbeanspruchung } \sigma_s = 297 \text{ kg/cm}^2$$
$$\text{Lochleibungsdruck } \sigma_l = 702 \text{ kg/cm}^2$$

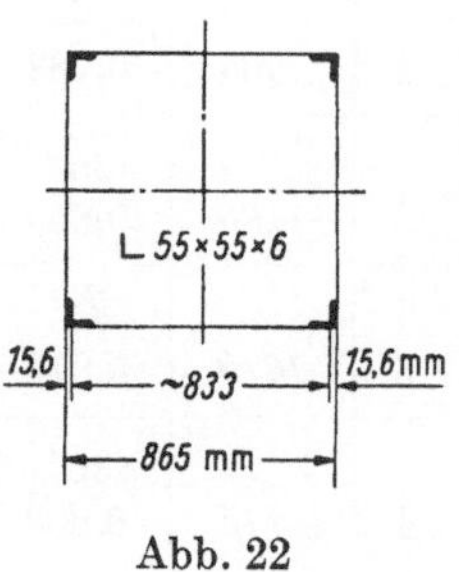

Abb. 22

Nachweis der Beanspruchung am Anschluß zum Schwellenrost ②

Systembreite a_2: $500 + 13{,}75 \cdot 50 - 37 = 1150$ mm
$$\llcorner 65 \cdot 65 \cdot 7; \quad l = 160 \text{ cm}; \quad i_x = 1{,}96 \text{ cm}; \quad \lambda = 82$$

Eckstieldruckkraft

$$S_d = \frac{16\,600}{2 \cdot 1150} + \frac{2260}{4} = 7220 + 565 = 7785 \text{ kg}$$

Eckstielzugkraft

$$S_z = \frac{16\,600}{2 \cdot 1150} - \frac{1860}{4} = 7220 - 465 = 6755 \text{ kg}$$

$$\sigma_d = 1{,}58 \, \frac{7785}{8{,}7} = 1416 \text{ kg/cm}^2 \qquad \sigma_z = \frac{6755}{6{,}3} = 1072 \text{ kg/cm}^2$$

Einschnittiger Anschluß mit 8 M 16
$$\sigma_s = 429 \text{ kg/cm}^2 \qquad\qquad \sigma_l = 1013 \text{ kg/cm}^2$$

2. Diagonalen

Für die Bemessung sind die Belastungen maßgebend, die aus dem Fortfall eines Leiterseilzuges als Verdrehungsbelastung (Ausnahmebelastung) entstehen. Dabei ist für den Tragmast der halbe einseitige Höchstzug des Leiters anzusetzen, für den sich in den einzelnen Bauteilen die größten Spannungen ergeben [vgl. VDE 0210, § 17 b)].

Die Diagonalen 1, 2, 3 und 4 werden nachgewiesen
Verdrehungsmoment

$$M_d = \frac{1}{2} Z \left(l + \frac{a}{2} \right) \qquad\qquad H_2 = H_3 = \frac{M_d}{2a}$$

$$H_1 = \frac{M_d}{2a} + \frac{Z}{4} \qquad\qquad\qquad H_4 = \frac{M_d}{2a} - \frac{Z}{4}$$

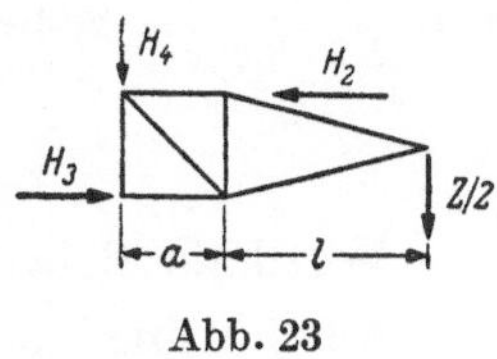

Abb. 23

Mastbreite a:

$a_1 = 478$ mm
$a_2 = 518$ mm
$a_3 = 818$ mm
$a_4 = 1137$ mm

$\frac{1}{2}$ Erdseilzug: $\frac{1}{2} Z_E = \frac{1}{2} \cdot 50 \cdot 20 = 500$ kg

$\frac{1}{2}$ Leiterseilzug: $\frac{1}{2} Z_L = \frac{1}{2} \cdot 77{,}8 \cdot 8 = \sim 312$ kg

Moment aus einseitiger Belastung an Traversenspitze angenommen ~ 1300 kgm

$$Q_1 = \frac{1300}{2 \cdot 0{,}8} + \frac{500 \cdot 0{,}388}{2 \cdot 0{,}478} \cong 820 + 210 = 1030 \text{ kg}$$

$$Q_2 = \frac{312 \cdot 5{,}1 + 312 \cdot 0{,}508}{2 \cdot 0{,}518} = \qquad \sim 1700 \text{ kg}$$

$$Q_3 = \frac{1751}{2 \cdot 0{,}818} = \qquad\qquad \sim 1070 \text{ kg}$$

$$Q_4 = \frac{1751}{2 \cdot 1{,}137} = \qquad\qquad \sim 775 \text{ kg}$$

Diagonalen

Nr. Dia.	Q kg	$\sphericalangle$ cos	D kg	Profil	F F_n	i min	s_k cm	λ	ω	σ_d σ_z	Anschluß	σ_s σ_l
1	*1030*	37° 0,788	1310	∟40·40·5	3,79 1,35	0,77	60	78	1,52	gering gering	1 Niet 13 ⌀	gering gering
2	*1700*	35° 0,819	2080	∟40·40·5	3,79 1,35	0,77	(max) 90	117	2.31	1269 1541	1 Niet 13 ⌀	1565 3200
3	*1070*	35° 0,819	1310	∟50·40·5	4,27 1,65	0,84	110	131	2,9	889 794	1 Schr. M 16	652 1638
4	*775*	36° 0,809	960	∟50·40·5	4,27 1,65	0,84	140	167	4.71	1069 gering	1 Schr. M 16	gering gering

3. Horizontalverband im Mast in Höhe des Traversenuntergurtes

$$\tfrac{1}{2} Z_L = 312 \text{ kg} \qquad l = 5{,}1 \text{ m} \qquad e = 0{,}48 \text{ m}$$

$$Q = \frac{5{,}1 \cdot 312}{2 \cdot 0{,}48} + \frac{1}{2} \cdot 312 = 1660 + 160 = 1820 \text{ kg}$$

$$D \cong \frac{1820}{2 \cdot 0{,}6} = \sim 1520 \text{ kg}$$

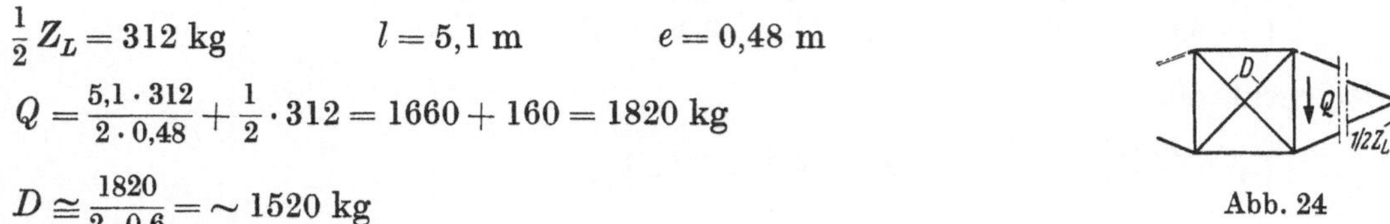

Abb. 24

Horizontalstab

∟ 55 · 6　　angeschlossen mit 1 Niet 13 ⌀

$F = 6{,}31 \text{ cm}^2$; $F_n = 2{,}52 \text{ cm}^2$ (2,28 für 17 ⌀)

$s_k \cong 50 \text{ cm}$; $i_{min} = 1{,}07 \text{ cm}$

$\lambda = 47$; $\omega = 1{,}19$

$$\sigma_z = \frac{1820}{2{,}28} = 799 \text{ kg/cm}^2$$

$$\sigma_d = \frac{1820 \cdot 1{,}19}{6{,}31} = 344 \text{ kg/cm}^2$$

$$\sigma_s = \frac{1820}{1{,}32} = 1369 \text{ kg/cm}^2$$

$$\sigma_l = \frac{1820}{1{,}3 \cdot 0{,}6} = 2340 \text{ kg/cm}^2$$

Diagonalen

∟ 40 · 5　　angeschlossen mit 1 Niet 13 ⌀

$F = 3{,}79 \text{ cm}^2$; $F_n = 1{,}35 \text{ cm}^2$; $\lambda = 52$

$s_k = 40 \text{ cm}$; $i_{min} = 0{,}77 \text{ cm}$; $\omega = 1{,}23$

$$\sigma_z = \frac{1520}{1{,}35} = 1126 \text{ kg/cm}^2$$

$$\sigma_d = \frac{1520 \cdot 1{,}23}{3{,}79} = 494 \text{ kg/cm}^2$$

$$\sigma_s = \frac{1520}{1{,}33} = 1142 \text{ kg/cm}^2$$

$$\sigma_l = \frac{1520}{1{,}3 \cdot 0{,}5} = 2340 \text{ kg/cm}^2$$

4. Traverse

Vertikale Belastung

Ausführung der Obergurte und vertikalen Diagonalen wie für Endmast E + 0.

Untergurt

$$U_{V\,max} \ldots \ldots \ldots = 4300 \text{ kg}$$

$$U_{H\,max} = \frac{312 \cdot 4{,}89}{0{,}54} = 2830 \text{ kg}$$

$$\underline{U = 7130 \text{ kg}}$$

$$P_v = \text{Seil} \ldots \ldots \ldots \quad 90 \text{ kg}$$

$$\text{Isolatoren} \ldots \ldots \quad 50 \text{ kg}$$

$$\text{Eigengewicht} \ldots \quad 80 \text{ kg}$$

$$\text{Montagelast} \ldots \quad \underline{130 \text{ kg}}$$

$$350 \text{ kg}$$

Obergurt

$O_{max} = 3400$ kg

$\llcorner 8$

$F = 11,0$ cm²

$s_{kx} = 180$ cm

$i_x = 3,1$ cm

$\lambda_x = 58$

$s_{ky} = 110$ cm

$i_y = 1,33$ cm

$\lambda_y = 83; \quad \omega = 1,59$

$$\sigma_- = \frac{1,59 \cdot 7130}{11,0}$$

$$= 1030 \text{ kg/cm}^2$$

Anschluß: 2 Schrauben M 16 je Eckstiel

$$\sigma_s = \frac{7130}{4 \cdot 2,01} = 888 \text{ kg/cm}^2$$

$$\sigma_l = \frac{7130}{4 \cdot 1,6 \cdot 0,6} = 1860 \text{ kg/cm}^2$$

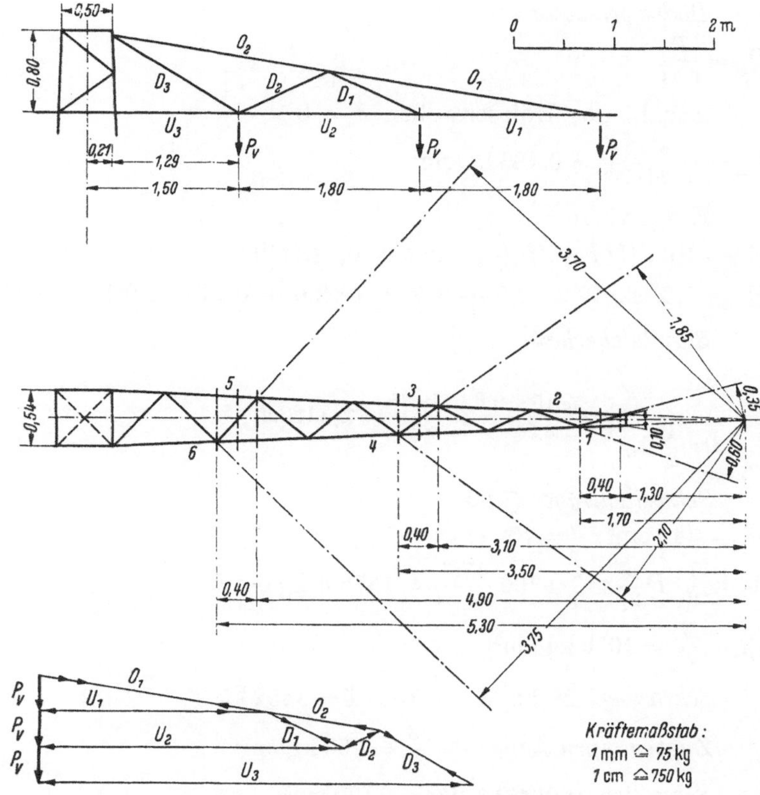

Abb. 25. Vertikale Belastung je Aufhängepunkt und Traversenwand

Diagonalen im Untergurt

$$D_1 = \frac{312 \cdot 1,3}{0,35} = \sim 1160 \text{ kg}$$

$$D_2 = \frac{312 \cdot 1,7}{0,7} = \sim 890 \text{ kg}$$

$$D_3 = \frac{312 \cdot 3,1}{1,85} + \sim 530 \text{ kg}$$

$$D_4 = \frac{312 \cdot 3,5}{2,1} = \sim 520 \text{ kg}$$

$$D_5 = \frac{312 \cdot 4,9}{3,7} + \sim 420 \text{ kg}$$

$$D_6 = \frac{312 \cdot 5,3}{3,75} = \sim 450 \text{ kg}$$

$40 \cdot 40 \cdot 4$ mit Anschluß 1 Niet 13 $\varnothing$

$F = 3,08$ cm²; $F_n = 1,08$ cm²

$s_k = 80$ cm; $i_\eta = 0,78$ cm; $\lambda = 103$

$\omega = 1,96$

$$\sigma_+ = \frac{1160}{1,08} = 1075 \text{ kg/cm}^2$$

$$\sigma_- = \frac{1160 \cdot 1,96}{3,08} = 738 \text{ kg/cm}^2$$

$$\sigma_s = \frac{1160}{1,33} = 873 \text{ kg/cm}^2$$

$$\sigma_l = \frac{1160}{1,3 \cdot 0,4} = 2230 \text{ kg/cm}^2$$

III. Berechnung der Schwellengründung für Mast Type T + O, 12,0 + 2,0 m

Anzahl der Holzschwellen

$2 \cdot 3 = 6$ Schwellen 160/260 . . . . 2600 [mm]

1. Beanspruchung senkrecht zu den Schwellen

Moment auf Schwellenunterkante bezogen.

$M_S = 16\,900$ kg m

$$D = \frac{M_s}{C} + \frac{G_M}{2} = \frac{16\,900}{1,98} + 1250 = 9790 \text{ kg}$$

$$Z = \frac{M_s}{C} - \frac{G_M}{2} = 8540 - 600 = 7940 \text{ kg}$$

Bodenpressung

$$P_K = \frac{D}{a\,b\,l}$$

Anzahl der Holzschwellen $a = 3$

$$P_K = \frac{9790}{3 \cdot 26 \cdot 260} = 0{,}483\ \text{kg/cm}^2$$

Erdgewicht

$$E = 1{,}6\,t\,([f\,l + (f + l)\,0{,}9\,t + 0{,}213\,t^2])$$
$$E = 1{,}6 \cdot 2{,}0[0{,}9 \cdot 2{,}6 + 3{,}5 \cdot 0{,}4 \cdot 2{,}0 + 0{,}213 \cdot 2{,}0^2] = 19{,}15\,t$$

Standsicherheit

$$n = \frac{E + \frac{1}{2}\,G_M}{D - \frac{1}{2}\,G_M} = \frac{19{,}15 + 0{,}6}{8{,}54} = \frac{19{,}75}{8{,}54} = 2{,}31\text{fach}$$

Schwellenträger $\llcorner$ 20

$$W_x = 149\ \text{cm}^3;\ d = 76\ \text{cm}$$
$$M_b \cong \frac{1}{2} \cdot D\,\frac{d^2}{2f} \cong \frac{1}{2} \cdot 9790 \cdot \frac{76^2}{2 \cdot 90} = 157500\ \text{kg cm}$$
$$\sigma_B = \frac{M_b}{W_x} = 1056\ \text{kg/cm}^2$$

Schrauben M 20 $\quad S = 0{,}183 \cdot Z = 1452\ \text{kg}$

Zugbeanspruchung $g = \dfrac{S}{2{,}2} = 660\ \text{kg/cm}^2$

Schwellen 160/260 $\quad W_x = 1100\ \text{cm}^3$

$$Q = p_k\,b\,e = 0{,}483 \cdot 26 \cdot 131 = 1650\ \text{kg}$$
$$Q = p_k\,b\,\frac{1 - e}{2} = 0{,}483 \cdot 26 \cdot 64{,}5 = 810\ \text{kg}$$
$$M_s = 26200\ \text{kg cm}$$
$$\sigma_B = 23{,}8\ \text{kg/cm}^2$$

2. Beanspruchung in Richtung der Holzschwellen

$$1 = 260\ \text{cm};\qquad c = \frac{3}{4} \cdot 1 = \frac{3}{4} \cdot 260 = 195\ \text{cm},\quad e = 131\ \text{cm}$$

Moment auf Schwellenunterkante bezogen

$$M_S = 10850\ \text{kg m}$$
$$D = \frac{M_s}{C} + \frac{G_M}{2} = \frac{10850}{1{,}95} + 1250 = 6810\ \text{kg}$$
$$Z = \frac{M_s}{C} - \frac{G_M}{2} = 5560 - 600 = 4960\ \text{kg}$$

Bodenpressung

$$P_K = \frac{D}{2 \cdot a \cdot b \cdot \frac{1}{4}\,1}$$

Anzahl der Schwellen: $a = 3$

$$P_K = \frac{6810}{2 \cdot 3 \cdot 26 \cdot 0{,}25 \cdot 260} = 0{,}673\ \text{kg/cm}^2$$

Erdgewicht

$$E = 1{,}6\,t\left[\frac{1}{4}f + \left(\frac{1}{4} + f\right)0{,}3\,t + 0{,}12\,t^2\right] \cdot 2$$
$$E = 1{,}6 \cdot 2{,}0\,(0{,}65 \cdot 0{,}9 + 1{,}55 \cdot 0{,}3 \cdot 2{,}0 + 0{,}12 \cdot 2{,}0^2) \cdot 2$$
$$= 12{,}75 - 0{,}04 = 12{,}71\,t$$

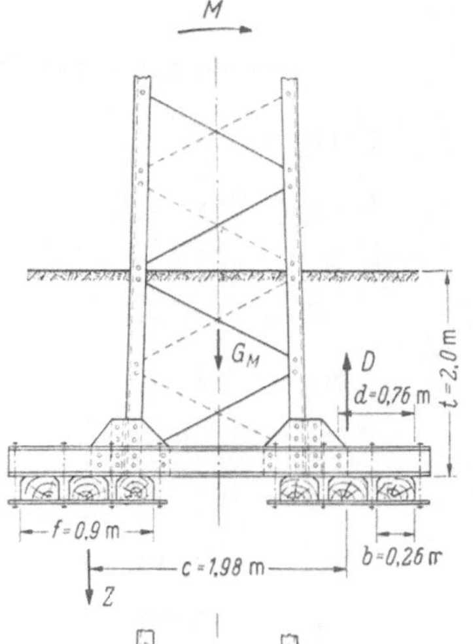

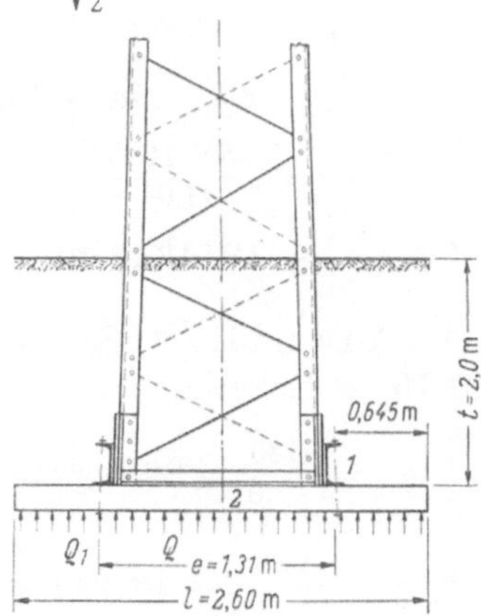

Abb. 26

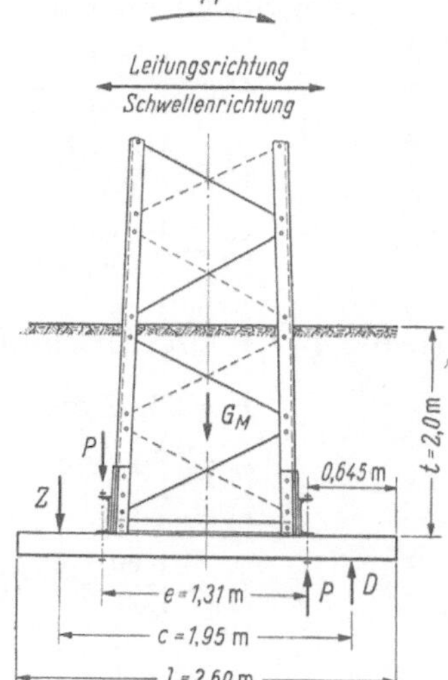

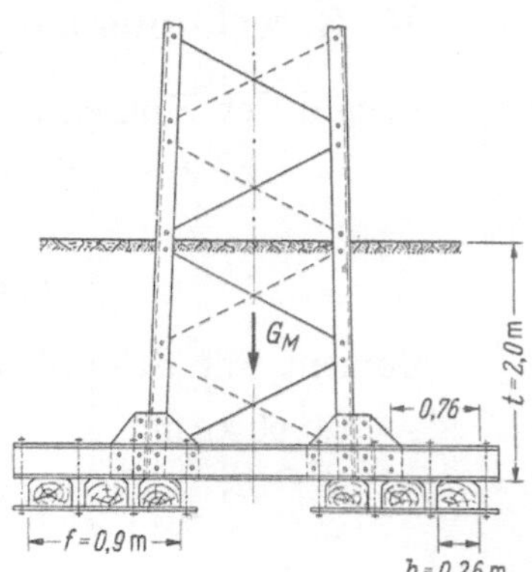

Abb. 27

L40×40×4
1⌀13
L40×40×5
1⌀13
L40×40×4
1⌀13
400 477 440 483 400 479 440 481 400 512 516,5 543 516,5 512 400 481 440 479 400 483 440 477 400
150
⌷10
L55×55×6 1⌀13
Bohrung für Bügelschrauben M16
1800 1800 1500 1500 1800 1800
Erdseilklemme
L55×55×6
500
L50×40×5...1M16
L50×40×5...1M16
L35×35×4 1⌀13
1M12
L50×40×5 1M16
L60×60×6...3M16
L100×50×8
7 M20
⌷10
100×8
1220
1620
2060
2520
3000
3500
4010
4530
5060
5600
6150
6720
7300
7900
8500
9120
9740
10380
11020
11670
12350
13030
13670
14000
5100 5100
L40×40×5 1⌀13
L60×60×6
Breitenzunahme 50 mm/m
Schachtelstoß 8 M16
L50×40×5 1M16
Warnungstafel
L70×70×7
Erdungslöcher M12
L50×50×6 1M16
⌷20
1214
L50×40×5...1M16
L65×65×7 1⌀17
1600 340 320 455
495
400 800
7300
12000
6700
2000
330
L100×50×8

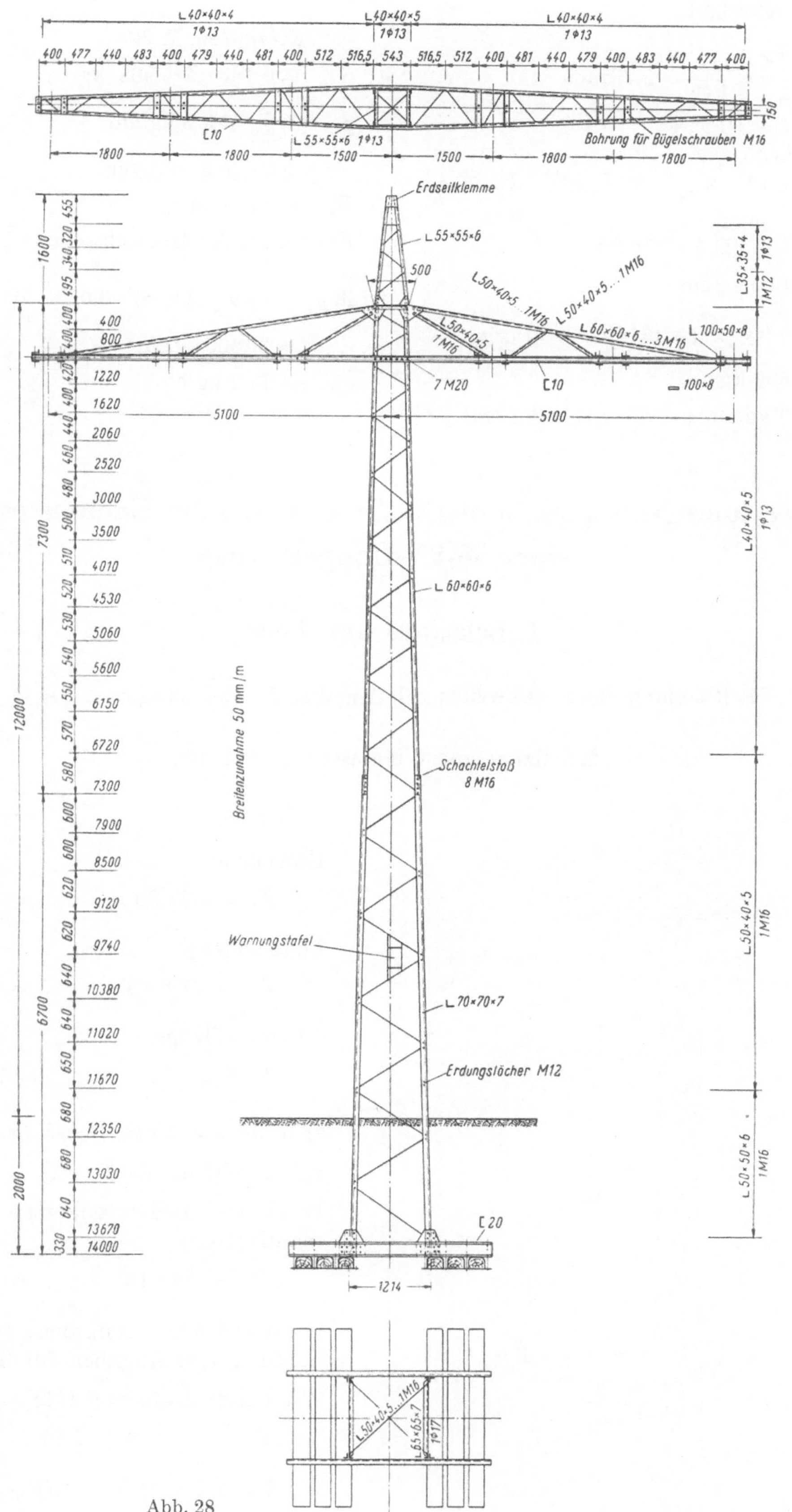

Abb. 28

Standsicherheit

$$n \;=\; \frac{E + \frac{1}{2}\,G_M}{D - \frac{1}{2}\,G_M} \;=\; \frac{13{,}41}{5{,}56} \;=\; 2{,}39\,\text{fach}$$

Schwellenträger $\sqsubset$ 20

$$W_{x_{n_2}} = 183\ \text{cm}^3 \quad W_{x_{n_1}} = 149\ \text{cm}^3 ; \quad d = 76\ \text{cm}$$

$$P \;=\; \frac{M_S}{2\,e} = \frac{10\,850}{2 \cdot 1{,}31} = 4140\ \text{kg}$$

$$M_{b_2} = 201\,000\ \text{kg cm}$$

$$M_{b_1} = (P + G_M)\,\frac{d^2}{2 \cdot f} = (4140 + 630) \cdot \frac{76^2}{2 \cdot 90}$$

$$= 153\,500\ \text{kg m}$$

$$\sigma_{b_1} = 1030\ \text{kg/cm}^2 ; \quad \sigma_{b_2} = 1098\ \text{kg/cm}^2$$

Schrauben M 20

$$S \;= 0{,}183 \cdot Z = 908\ \text{kg}$$

$$g \;= \frac{S}{2{,}2} = 413\ \text{kg/cm}^2$$

Schwellen 160/260

$$W_x \;= 1100\ \text{cm}^3$$

Kraglänge der Holzschwelle $= \frac{1}{2} \cdot (1 - e)$

$$M_B \;= P_K\,b\,\frac{1}{8}\,(1 - e)^2 \cdot 0{,}673 \cdot 26 \cdot \frac{1}{8} \cdot 129^2$$

$$= 36\,500\ \text{kg cm}$$

$$\sigma_B \;= 33{,}2\ \text{kg/cm}^2$$

2. Berechnungsbeispiel. Statische Berechnung des Endmastes E + O einer 30-kV-Doppelleitung

I. Belastungsannahmen

1. Beseilung und Spannweite: vgl. Angaben für den Tragmast T + O

2. Seilzüge und Windlasten (s. Abb. 29)

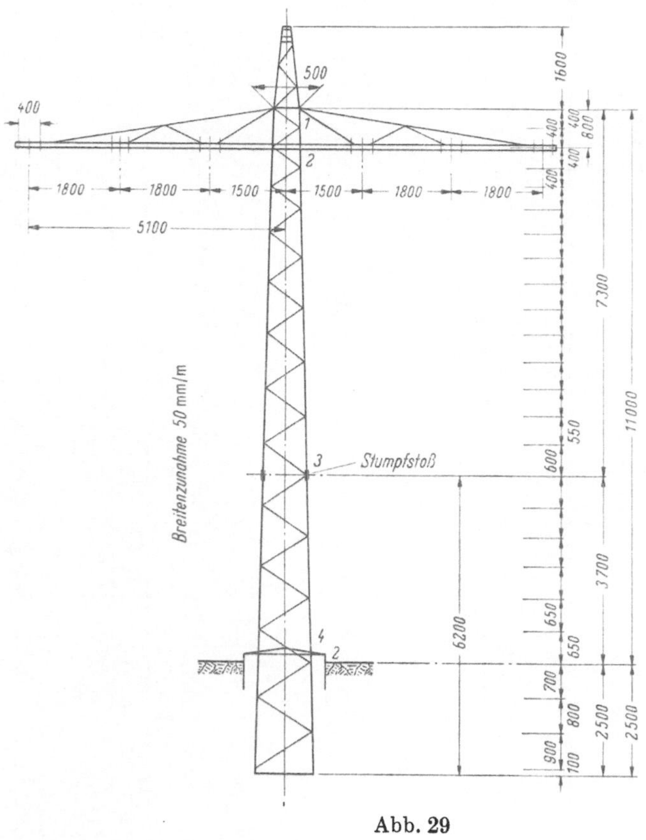

Abb. 29

a) *Seilzüge*

Erdseilzug

$$Z_E = 50 \cdot 20 \ldots \ldots = 1000\ \text{kg}$$

Leiterseilzug

$$Z_L = 77{,}8 \cdot 8 \ \ldots = 623\ \text{kg}$$

6 Leiterseilzüge

$$6 \cdot Z_L \ldots \ldots \ldots = 3738\ \text{kg}$$

b) *Wind auf Erdseil und Leiterseil,* vgl. Angaben für T + O

Wind auf Isolatorenketten (Doppelabspannketten)

$$W_J = 24 \cdot 15 \ \ldots = 360\ \text{kg}$$

Wind auf Mast, senkrecht zur Leitungsrichtung vgl. Angaben für T + O

Wind auf Mastschuß 1 ($F_{w_1} = 2{,}27\ \text{m}^2$)

$$W_{M_1} = 55 \cdot 2{,}6 \cdot 2{,}27 = 330\ \text{kg}$$

Wind auf Mastschuß 2 ($F_{W_2} = 1{,}33\ \text{m}^2$)

$$W_{M_2} = 55 \cdot 2{,}6 \cdot 1{,}33 = 190\ \text{kg}$$

3. Gewichtslasten

für Erdseil und 6 Leiterseile, vgl. Angaben für T + O

Erdseilstütze . . . . = 60 kg
Traverse . . . . = 700 kg
24 Isolatoren: 24 · 20 . . . . = 480 kg
Montagelast (an Traversenspitze angreifend) . . . = 200 kg
Schuß 1 . . . . = 890 kg
Schuß 2 . . . . = 540 kg

II. Berechnung und Bemessung

1. Berechnung der Eckstiele

Für die Bemessung ist die Belastung aus den einseitigen Höchstzügen der Leiter, gleichzeitig die senkrecht zur Leitungsrichtung wirkende Windlast auf Mast und Kopfausrüstung und Eigengewicht, einschließlich aller Leiterseile mit Eislast maßgebend [vgl. VDE 0210, § 17 a)].

Wind auf die Erdseilstütze

$$W_E \quad . . . . = 40 \text{ kg}$$

Belastung aus den Leiterzügen

$$H_{\text{Lei}} \quad . . . . = 623 \text{ kg}$$

Wind auf 1 Isolator

$$W_{\text{is}} \quad . . . . = 15 \text{ kg}$$

Wind auf die Traverse ($\perp$ zur Leitung)

$$W_{\text{Tr}} \quad . . . . = 100 \text{ kg}$$

Momente

(vgl. Tragmastberechnung)

Moment aus einseitiger Vertikallast: $M = 5{,}1 \cdot 200 = 1020$ kgm

$$
\begin{aligned}
M_{\text{ges}} &= 1\,020 \text{ kgm} \\
+\, 8{,}9 \cdot 1000 &= 8\,900 \text{ kgm} \\
+\, 8{,}1 \cdot 40 &= 330 \text{ kgm} \\
+\, 6{,}5 \cdot 4200 &= 27\,350 \text{ kgm} \\
\textstyle\sum H = 5240 \text{ kg} \quad M_1 &= 37\,600 \text{ kgm} \\
5240 \cdot 3{,}7 &= 19\,400 \text{ kgm} \\
M_2 &= 57\,000 \text{ kgm}
\end{aligned}
$$

Vertikale Belastungen

1 Erdseil: 1,3 · 150 · 0,954 . . . . = 186 kg
6 Leiter: 6 · 1,3 · 150 · 0,89 . . . . = 1 044 kg
1 Erdseilstütze . . . . = ~ 60 kg
1 Traverse . . . . = ~700 kg
24 Isolatoren: 24 · 20 . . . . = ~480 kg
Montagelast . . . . = 200 kg

$$\textstyle\sum V = 2\,670 \text{ kg} \sim 2\,700 \text{ kg}$$

Windfläche und Windlast		
	Schuß 0—1	Schuß 1—2
Eckstiele . .	$2 \cdot 7,3 \cdot 0,1 = 1,46$ m²	$2 \cdot 3,7 \cdot 0,12 = 0,89$ m²
Streben . . .	$15 \cdot 0,9 \cdot 0,06 = 0,81$ m²	$6 \cdot 1,2 \cdot 0,96 = 0,44$ m²
Kopfblech . .	$=$ m²	⟶ 2,27 m²
	Zus. $= 2,27$ m²	0—2 Zus. $= 3,60$ m²
Winddruck $W = 143 \cdot F_w$	$\cong 330$ kg	$\cong 520$ kg
Hebelarm des Winddrucks $h_w = 3,65$ m		$= 5,5$ m

Mastgewicht in kg		
	Schuß 0—1	Schuß 1—2
Querträger und Isolatoren . .	2700	—
Eckeisen . . .	450	300
Streben . . .	390	210
Nietzuschlag .	50	30
Kopfblech . .	—	⟶3590
$G =$	3590	4130
$\dfrac{G}{4} =$	~ 900 ~ 400	~ 1050 f. Druck ~ 550 f. Zug

Eckstielprofile und Stoßverbindung

Schuß	Eckstiele							Schwerlinienabstand $\dfrac{e}{2 \cdot e}$ m	Schrauben
	Profil	$\dfrac{F_d}{F_z}$ cm²	$\dfrac{J_x}{i_x}$ cm⁴ / cm	h_k cm	λ	ω	ξ cm		Stoß
0—1	L $100 \cdot 100 \cdot 10$	19,2 / 15,0	— / 3,04	115	38	1,13	2,82	0,808 / 1,616	8 Schrauben $M\,20$ zweischnittig
1—2	L $120 \cdot 120 \cdot 11$	25,4 / 23,0	— / 3,66	130	36	1,11	3,36	0,982 / 1,964	

Mastbreiten

Schuß 0—1: Länge $l_1 = 730$ cm; äußere Breite oben $b_o = 50$ cm;
äußere Breite unten $b_u = 86,5$ cm;
Schuß 1—2: Länge $l_2 = 370$ cm; äußere Breite oben $b_o = 86,5$ cm;
äußere Breite unten $b_u = 105$ cm.

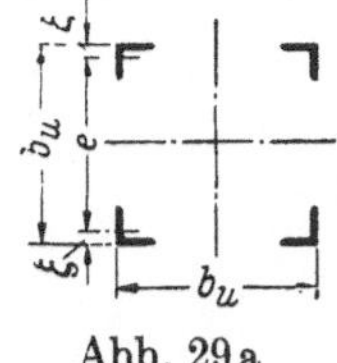

Abb. 29 a

Aufstellung der Momente und Spannungsnachweis

Punkt des Mastes	Momente aus			Eckstiele			Stoßanschluß
	Windlast $M_w = W \cdot h_w$ mkg	Seilzügen $M_z = Z \cdot 1$ mkg	$M = M_w + M_z$ mkg	$S\dfrac{d}{z} = \dfrac{M}{2e} \pm \dfrac{G}{4}$	$\dfrac{\sigma_d}{\sigma_z}$ kg/cm²	σ_k kg/cm²	$\dfrac{\sigma_s}{\sigma_l}$ kg/cm²
0		—		$\pm\,24100$ / $\pm\,30500$			—
1	1210	37600	38810	$S_d = 25000$ / $S_z = 23700$	— / 1580	1473	498 / 1562
2	2860	57000	59860	$S_d = 31550$ / $S_z = 29950$	— / 1300	1378	—

2. Berechnung der Diagonalen

Schwerlinienabstände zur Bemessung der Diagonalen 2 und 3

$$e_2 = 500 + 1,0 \cdot 50 - 55 = 495 \text{ mm}; \qquad e_3 = 500 + 7,0 \cdot 50 - 55 = 795 \text{ mm}$$

Querkräfte bei Normalbelastung

Ungünstigst wird mit den einseitigen Höchstzügen und Wind in gleicher Richtung gerechnet!

$$Q_2 = \frac{385 + 4200 \cdot 0,485}{2 \cdot 0,495} = \frac{385 + 2040}{2 \cdot 0,495} = \frac{2425}{2 \cdot 0,495} = 2450\ \text{kg}$$

$$Q_3 = \frac{2425 + 330 \cdot 0,628}{2 \cdot 0,795} = \frac{2425 + 210}{2 \cdot 0,795} = \frac{2635}{2 \cdot 0,795} = 1660\ \text{kg}$$

Querkräfte bei Ausnahmebelastung

$$M = 1020 + 5,1 \cdot 180 = 1020 + 920 = 1940\ \text{kg m}$$

$$Q_2 = \frac{365 + 623 \cdot 5,1 + 5 \cdot 623 \cdot 0,485}{2 \cdot 0,495} = \frac{365 + 3180 + 1510}{2 \cdot 0,495} = \frac{5055}{2 \cdot 0,495} = 5120\ \text{kg}$$

$$Q_3 = \frac{5055}{2 \cdot 0,795} = 3190\ \text{kg}$$

Profilbemessung

Eingetragen sind die jeweils maßgebenden Querkräfte. Unterstrichene Kräfte sind Ausnahmelasten.

Nr. Dia.	Q kg	$\sphericalangle$ cos	D kg	Profil	F F_n	i min	S_k cm	λ	ω	σ_d σ_z	Anschluß	σ_s σ_l
2	5120	36° 0,809	6330	∟ 60·60·8	9,03 3,12	1,16	(max) 90	78	1,52	1066 2030	1 Niet 21 ⌀	1831 3770
3	3190	36° 0,809	3950	,,	,, ,,	,,	110	95	1,8	788 ger.	1 Schr. M 20	1257 2470

3. Berechnung des Horizontalverbandes im Mast in Höhe des Traversenuntergurtes

$$Z = 623\ \text{kg}; \quad l = 5,1\ \text{m}; \quad e = 0{,}48\ \text{m}$$

$$Q = \frac{5,1 \cdot 623}{2 \cdot 0,48} + \frac{623}{2} = \sim 3320 + \sim 320 = 3640\ \text{kg}$$

$$D = \frac{3640}{2 \cdot 0,6} = \sim 3040\ \text{kg}$$

Gew. für Horizontalstab

∟ 65 · 65 · 7 mit Anschluß 1 Niet 21 ⌀

$$F = 8,7\ \text{cm}^2; \qquad F_n = 3,08\ \text{cm}^2$$

$$s_k = \sim 50\ \text{cm}; \quad i_\eta = 1,26\ \text{cm}; \quad \lambda = 40; \quad \omega = 1,14$$

$$\sigma_d = \frac{3640 \cdot 1,14}{8,7} = 478\ \text{kg/cm}^2 \qquad \sigma_s = \frac{3640}{3,46} = 1051\ \text{kg/cm}^2$$

$$\sigma_z = \frac{3640}{3,08} = 1182\ \text{kg/cm}^2 \qquad \sigma_l = \frac{3640}{2,1 \cdot 0,7} = 2480\ \text{kg/cm}^2$$

Gew. für Diagonalen

Kreuzverband aus ∟ 55 · 55 · 6 mit Anschluß 1 Niet 17 ⌀

$$F = 6,31\ \text{cm}^2; \qquad F_n = 2,28\ \text{cm}^2$$

$$s_k = \sim 70\ \text{cm}; \quad i_\eta = 1,07\ \text{cm}; \quad \lambda = 65; \quad \omega = 1,35$$

$$\sigma_d = \frac{3040 \cdot 1,35}{6,31} = 651\ \text{kg/cm}^2 \qquad \sigma_s = \frac{3040}{2,27} = 1340\ \text{kg/cm}^2$$

$$\sigma_z = \frac{3040}{2,28} = 1333\ \text{kg/cm}^2 \qquad \sigma_l = \frac{3040}{1,7 \cdot 0,6} = 2980\ \text{kg/cm}^2$$

4. Berechnung der Erdseilstütze

Belastung

$$\text{Horizontal} \begin{cases} H_E = 1000\,\text{kg} \\ W_E = 40\,\text{kg} \end{cases} \qquad \text{Vertikal} \begin{cases} \text{Seil} & \sim 190\,\text{kg} \\ \text{Eigengewicht} & 60\,\text{kg} \\ \text{Montagelast} & \underline{150\,\text{kg}} \\ & \Sigma V = 400\,\text{kg} \end{cases}$$

Moment an Mastoberkante

$$M = 1000 \cdot 1{,}6 + 40 \cdot 0{,}8 = 1600 + 32 = 1632\,\text{kg m}$$

$$e = 500 - 2 \cdot 16 = 500 - 32 = 468\,\text{mm}$$

$$\pm S = \frac{1632}{2 \cdot 0{,}468} = \sim 1750\,\text{kg}$$

$$S_z \cong 1750\,\text{kg} \qquad S_d = 1850\,\text{kg}$$

Für Eckwinkel gewählt

$\llcorner$ 55 · 55 · 6 mit Anschluß 3 Schrauben M 16

$$F = 6{,}31\,\text{cm}^2; \quad F_n = 6{,}31 - 2 \cdot 1{,}7 \cdot 0{,}6 = 6{,}31 - 2{,}04 = 4{,}27\,\text{cm}^2$$

$$s_k = 90\,\text{cm}; \quad i_x = 1{,}66\,\text{cm}; \quad \lambda = 54; \quad \omega = 1{,}24$$

$$\sigma_d = \frac{1850 \cdot 1{,}24}{6{,}31} = 364\,\text{kg/cm}^2 \qquad\qquad \sigma_s = \frac{1850}{3 \cdot 2{,}01} = 307\,\text{kg/cm}^2$$

$$\sigma_z = \frac{1750}{4{,}27} = 410\,\text{kg/cm}^2 \qquad\qquad \sigma_l = \frac{1850}{3 \cdot 1{,}6 \cdot 0{,}6} = 642\,\text{kg/cm}^2$$

Maximale Diagonalkraft ungünstigst

$$D = \frac{1040}{2 \cdot 0{,}559} = 930\,\text{kg}$$

Für Diagonalen gewählt

$\llcorner$ 35 · 35 · 4 mit Anschluß 1 Schraube M 12 (kann auch genietet werden)

$$F = 2{,}67\,\text{cm}^2; \quad F_n = 0{,}88\,\text{cm}^2$$

$$s_k = 60\,\text{cm}; \quad i_\eta = 0{,}68\,\text{cm}; \quad \lambda = 88; \quad \omega = 1{,}68$$

$$\sigma_d = \frac{930 \cdot 1{,}68}{2{,}67} = 585\,\text{kg/cm}^2 \qquad\qquad \sigma_s = \frac{930}{1{,}13} = 823\,\text{kg/cm}^2$$

$$\sigma_z = \frac{930}{0{,}88} = 1056\,\text{kg/cm}^2 \qquad\qquad \sigma_l = \frac{930}{1{,}2 \cdot 0{,}4} = 1940\,\text{kg/cm}^2$$

5. Berechnung der Traverse

Vertikale Belastung, siehe Tragmastberechnung.

Horizontale Belastung pro Aufhängepunkt in Leitungsrichtung

$$Z_l = 623\,\text{kg}$$

Gew.: $\llcorner$ 55 · 55 · 6 mit Anschluß 3 Schrauben M 16

$$F_n = 6{,}31 - 1{,}7 \cdot 0{,}6 = 6{,}31 - 1{,}02 = 5{,}29\,\text{cm}^2$$

$$\sigma_z = \frac{3400}{5{,}29} = 643\,\text{kg/cm}^2 \qquad\qquad \sigma_l = \frac{3400}{2 \cdot 1{,}6 \cdot 0{,}6} \cong 1770\,\text{kg/cm}^2$$

$$\sigma_s = \frac{3400}{2 \cdot 2{,}01} \cong 846\,\text{kg/cm}^2 \qquad\qquad D_1 \text{ und } D_3\,\text{max} = 1100\,\text{kg}$$

Gew.: $\llcorner 50 \cdot 40 \cdot 5$ mit Anschluß 1 Schraube M 16

$$F_n = 1,65 \text{ cm}^2$$

$$\sigma_z = \frac{1100}{1,65} = 667 \text{ kg/cm}^2 \qquad\qquad \sigma_l = \frac{1100}{1,6 \cdot 0,5} = 1375 \text{ kg/cm}^2$$

$$\sigma_s = \frac{1100}{2,01} = 547 \text{ kg/cm}^2 \qquad\qquad D_2 = 400 \text{ kg}$$

Gew.: $\llcorner 50 \cdot 40 \cdot 5$ mit Anschluß 1 Schraube M 16

$F = 4,27 \text{ cm}^2,$ σ_s und $\sigma_l = $ gering

$s_k = 100 \text{ cm};$ $i_\eta = 0,84 \text{ cm};$ $\lambda = 119$

$\omega = 2,39$

$$\sigma_d = \frac{2,39 \cdot 400}{4,27} = 224 \text{ kg/cm}^2$$

Untergurt

Gurtstäbe $\quad U_{v\max} = \qquad\qquad\qquad\qquad 4300 \text{ kg}$

$$U_{H\max} = \frac{623 \cdot (1,29 + 3,09 + 4,89)}{0,54} = 10700 \text{ kg}$$

$$\overline{U_{\max} = 15000 \text{ kg}}$$

Gew.: $\lceil 12$

$$F = 17,0 \text{ cm}^2; \quad F_n = 17,0 - 2 \cdot 1,7 \cdot 0,9 = 17,0 - 3,1 = 13,9 \text{ cm}^2$$

$$s_{kz} = 180 \text{ cm}; \quad i_x = 4,62 \text{ cm}; \quad \lambda = 39$$

$$s_{ky} = 110 \text{ cm}; \quad i_y = 1,59 \text{ cm}; \quad \lambda = 69; \quad \omega = 1,4$$

$$\sigma_d = \frac{1,4 \cdot 15000}{17,0} = 1236 \text{ kg/cm}^2$$

$$\sigma_z = \frac{10700}{13,9} = 770 \text{ kg/cm}^2 \quad \text{(ungünstigst)}$$

Anschluß: 3 Schrauben M 20 pro Eckstiel!

$$\sigma_s = \frac{15000}{6 \cdot 3,14} = 796 \text{ kg/cm}^2 \qquad\qquad \sigma_l = \frac{15000}{6 \cdot 2,0 \cdot 0,7} = 1785 \text{ kg/cm}^2$$

Diagonalen im Untergurt

$$D_1 = \frac{623 \cdot 1,3}{0,35} = 2320 \text{ kg} \qquad\qquad D_4 = \frac{623 \cdot 5,2}{2,1} = 1550 \text{ kg}$$

$$D_2 = \frac{623 \cdot 1,7}{0,6} = 1770 \text{ kg} \qquad\qquad D_5 = \frac{6,23 \cdot 10,1}{3,7} = 1700 \text{ kg}$$

$$D_3 = \frac{623 \cdot 4,8}{1,85} = 1620 \text{ kg} \qquad\qquad D_6 = \frac{623 \cdot 10,5}{3,75} = 1750 \text{ kg}$$

Gew.: $\llcorner 50 \cdot 40 \cdot 5$ mit Anschluß 1 Niet 17 $\varnothing$

$$F = 4,27 \text{ cm}^2; \quad F_n = 1,65 \text{ cm}^2$$

$$s_k = 80 \text{ cm}; \quad i_\eta = 0,84 \text{ cm}; \quad \lambda = 95; \quad \omega = 1,8$$

$$\sigma_d = \frac{2320 \cdot 1,8}{4,27} = 978 \text{ kg/cm}^2 \qquad\qquad \sigma_s = \frac{2320}{2,27} = 1023 \text{ kg/cm}^2$$

$$\sigma_z = \frac{2320}{1,65} = 1406 \text{ kg/cm}^2 \qquad\qquad \sigma_l = \frac{2320}{1,7 \cdot 0,5} = 2730 \text{ kg/cm}^2$$

III. Fundamentberechnung (nach Sulzberger) für Endmast EM 11,0 + 2,5 m

Baugrundziffern: $C_o = 2{,}0\ \text{kg/cm}^3$; $C_u = 4{,}0\ \text{kg/cm}^3$ (unterste Stufe im gewachsenen Boden)

$$t_s = \frac{\dfrac{t^3}{3}\,C_u\ b_3 - t_2{}^2\,(C_u\ b_3 - C_o\ b_2)\left(t_3 - \dfrac{2}{3}t_2\right) - t_1{}^2\,C_o\,(b_2 - b_1)\left(t_3 - \dfrac{2}{3}t_1\right)}{t_3{}^2\,C_u b_3 - t_2{}^2\,(C_u b_3 - C_o b_2) - t_1{}^2 C_o (b_2 - b_1)}$$

$$t_s = \frac{\dfrac{2{,}5^3}{3}\cdot 4{,}0 \cdot 3{,}1 - 1{,}9^2\,(4{,}0\cdot 3{,}1 - 2{,}0\cdot 2{,}3)\left(2{,}5 - \dfrac{2}{3}\cdot 1{,}9\right) - 1{,}4^2\cdot 2{,}0\,(2{,}3 - 1{,}6)\left(2{,}5 - \dfrac{2}{3}\cdot 1{,}4\right)}{2{,}5^2\cdot 4{,}0\cdot 3{,}1 - 1{,}9^2\,(4{,}0\cdot 3{,}1 - 2{,}0\cdot 2{,}3) - 1{,}4^2\cdot 2{,}0\,(2{,}3 - 1{,}6)}$$

$$= \frac{64{,}6 - 34{,}60 - 4{,}30}{77{,}5 - 28{,}15 - 2{,}74} = \frac{25{,}7}{46{,}61} = \sim 0{,}55\ \text{m}$$

$$t_f = t_3 - t_s = 2{,}50 - 0{,}55 = 1{,}95\ \text{m}$$

$$G_B = 2200\,(3{,}1^2 \cdot 0{,}6 + 2{,}3^2 \cdot 0{,}5 + 1{,}6^2 \cdot 1{,}5) \qquad\qquad = 26\,900\ \text{kg}$$

$$G_E = \left[1600\,\frac{1{,}9}{3}\,(3{,}10^2 + 3{,}634^2 + 3{,}1\cdot 3{,}634) - (2{,}3^2\cdot 0{,}5 + 1{,}6^2\cdot 1{,}4)\right] \qquad = 24\,600\ \text{kg}$$

$$G_M = \text{Mast einschließlich Seile und Isolatoren} \qquad\qquad = \underline{\ \ 2200\ \text{kg}\ \ }$$

$$M_s = (11\cdot b_1 + 5\cdot b_2)\,\frac{C_o\,t_f{}^4}{0{,}0384} + \frac{C_u\,t_3\,t_s{}^4\,b_3}{0{,}0006} \qquad\qquad G = 53\,700\ \text{kg}$$

$$M_S = (11\cdot 1{,}6 + 5\cdot 2{,}3)\,\frac{2{,}0\cdot 1{,}95^4}{0{,}0384} + \frac{4{,}0\cdot 2{,}5\cdot 0{,}55^3\cdot 3{,}1}{0{,}0006} = 21\,900 + 8600 \qquad = 30\,500\ \text{kgm}$$

$$M_b = G\left(\frac{b_3}{2} - 6{,}67\cdot 10^{-3}\sqrt{\frac{G^{\cdot}}{1{,}1\cdot C_u\,t_3\,b_3}}\right)$$

$$M_b = 53\,700\left(\frac{3{,}1}{2} - 6{,}67\cdot 10^{-3}\sqrt{\frac{53\,700}{1{,}1\cdot 4{,}0\cdot 2{,}5\cdot 3{,}1}}\right) \qquad\qquad = 69\,000\ \text{kgm}$$

$$M_S + M_b \qquad\qquad = 99\,500\ \text{kgm}$$

$$\frac{M_s}{M_b} = \frac{30\,500}{69\,000} = 0{,}442; \quad \text{dafür } s = 1{,}187$$

$$M_{\text{zul}} = \frac{M_s + M_b}{s} = \frac{99\,500}{1{,}187} = \sim 84\,000\ \text{kgm}$$

$$M_{\text{vorh}} = \qquad\qquad\qquad\qquad 59\,900\ \text{kgm}$$

$$+\,5760\cdot 1{,}95 \qquad\qquad\qquad = \underline{11\,220\ \text{kgm}}$$

$$71\,120\ \text{kgm}\ (< 84\,000)$$

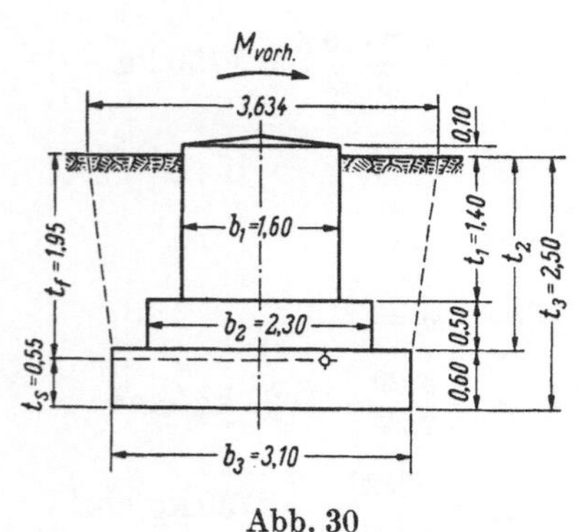

Abb. 30

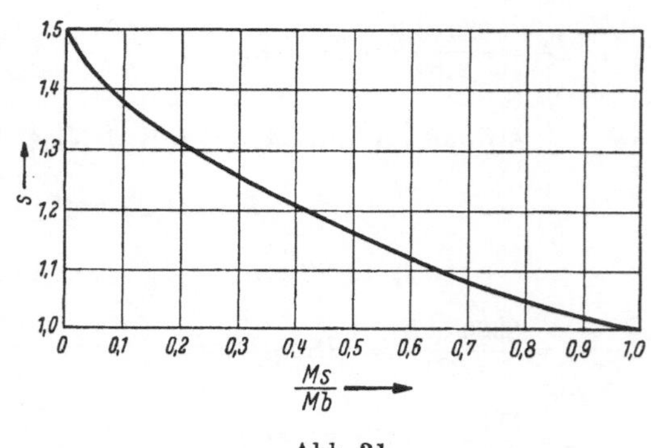

Abb. 31

L 50×40×5
1Φ17
L 55×55×6
1Φ17
L 50×40×5
1Φ17
400 477 440 483 400 473 440 481 400 512 516,5 543 516,5 512 400 481 440 479 400 483 440 477 400
150
L 65×65×7...1Φ21
⌷ 12
Bohrung für Nasenbügel
1800
1800
1500
1500
1800
1800
Erdseilklemme
L 55×55×6
500
L 50×40×5 1M16
L 50×40×5...1M16
L 50×40×5
1M16
L 60×60×6...3M16
L 35×35×4
1M12 1Φ13
100×8
60×8
7 M20
⌷ 12
L 100×50×8
5100
5100
L 60×60×8
11Φ21
L 100×100×10
Breitenzunahme 50 mm/m
Stumpfer Stoß 8 M20
L 140×140×13
Warnungstafel
L 60×60×8
1 M20
L 120×120×11
Erdungslöcher M12
1175
L 65×65×7...1M20
L 50×50×5
1M16

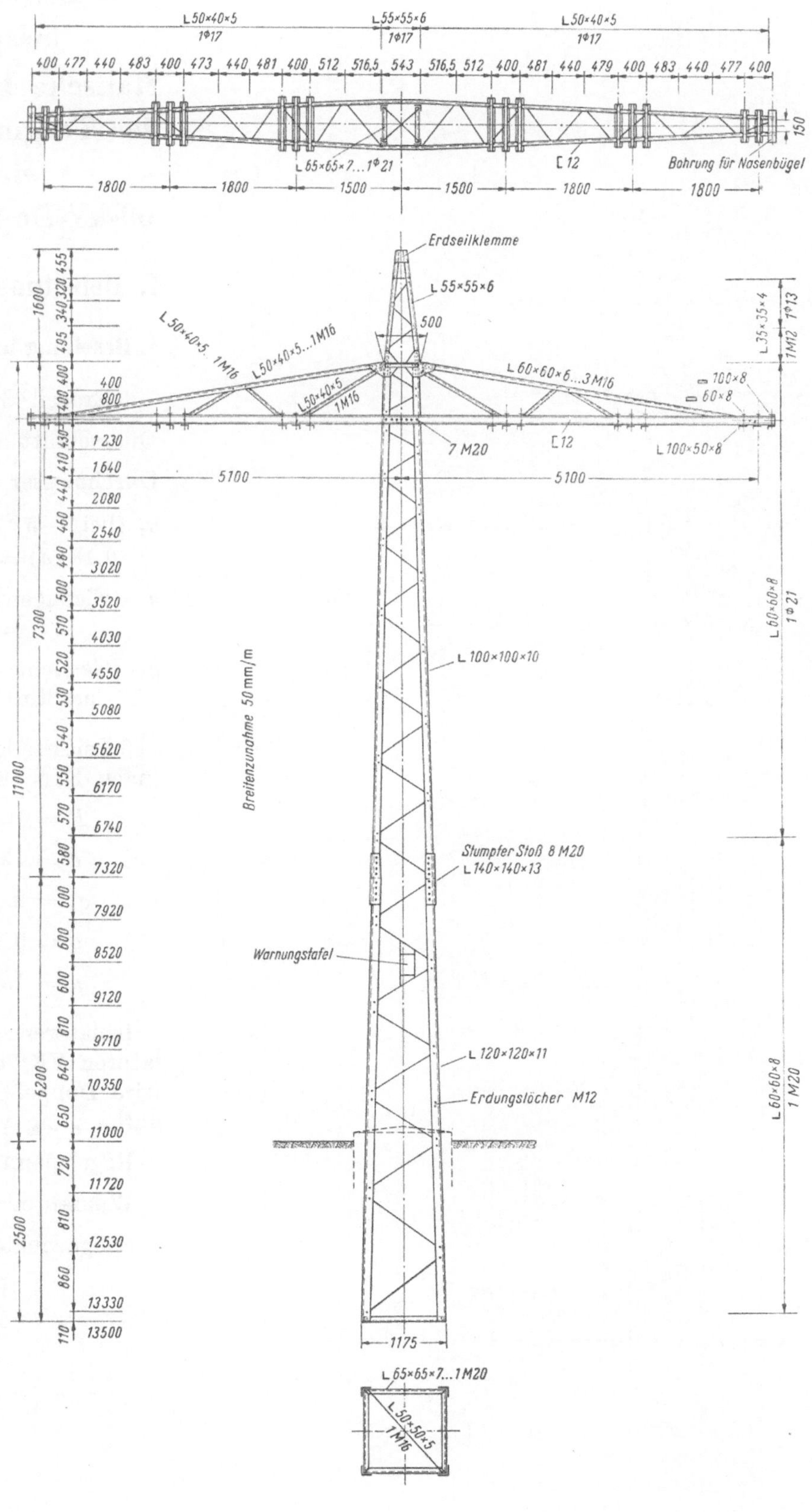

Abb. 32

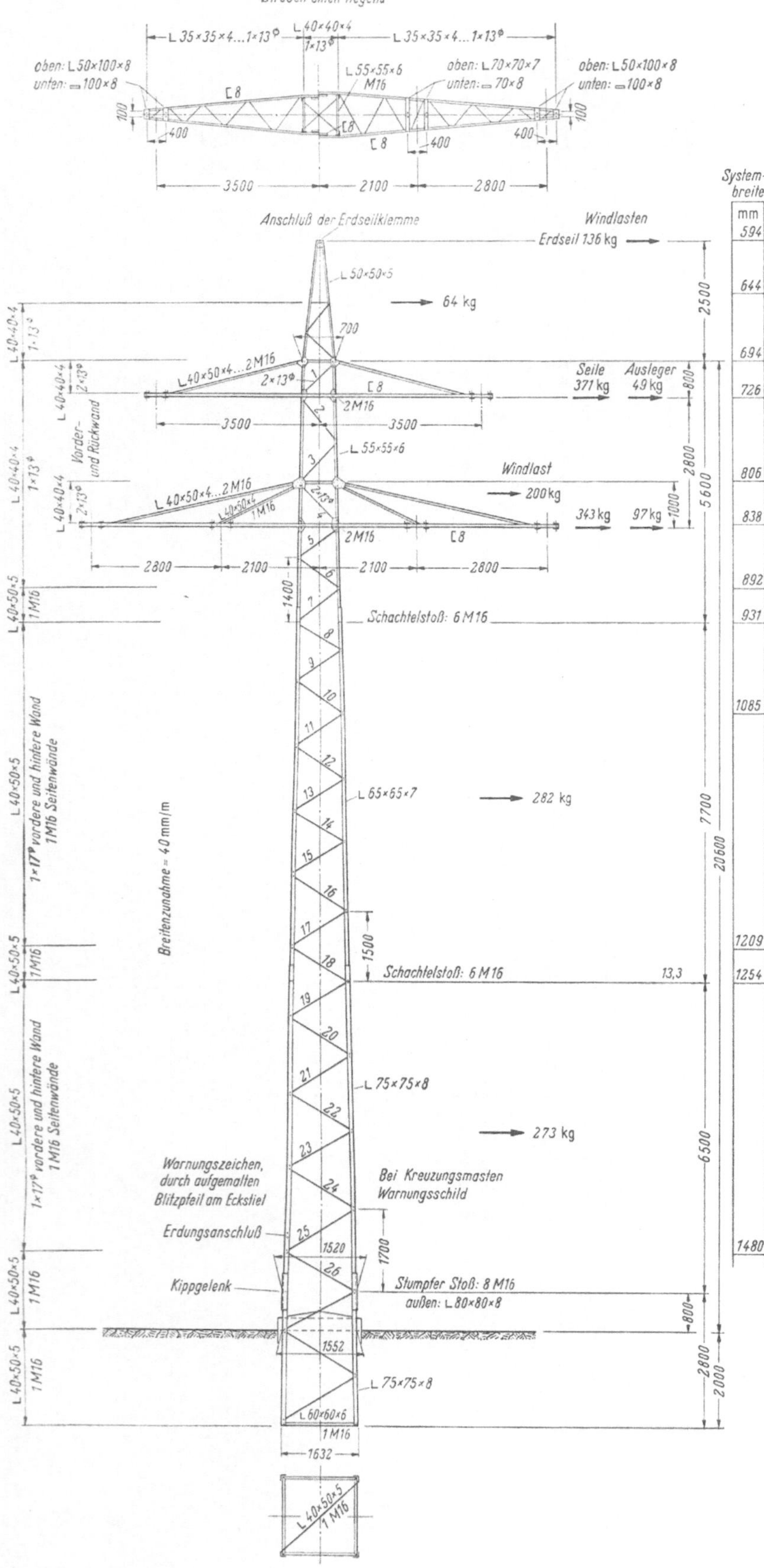

Abb. 33

3. Berechnungsbeispiel.

Statische Berechnung des Tragmastes T + 0 einer 60-kV-Doppelleitung

I. Belastungsannahmen

1. Beseilung und Spannweite

1 Erdseil St 50 mm²

Querschnitt $F = 49$ mm²

Durchmesser $d = 9$ mm

σ_1 (bei -5 °C + Eislast $0{,}18\sqrt{d}$) $= 16$ kg/mm²

g (Eigengewicht/lfm) $= 0{,}382$ kg/m

g_z (Gewicht + Zusatzlast/lfm) $= 0{,}922$ kg/m

6 Leiterseile Al/St 95/15 (nach DIN 48204)

$$F = 105 \text{ mm}^2$$

$$d = 13{,}4 \text{ mm}$$

$$\sigma_1 = 8{,}0 \text{ kg/mm}^2$$

$$g = 0{,}362 \text{ kg/m}$$

$$g_z = 1{,}021 \text{ kg/m}$$

Isolatoren: Langstabisolatoren VK 75/9 (am Mast wird Doppel- und Einfachaufhängung vorgesehen).

Regelspannweite: 240 m

Windanteil: 240 m

Seilgewichtsanteil:

max. $1{,}3 \cdot 240$

min. $0{,}7 \cdot 240$

2. Windlasten und Seilzüge (Horizontallasten)

a) Wind auf Erdseil

$$W_E = 240 \cdot 1,2 \cdot 52,5 \cdot 0,009 \quad \ldots \ldots \ldots \ldots = 136 \text{ kg}$$

Wind auf Leiterseil

$$W_L = 240 \cdot 1,1 \cdot 52,5 \cdot 0,0134 \ldots \ldots \ldots \ldots = 186 \text{ kg}$$

Wind auf Mast und Kopfausrüstung, senkrecht zur Leitungsrichtung:

Wind auf Erdseilstütze . . . . = 64 kg

Wind auf Traverse I und Isolatorenketten . . . . = 49 kg

Wind auf Traverse II und Isolatorenketten . . . . = 97 kg

Wind auf Mastschuß I ($F_{w_1} = 1,10$ m²)

$$W_{M_1} = 70 \cdot 2,6 \cdot 1,1 \ldots \ldots \ldots \ldots \ldots = 200 \text{ kg}$$

Wind auf Mastschuß II ($F_{w_2} = 1,55$ m²)

$$W_{M_2} = 70 \cdot 2,6 \cdot 1,55 \ldots \ldots \ldots \ldots = 282 \text{ kg}$$

Wind auf Mastschuß III ($F_{w_3} = 1,5$ m²)

$$W_{M_3} = 70 \cdot 2,6 \cdot 1,5 \ldots \ldots \ldots \ldots \ldots = 273 \text{ kg}$$

b) Seilzüge für Ausnahmebelastung

$$\tfrac{1}{2} \text{ Erdseilzug} \quad \tfrac{1}{2} Z_E = \tfrac{1}{2} \cdot 50 \cdot 16 \ldots \ldots \ldots \ldots = 400 \text{ kg}$$

$$\tfrac{1}{2} \text{ Leiterseilzug} \; \tfrac{1}{2} Z_L = \tfrac{1}{2} \cdot 105 \cdot 8,0 \ldots \ldots \ldots \ldots = 420 \text{ kg}$$

3. Gewichtslasten (Vertikallasten) ohne Eis

Erdseil: max. $1,3 \cdot 240 \cdot 0,382$ . . . = 120 kg

min. $0,7 \cdot 240 \cdot 0,382$ . . . = 65 kg

Leiterseil: max. $1,3 \cdot 240 \cdot 0,362$ . . . = 113 kg

min. $0,7 \cdot 240 \cdot 0,362$ . . . = 61 kg

Erdseilstütze, Traverse I und II . . = 630 kg

Doppelhängeketten . . . . = 60 kg

Schuß 1 . . . . = 250 kg

Schuß 2 . . . . = 420 kg

Schuß 3 . . . . = 430 kg

II. Bemessung

1. Eckstielbemessung

Für die Bemessung sind die Gewichtsbelastungen ohne Eis und die Windbelastungen senkrecht zur Leitungsrichtung als Horizontalbelastung maßgebend [vgl. VDE 0210, § 17a)].

Momentenbelastung in Stoß 1, 2, 3.

Gewählte Eckstielprofile

Schuß 1: ∟ 55 · 55 · 6

$$F_d = 6,31 \text{ cm}^2; \quad F_z = 4,27 \text{ cm}^2; \quad i_\eta = 1,66 \text{ cm}$$

$$s_k = 140 \text{ cm}; \quad \lambda = 85; \quad \omega = 1,62$$

Schwerlinienabstand: $a = 0,8928$ m

Stoßverbindung: 6 M 16 (Schachtelstoß)

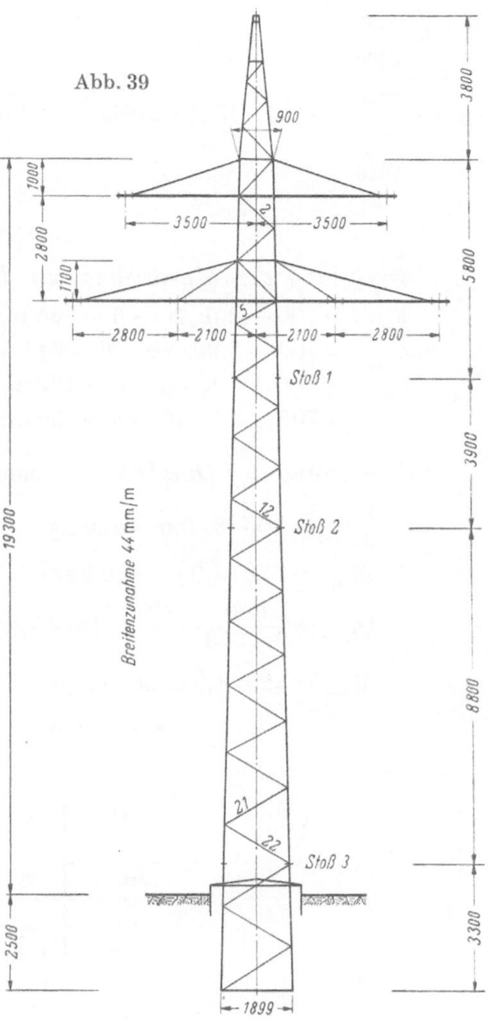

Abb. 34

Schuß 2: $\llcorner$ 65 · 65 · 7

$$F_d = 8,7 \text{ cm}^2 \qquad F_z = 6,40 \text{ cm}^2; \qquad i_\eta = 1,96 \text{ cm}$$
$$s_k = 150 \text{ cm}; \qquad \lambda = 100; \qquad \omega = 1,05; \qquad a = 1,209 \text{ m}$$

Stoßverbindung: 6 M 16 (Schachtelstoß)

Schuß 3: $\llcorner$ 75 · 75 · 8

$$F_d = 11,5 \text{ cm}^2; \qquad F_z = 8,78 \text{ cm}^2; \qquad i_\eta = 2,26 \text{ cm}$$
$$s_k = 170 \text{ cm}; \qquad \lambda = 75; \qquad \omega = 1,48; \qquad a = 1,474 \text{ m}$$

Stoßverbindung: 6 M 16 (stumpfer Stoß)

Aufstellung der Momente und Eckstielbemessung

Mastpunkt	Momente			Bemessung der Eckstiele				
	$M_w = W \times h_w$	$M_z = Z \times l$	$M = M_w + M_z$	$S = \dfrac{M}{2\,a}$	$\dfrac{S_d}{S_z} = \dfrac{M}{2\,a} \pm \dfrac{G}{4}$	$\sigma_z = \dfrac{S_z}{F_z}$	$\sigma_\omega = \dfrac{S_d\,\omega}{F_d}$	N^* oder S^* am Stoß $\dfrac{\sigma_s}{\sigma_l}$
	kg m	kg m	kg m	kg	kg	kg/cm²	kg/cm²	kg/cm²
1	200·2,8=560	1460· 3,51 = 5 240	5 800	3 250	$S_d = 3760$ $S_z = 2832$	665	965	312 655
2	2100 1085 3185	1460·11,21 = 16 500	19 685	8 150	$S_d = 8765$ $S_z = 7628$	1180	1515	730 1300
3	3400 2920 890 7210	1460·17,71 = 26 000	33 210	11 250	$S_d = 11972$ $S_z = 10620$	1390	1540	745 1170

2. Berechnung der Diagonalen

Ermittlung der Mastbreiten zur Berechnung der Querkräfte

$$a_E = 700 - 2,5 \cdot 40 - 6 = 594 \text{ mm} \qquad a_5 = 700 + 3,6 \cdot 40 - 6 = 838 \text{ mm}$$
$$a_{wE} = 700 - 1,25 \cdot 40 - 6 = 644 \text{ mm} \qquad a_7 = 700 + 4,95 \cdot 40 - 6 = 892 \text{ mm}$$
$$a_2 = 700 + 0,8 \cdot 40 - 6 = 726 \text{ mm} \qquad a_{wII} = 700 + 9,45 \cdot 40 + 7 = 1085 \text{ mm}$$
$$a_{wI} = 700 + 2,8 \cdot 40 - 6 = 806 \text{ mm} \qquad a_{19} = 700 + 13,3 \cdot 40 + 15 + 7 = 1254 \text{ mm}$$

Berechnung der Querkräfte (Ausnahmebelastung für Bemessung maßgebend)

$$\frac{Z}{2} = 105 \cdot 8 \cdot 0,5 = 420 \text{ kg} \qquad\qquad Q_{t_5} = \frac{2058}{2 \cdot 0,838} + \frac{420}{2} = 1440 \text{ kg}$$

$$M_{d_I} = 420 \cdot 3,5 = 1470 \text{ kgm} \qquad\qquad Q_{t_7} = \frac{1440 \cdot 0,838}{0,892} = 1355 \text{ kg}$$

$$Q_{t_2} = \frac{1470}{2 \cdot 0,726} + \frac{420}{2} = 1222 \text{ kg} \qquad\qquad Q_{t_{19}} = \frac{1440 \cdot 0,838}{1,254} = 970 \text{ kg}$$

$$M_{d_{II}} = 420 \cdot 4,9 = 2058 \text{ kgm}$$

Bemessung der Streben						
Strebe	Q	$D = \dfrac{Q}{\cos \beta^\circ}$	$\sigma_z = \dfrac{D}{F_z}$	$\sigma_\omega = \dfrac{D\,\omega}{F_d}$	N^* oder S^*	
					σ_s	σ_l
Art/Nr.	kg	kg	kg/cm²	kg/cm²	kg/cm²	kg/cm²
2	1222	1960	1190	1195	975	2450
5	1440	1810	1100	915	900	2260
7	1355	1750	1060	1030	870	2180
19	970	1120	680	995	610	1400

3. Berechnung des Auslegers I

Senkrechte Belastung

G_L = Leiterseil mit Eis = $1,3 \cdot 240 \cdot 1,0213$ . . = 319 kg

G_J = Isolatoren und Armaturen mit Eis . . . = 70 kg

Anteiliges Eigengewicht . . . . = 110 kg

Montagelast . . . . = 151 kg

$$V = 650 \text{ kg}$$

Waagerechte Belastung

Ausnahmebelastung (1/2 Seilzug)

$$\frac{Z}{2} = 105 \cdot 8 \cdot 0,5 = 420 \text{ kg}$$

Ausleger I
Obergurt

$$O_{\mathrm{I}} = \frac{650 \cdot 3,16}{2 \cdot 0,85} = 1208 \text{ kg}$$

Vorhanden: ∟ $40 \cdot 50 \cdot 4$

$$F = 3,46 \text{ cm}^2; \quad F_n = 2,78 \text{ cm}^2$$

$$\sigma_z = \frac{1208}{2,78} = 434 \text{ kg/cm}^2$$

Anschluß: $2 \cdot M\,16$

$$F = 2,01 \text{ cm}^2$$

$$\sigma_s = \frac{1208}{2 \cdot 2,01} = 300 \text{ kg/cm}^2$$

$$\sigma_l = \frac{1208}{2 \cdot 1,6 \cdot 0,4} = 933 \text{ kg/cm}^2$$

Untergurt $\sqsubset U_{\mathrm{I}} = \dfrac{420 \cdot 3,16}{0,775} + \dfrac{650 \cdot 3,16}{2 \cdot 0,76} = 3063 \text{ kg}$

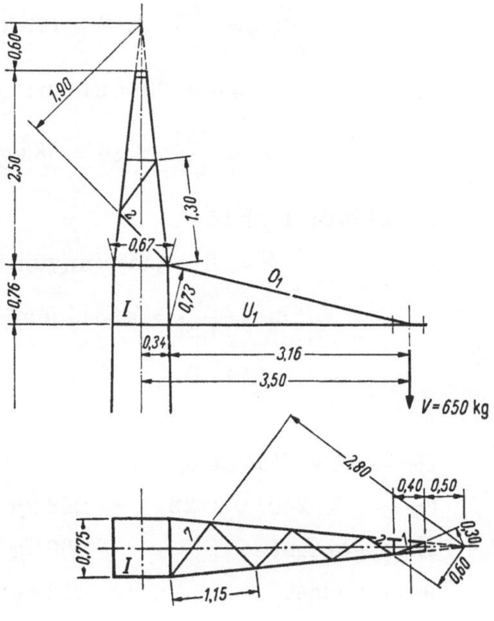

Abb. 35

Vorhanden: $\sqsubset 8$

$$F = 11,0 \text{ cm}^2; \quad i_y = 1,33 \text{ cm}; \quad i_x = 3,10 \text{ cm}$$

$$s_{k_y} = 115 \text{ cm}; \quad \lambda = \frac{115}{1,35} = 87; \quad \omega = 1,66$$

$$s_{k_x} = 316 \text{ cm}; \quad \lambda = \frac{316}{3,10} = 102; \quad \omega = 1,94$$

$$\sigma_{d_\omega} = \frac{3063}{11,0} \cdot 1,94 = 541 \text{ kg/cm}^2$$

Anschluß: $2 \cdot M\,16$ je Eckstiel

$$F = 2,01 \text{ cm}^2$$

$$\sigma_s = \frac{3063}{2 \cdot 2 \cdot 2,01} = 381 \text{ kg/cm}^2 \qquad \sigma_l = \frac{3063}{2 \cdot 2 \cdot 1,6 \cdot 0,6} = 799 \text{ kg/cm}^2$$

Diagonalen im Untergurt

$$D_1 = \frac{420 \cdot 0,50}{0,30} = 700 \text{ kg}$$

$$D_2 = \frac{420 \cdot 0,90}{0,60} = 630 \text{ kg}$$

$$D_7 = \frac{420 \cdot 0,90}{2,80} = 135 \text{ kg}$$

Vorhanden: $\llcorner$ 40 · 50 · 5

$$F = 4,27 \text{ cm}^2; \quad F_n = 1,65 \text{ cm}^2; \quad i_\eta = 0,84 \text{ cm}$$

$$D_1 = 0,9 \cdot 33 = 30 \text{ cm}; \quad \lambda = \frac{30}{0,84} = 36; \quad \omega = 1,11$$

$$\sigma_{d\omega} = \frac{700}{4,27} \cdot 1,11 = 182 \text{ kg/cm}^2; \quad \sigma_z = \frac{700}{1,65} = 425 \text{ kg/cm}^2$$

$$D_2 = 0,9 \cdot 44 = 40 \text{ cm}; \quad \lambda = \frac{40}{0,84} = 48; \quad \omega = 1,19$$

$$\sigma_{d\,\omega} = \frac{630}{4,27} \cdot 1,19 = 176 \text{ kg/cm}^2; \quad \sigma_z = \frac{630}{1,65} = 382 \text{ kg/cm}^2$$

$$D_7 = 0,9 \cdot 90 = 81 \text{ cm}; \quad \lambda = \frac{81}{0,84} = 97; \quad \omega = 1,84$$

$$\sigma_{d\,\omega} = \frac{135}{4,27} \cdot 1,84 = 58 \text{ kg/cm}^2; \quad \sigma_z = \frac{135}{1,65} = 82 \text{ kg/cm}^2$$

Anschluß: 1 M 14

$$F = 1,54 \text{ cm}^2 \text{ (ungünstigst } D_1)$$

$$\sigma_s = \frac{700}{1,54} = 455 \text{ kg/cm}^2; \quad \sigma_l = \frac{700}{1,4 \cdot 0,5} = 1000 \text{ kg/cm}^2$$

4. Erdseilstütze

Senkrechte Belastung

$G_E = 1,3 \cdot 240 \cdot 0,9222 . \quad = 288 \text{ kg}$

Eigengewicht . . . . $= 60 \text{ kg}$

Montagelast . . . . . $= \underline{112 \text{ kg}}$

$\qquad\qquad\qquad V = \overline{460 \text{ kg}}$

Waagerechte Belastung

$$\frac{Z}{2} = 50 \cdot 16 \cdot 0,5 = 400 \text{ kg}$$

$$\pm S = \frac{400 \cdot 2,5}{2 \cdot 0,67} = 746 \text{ kg}$$

$$S_d = 746 + \frac{460}{4} = 861 \text{ kg}; \quad S_z = 746 - \frac{460}{4} = 631 \text{ kg}$$

Vorhanden: $\llcorner$ 50 · 50 · 5

$$F = 4,80 \text{ cm}^2; \quad F_n = 3,95 \text{ cm}^2; \quad i_x = 1,51 \text{ cm}$$

$$s_k = 130 \text{ cm}; \quad \lambda = \frac{130}{1,51} = 86; \quad \omega = 1,64$$

$$\sigma_{d\,\omega} = \frac{861}{4,8} \cdot 1,64 = 294 \text{ kg/cm}^2; \quad \sigma_z = \frac{631}{3,95} = 160 \text{ kg/cm}^2$$

$$\text{Diagonale } 2 = \frac{400 \cdot 0,60}{2 \cdot 1,90} = 64 \text{ kg}$$

Vorhanden: $\llcorner$ 40 · 40 · 4

Anschluß: 1 · M 12

Die Beanspruchung ist sehr gering.

III. Fundamentberechnung (nach Bürklin)

Moment an Fundament-Sohle $M_s = 39410 \text{ kgm}$

Querkraft $\qquad\qquad\qquad H = 2215 \text{ kg}$

$p_{zul} \qquad\qquad\qquad\qquad = 3,0 \text{ kg/cm}^2$

$\beta = 8° \qquad\qquad\qquad \varrho = 35°$

$\mu = 0,4 \qquad\qquad\qquad m = 1$

$\lambda_p = \text{tg}^2\left(45° + \dfrac{\varrho}{2}\right) \qquad = 3,690$

$b_E = 2,7 + 2 \cdot 0,1405 \cdot 1,3 \qquad = 3,07 \text{ m}$

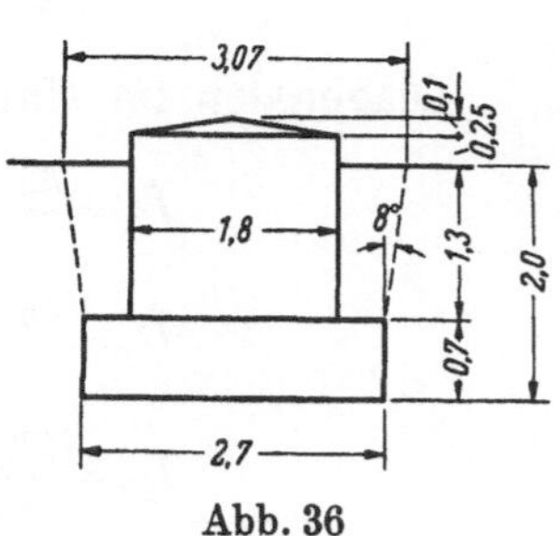

Abb. 36

1. *Kritische Bodenpressung in 2 m Tiefe*

$$P_{k_r} = 2\,p_{\text{zul}} + \gamma_E\,t\,\text{tg}^2\left(45° + \frac{\varrho}{2}\right) = 2\,(3,0 + 0,1600 \cdot 2,0 \cdot \text{tg}^2\,62°\,30') = 8,26\ \text{kg/cm}^2$$

2. *Vertikallast*

a) Betongewicht

$$G_B = (2,7^2 \cdot 0,7 + 1,8^2 \cdot 1,3) \cdot 2200\ \ldots\ldots\ldots\ldots\ldots\ldots = 20\,480\ \text{kg}$$

b) Erdauflast

$$G_E = \left(\frac{1,3}{3}\,2,7 + 3,07^2 + 2,7 \cdot 3,07\right) - 1,8^2 \cdot 1,3) \cdot 1600\ \ldots\ldots\ldots = 10\,590\ \text{kg}$$

c) Mastgewicht (einschließlich Leitungen und Isolatoren)

$$G_M\ \ldots\ldots\ldots\ldots\ldots\ldots\ldots\ldots\ldots\ldots\ldots\ldots = \underline{2\,550\ \text{kg}}$$

$$\text{Gesamtbelastung}\ V = \overline{33\,620\ \text{kg}}$$

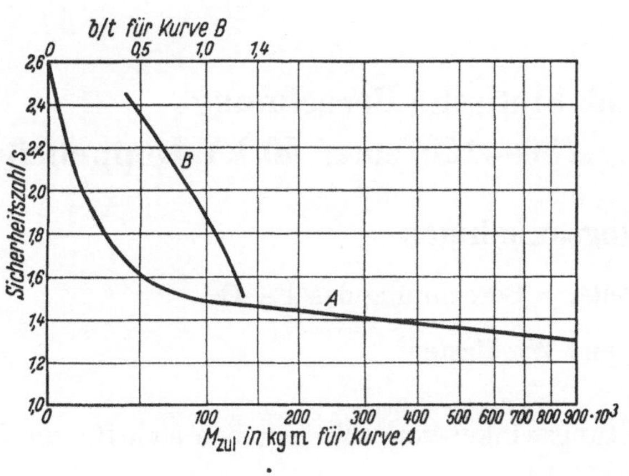

Abb. 37   Abb. 38

3. *Rechengrößen*

$$\frac{b}{t} = \frac{2,7}{2,0} = 1,35;\ \text{demnach Sicherheitszahl nach Kurve } A\ (\text{s. Abb. 37}): s = 1,65$$

a) Hilfsgröße

$$Q = \frac{\mu\,V + H\,s}{1 + \mu^2} = \frac{0,4 \cdot 33\,620 + 2215 \cdot 1,65}{1 + 0,4^2} = 14\,750\ \text{kg}$$

b) Abstand der Drehachsenkoordinate „z"

$$z^3 + \left(\frac{t\,(3\,b_1 - b)}{b - b_1} - \frac{3\,b_1}{2\,m}\right)z^2 - \frac{3\,b_1\,t\,(b_1 + m\,t)}{m\,(b - b_1)}\,z - \frac{b_1}{2\,m\,(b - b_1)} \cdot \left(\frac{6\,Q}{\gamma_E\,\lambda_p} - 3\,b_1\,t^2 - m\,t^3\right) = 0$$

$$z^3 + \left(\frac{2,0\,(3 \cdot 1,8 - 2,7)}{2,7 - 1,8} - \frac{3 \cdot 1,8}{2 \cdot 1}\right)z^2 - \frac{3 \cdot 1,8 \cdot 2,0\,(1,8 + 2,0)}{2,7 - 1,8} \cdot z$$

$$- \frac{1,8}{2\,(2,7 - 1,8)}\left(\frac{6 \cdot 14\,750}{1600 \cdot 3,690} - 3 \cdot 1,8 \cdot 2,0^2 - 2 \cdot 1 \cdot 2,0^3\right) = 0$$

$$z^3 + 3,3\,z^2 - 45,6\,z + 22,6 = 0$$

$$z = 0,52\ \text{m}$$

4. *Einspannkräfte*

a) Passiver Erddruck $E_w = P_1$

$$E_w = \gamma_E\,\lambda_p\left(b_1\,\frac{(t - z)^2}{2} + \frac{m\,(t - z)^3}{3}\right) = 1600 \cdot 3,690\left(1,8\,\frac{(2,0 - 0,52)^2}{2} + \frac{(2,0 - 0,52)^3}{3}\right) = 18\,000\ \text{kg}$$

b) Resultierender seitlicher Erdwiderstand P_2

$$P_2 = P_1 - Q = 18\,000 - 14\,750 = 3\,250\ \text{kg}$$

c) Resultierender Sohlenwiderstand P_3

$$P_3 = \frac{V - \mu\,Hs}{1 + \mu^2} = \frac{33\,620 - 0{,}4 \cdot 2215 \cdot 1{,}65}{1 + 0{,}4^2} = 27\,700 \text{ kg}$$

5. Abstand y des resultierenden Sohlenwiderstandes P_3

$$y = \frac{1}{P_3}\left[P_1\left(\frac{\mu\,b_1}{2} + \frac{t+z}{2}\right) + P_2\left(\frac{\mu\,b}{2} - \frac{z}{3}\right) + P_3\frac{b}{2} - s\,M_s\right]$$

$$= \frac{1}{27\,700}\left[18\,000\left(\frac{0{,}4 \cdot 1{,}8}{2} + \frac{2{,}0 + 0{,}52}{2}\right) + 3250\left(\frac{0{,}4 \cdot 2{,}7}{2} - \frac{0{,}52}{3}\right) + 27\,700 \cdot \frac{2{,}7}{2} - 1{,}65 \cdot 39\,410\right] = 0{,}098 \text{ m}$$

6. Kantenpressung p_3

Bedingung

$$p_3 \leqq p_{k_r} = 8{,}26 \text{ kg/cm}^2$$

$$p_3 = \frac{2\,P_3}{3\,b\,y} = \frac{2 \cdot 27\,700}{3 \cdot 270 \cdot 9{,}8} = 6{,}98 \text{ kg/cm}^2 < 8{,}26 \text{ kg/cm}^2$$

4. Berechnungsbeispiel. Statische Berechnung des Winkelabspannmastes WA + O...180—160° einer 60-kV-Doppelleitung

I. Belastungsannahmen

1. Beseilung und Spannweite, s. Berechnung des T + O

2. Seilzüge und Windlasten

a) Seilzüge

Entsprechend dem eingeschlossenen Leitungswinkel von 160° ergeben sich für die Eck-stielbemessung maßgebende resultierende Züge zu

$$Z(\cos 10° + \sin 10°) = Z \cdot 1{,}159$$

2/3 Erdseilzug: $2/3\,Z_E = 2/3 \cdot 800 \cdot 1{,}159$ . . . . = 616 kg

2/3 Leiterseilzug: $2/3\,Z_L = 2/3 \cdot 840 \cdot 1{,}159$ . . . . = 649 kg

b) Wind auf Mast und Kopfausrüstung senkrecht zur Leitungsrichtung

Wind auf Erdseilstütze . . . . = 134 kg

Wind auf Traverse I und Isolatorenketten . . . . . = 112 kg

Wind auf Traverse II und Isolatorenketten . . . . = 194 kg

Wind auf Mastschuß 1 ($F_{w_1} = 1{,}53$ m²)

     $W_{M_1} = 70 \cdot 2{,}6 \cdot 1{,}53$ . . . . = 278 kg

Wind auf Mastschuß 2 ($F_{w_2} = 1{,}07$ m²)

     $W_{M_2} = 70 \cdot 2{,}6 \cdot 1{,}07$ . . . . = 195 kg

Wind auf Mastschuß 3 ($F_{w_3} = 2{,}92$ m²)

     $W_{M_3} = 70 \cdot 2{,}6 \cdot 2{,}92$ . . . . = 532 kg

Wind auf Mastschuß 4 ($F_{w_4} = 0{,}2$ m²)

     $W_{M_4} = 70 \cdot 2{,}6 \cdot 0{,}2$ . . . . = 36 kg

3. Gewichtslasten

für Erdseil und 6 Leiterseile; vgl. Angaben für T + O

Erdseilstütze und Traversen I und II . . . = 770 kg

12 Abspannketten 12 · 70 . . . . = 840 kg

Schuß 1 . . . . = 420 kg

Schuß 2 . . . . = 340 kg

Schuß 3 . . . . = 1020 kg

Schuß 4 . . . . = 100 kg

II. Bemessung

1. Eckstielbemessung

Für die Bemessung ist die Belastung aus zwei Drittel der einseitigen Höchstzüge der Leiter, gleichzeitig Windlast auf Mast und Kopfausrüstung in Richtung der Querträger und Eigengewicht einschließlich aller Leiter mit Eislast maßgebend (vgl. VDE 0210, § 17a).

Gewählte Eckstielprofile

Schuß 1: ∟ 75 · 75 · 7

$$F_d = 10{,}1\ \text{cm}^2; \qquad F_z = 7{,}72\ \text{cm}^2; \qquad i_\eta = 2{,}28\ \text{cm}$$
$$s_k = 140\ \text{cm}; \qquad \lambda = 62; \qquad \omega = 1{,}32$$

Schwerlinienabstand $a = 1{,}1132\ \text{m}$

Stoßverbindung mit 6 M 20 (Schachtelstoß)

Schuß 2: ∟ 90 · 90 · 9

$$F_d = 15{,}5\ \text{cm}^2; \qquad F_z = 11{,}72\ \text{cm}^2; \qquad i_\eta = 2{,}74\ \text{cm}$$
$$s_k = 155\ \text{cm}; \qquad \lambda = 57; \qquad \omega = 1{,}27;$$
$$a = 1{,}2942\ \text{m}$$

Stoßverbindung mit 6 M 20 (stumpfer Stoß)

Schuß 3: ∟ 120 · 120 · 11

$$F_d = 25{,}4\ \text{cm}^2; \qquad F_z = 20{,}78\ \text{cm}^2; \qquad i_\eta = 3{,}66\ \text{cm}$$
$$s_k = 200\ \text{cm}; \qquad \lambda = 55; \qquad \omega = 1{,}25;$$
$$a = 1{,}6868\ \text{m}$$

Stoßverbindung mit 10 M 20 (stumpfer Stoß)

Schuß 4: gleiches Eckstielprofil

Momentenbelastung und Eckstielbemessung

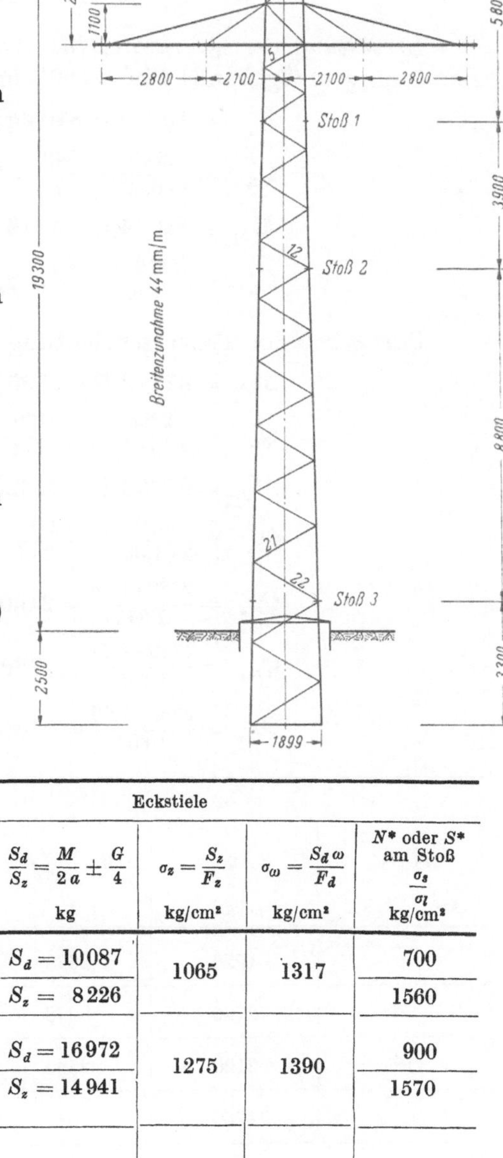

Momentenbelastung und Bemessung

Mastpunkt	Momente			Eckstiele				
	$M_w = W \times h_w$	$M_z = Z \times L$	$M = M_w + M_z$	$S = \dfrac{M}{2a}$	$\dfrac{S_d}{S_z} = \dfrac{M}{2a} \pm \dfrac{G}{4}$	$\sigma_z = \dfrac{S_z}{F_z}$	$\sigma_\omega = \dfrac{S_d\,\omega}{F_d}$	N^* oder S^* am Stoß $\dfrac{\sigma_s}{\sigma_l}$
	kgm	kgm	kgm	kg	kg	kg/cm²	kg/cm²	kg/cm²
1	805	4950 · 3,9	20110	9030	$S_d = 10087$	1065	1317	700
		19305			$S_z = 8226$			1560
2	1890	4950 · 7,8	40890	15830	$S_d = 16972$	1275	1390	900
	390	38610			$S_z = 14941$			1570
	2280							
3	4340	4950 · 16,6	90955	27100	$S_d = 28497$	1248	1403	908
	2100	82170			$S_z = 25956$			1340
	2340							
	8780							
4	4560	4950 · 17,4	95725	27900	$S_d = 29322$			
	2250	86130			$S_z = 26731$			
	2770							
	15							
	9595							

2. Berechnung und Bemessung der Diagonalen

Ermittlung der Mastbreiten zur Berechnung der Querkräfte

$$a_E = 900 - 3,8 \cdot 44 - 7 \qquad = 726 \text{ mm}$$
$$a_{I_s} = 900 + 1,0 \cdot 44 - 7 \qquad = 937 \text{ mm}$$
$$a_{II_s} = 900 + 3,8 \cdot 44 - 7 \qquad = 1060 \text{ mm}$$
$$a_{12} = 900 + 8,9 \cdot 44 + 9 \qquad = 1301 \text{ mm}$$
$$a_{21} = 900 + 16,5 \cdot 44 + 18 + 11 = 1655 \text{ mm}$$
$$a_{22} = 900 + 17,5 \cdot 44 + 18 + 11 = 1699 \text{ mm}$$

Ermittlung der Querkräfte für Ausnahmebelastung (Verdrehung durch 1 Seilzug für die Bemessung maßgebend) für $\sphericalangle 180°$ in Leitungsrichtung.

$$Z \quad = 105 \cdot 8 = 840 \text{ kg}; \quad M_{d_I} = 840 \cdot 3,5 = 2940 \text{ kgm}$$

$$Q_{t_s} = \frac{2940}{2 \cdot 0,937} + \frac{840}{2} = 1990 \text{ kg}$$

$$M_{d_{II}} = 840 \cdot 4,9 = 4116 \text{ kgm}$$

$$Q_{t_s} = \frac{4116}{2 \cdot 1,06} + \frac{840}{2} = 2360 \text{ kg}$$

Für $\sphericalangle 160°$ in Traversenrichtung

$$M_{d_I} = 827 \cdot 3,5 = 2895 \text{ kgm}$$

$$Q_{t_s} = \frac{2895}{2 \cdot 0,937} + \frac{2 \cdot 139 \cdot 0,726}{2 \cdot 0,937} + \frac{3 \cdot 146}{2} = 1792 \text{ kg} \quad (< 1990)$$

$$M_{d_{II}} = 827 \cdot 4,9 = 4052 \text{ kgm}$$

$$Q_{t_s} = \frac{4052}{2 \cdot 1,06} + \frac{2 \cdot 139 \cdot 0,726}{2 \cdot 1,06} + \frac{4 \cdot 146 \cdot 0,937}{2 \cdot 1,06} + \frac{7 \cdot 146}{2} = 2780 \text{ kg} \;(> 2360)$$

$$Q_{t_{12}} = \frac{2780 \cdot 1,06}{1,345} = 2190 \text{ kg}$$

$$Q_{t_{21}} = \frac{2780 \cdot 1,06}{1,655} = 1780 \text{ kg}$$

$$Q_{t_{22}} = \frac{2780 \cdot 1,06}{1,699} = 1735 \text{ kg}$$

Bemessung der Streben

Strebe		Q	$D = \dfrac{Q}{\cos \beta^*}$	$\sigma_z = \dfrac{D}{F_z}$	$\sigma_d = \dfrac{Dx\,\omega}{F_d}$	N^* oder S^*	
Art	Nr.					σ_s	σ_l
		kg	kg	kg/cm²	kg/cm²	kg/cm²	kg/cm²
	2	1990	2678	1622	1142	1335	3350
	5	2780	3278	1400	1400	1043	2730
	12	2190	2560	1093	760	815	2135
	21	1780	2080	1260	1945	1004	2600
	22	1735	2005	857	1002	638	1670

3. Berechnung des Auslegers II

Senkrechte Belastung

$$G_L = \text{Leiterseil mit Eis} = 1,3 \cdot 240 \cdot 1,0213 \quad \ldots \; = 319 \text{ kg}$$
$$G_J = \text{Isolatoren und Armaturen mit Eis} = 2 \cdot 70 \ldots = 140 \text{ kg}$$
$$\text{Anteiliges Eigengewicht} \ldots \ldots \ldots \ldots = 120 \text{ kg}$$
$$\text{Montagelast} \ldots \ldots \ldots \ldots \ldots \ldots = 271 \text{ kg}$$
$$V = \overline{850 \text{ kg}}$$

Waagerechte Belastung ($\not< 160°$)

$$Z_L = 105 \cdot 8 = 840 \text{ kg}$$
$$Z_{L_1} = 840 \cdot 0{,}985 = 827 \text{ kg}; \quad Z_{L_2} = 840 \cdot 0{,}174 = 146 \text{ kg}$$

Obergurte

Vorhanden: $\llcorner\ 40 \cdot 50 \cdot 5$

$$F = 4{,}27 \text{ cm}^2; \quad F_n = 3{,}42 \text{ cm}^2 \ (1{,}65 \text{ cm}^2)$$
$$O_1 = \frac{850 \cdot (2{,}80 + 1{,}54)}{2 \cdot 1{,}0} = 1845 \text{ kg}; \quad \sigma_z = \frac{1845}{3{,}42} = 540 \text{ kg/cm}^2$$

Anschluß: 2 M 16

$$F = 2{,}01 \text{ cm}^2$$
$$\sigma_s = \frac{1845}{2 \cdot 2{,}01} = 459 \text{ kg/cm}^2$$
$$\sigma_l = \frac{1845}{2 \cdot 1{,}60 \cdot 0{,}5} = 1152 \text{ kg/cm}^2$$
$$O_2 = \frac{850 \cdot 1{,}54}{2 \cdot 0{,}85} = 769 \text{ kg}$$
$$\sigma_z = \frac{769}{1{,}65} = 466 \text{ kg/cm}^2$$

Anschluß: 1 M 16

$$\sigma_s = \frac{769}{2{,}01} = 383 \text{ kg/cm}^2$$
$$\sigma_l = \frac{769}{1{,}6 \cdot 0{,}5} = 961 \text{ kg/cm}^2$$

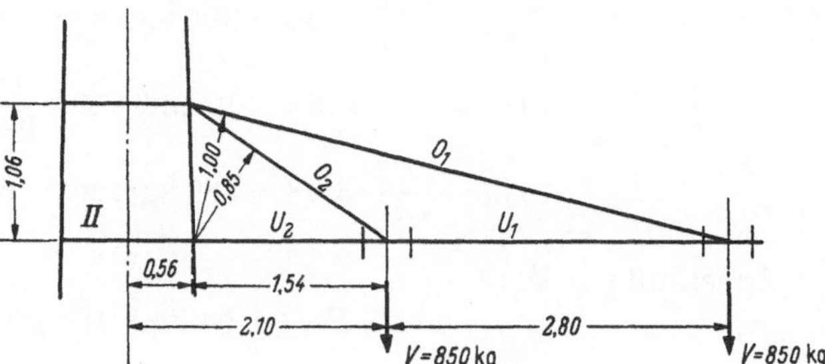

Untergurt

$$U_1 + U_2 = \frac{827 \cdot (2{,}80 + 1{,}54 + 1{,}54)}{1{,}113} +$$
$$+ \frac{146 \cdot 0{,}20}{1{,}113} + \frac{146 \cdot 0{,}50}{1{,}113} + \frac{2 \cdot 146}{2} +$$
$$+ \frac{850 \cdot (2{,}80 + 1{,}54 + 1{,}54)}{2 \cdot 1{,}06} = 4360 + 26 + 65 + 146 + 2358 = 6955 \text{ kg}$$

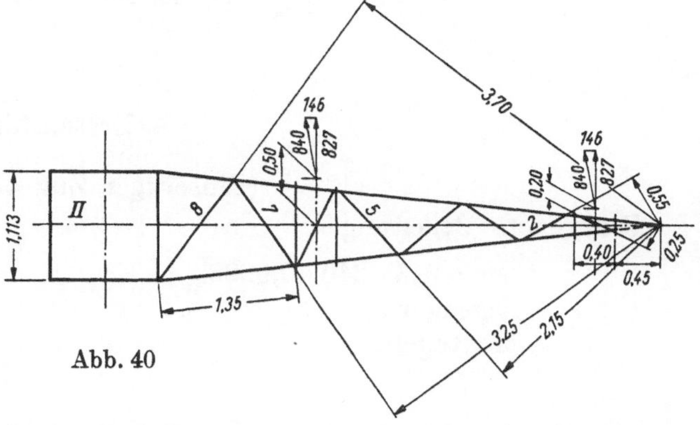

Abb. 40

Vorhanden: $\sqsubset\ 8$

$$F = 11{,}0 \text{ cm}^2; \quad i_y = 1{,}33 \text{ cm}; \quad i_x = 3{,}10 \text{ cm}$$
$$sk_y = 135 \text{ cm}; \quad \lambda = \frac{135}{1{,}33} = 102 \quad \omega = 1{,}94$$
$$sk_x = 154 \text{ cm}; \quad \lambda = \frac{154}{3{,}10} = 50 \quad \omega = 1{,}21$$
$$\sigma_{d\omega} = \frac{6955}{11{,}0} \cdot 1{,}94 = 1227 \text{ kg/cm}^2$$

Anschluß: $2 \cdot$ M 20 je Eckstiel

$$F = 3{,}14 \text{ cm}^2 \qquad \sigma_s = \frac{6955}{2 \cdot 2 \cdot 3{,}14} = 553 \text{ kg/cm}^2; \quad \sigma_l = \frac{6955}{2 \cdot 2 \cdot 2{,}0 \cdot 0{,}6} = 1450 \text{ kg/cm}^2$$

Diagonalen im Untergurt

Ungünstigst bei Leitungswinkel 180°

$$Z_L = 840 \text{ kg}$$

$$D_1 = \frac{840 \cdot 0{,}45}{0{,}25} = 1512 \text{ kg} \qquad\qquad D_7 = \frac{840 \cdot (0{,}85 + 3{,}65)}{3{,}25} = 1163 \text{ kg}$$

$$D_2 = \frac{840 \cdot 0{,}85}{0{,}55} = 1298 \text{ kg} \qquad\qquad D_8 = \frac{840 \cdot (0{,}85 + 3{,}65)}{3{,}70} = 1022 \text{ kg}$$

$$D_5 = \frac{840 \cdot 0{,}85}{2{,}15} = 332 \text{ kg}$$

Vorhanden: $\llcorner$ 40 $\cdot$ 50 $\cdot$ 5

$$F = 4{,}27 \text{ cm}^2; \quad F_n = 1{,}65 \text{ cm}^2; \quad i_\eta = 0{,}84 \text{ cm}$$

$$D_1 = 0{,}9 \cdot 33 = 30 \text{ cm}; \; \lambda = \frac{30}{0{,}84} = 36; \quad \omega = 1{,}11$$

$$\sigma_{d\,\omega} = \frac{1512}{4{,}27} \cdot 1{,}11 = 355 \text{ kg/cm}^2; \quad \sigma_z = \frac{1512}{1{,}65} = 920 \text{ kg/cm}^2$$

$$D_2 = 0{,}9 \cdot 55 = 50 \text{ cm}; \; \lambda = \frac{50}{0{,}84} = 60; \quad \omega = 1{,}30$$

$$\sigma_{d\,\omega} = \frac{1298}{4{,}97} \cdot 1{,}30 = 395 \text{ kg/cm}^2; \quad \sigma_z = \frac{1298}{1{,}65} = 785 \text{ kg/cm}^2$$

$$D_8 = 0{,}9 \cdot 125 = 113 \text{ cm}; \; \lambda = \frac{113}{0{,}84} = 135; \quad \omega = 3{,}08$$

$$\sigma_{d\,\omega} = \frac{1022}{4{,}27} \cdot 3{,}08 = 880 \text{ kg/cm}^2; \quad \sigma_z = \frac{1022}{1{,}65} = 740 \text{ kg/cm}^2$$

Anschluß: 1 M 14

$$F = 1{,}54 \text{ cm}^2 \; (\text{Ungünstigst } D_1)$$

$$\sigma_s = \frac{1512}{1{,}54} = 985 \text{ kg/cm}^2; \quad \sigma_l = \frac{1512}{1{,}4 \cdot 0{,}5} = 2160 \text{ kg/cm}^2$$

4. Erdseilstütze

(Einseitiger Zug ohne Wind)

Senkrechte Belastung

$$G_E = 1{,}3 \cdot 240 \cdot 0{,}9222 \ldots \ldots \ldots \ldots \ldots = 288 \text{ kg}$$
$$\text{Eigengewicht} \ldots \ldots \ldots \ldots \ldots \ldots = 132 \text{ kg}$$
$$\text{Montagelast} \ldots \ldots \ldots \ldots \ldots \ldots = \underline{140 \text{ kg}}$$
$$V = \overline{560 \text{ kg}}$$

Waagerechte Belastung (ungünstigst im $\sphericalangle$ 160°):

$$Z_E = 50 \cdot 16 = 800 \text{ kg}; \quad Z_{E_1} = 800 \cdot 0{,}985 = 788 \text{ kg}; \quad Z_{E_2} = 800 \cdot 0{,}174 = 139 \text{ kg}$$

$$Z_o = 788 + 139 = 927 \text{ kg}$$

$$\pm S = \frac{927 \cdot 3{,}8}{2 \cdot 0{,}87} = 2025 \text{ kg};$$

$$S_d = 2025 + \frac{560}{4} = 2165 \text{ kg}; \quad S_z = 2025 - \frac{560}{4} = 1885 \text{ kg}$$

Vorhanden: $\llcorner$ 55 $\cdot$ 55 $\cdot$ 6

$$F = 6{,}31 \text{ cm}^2; \quad F_n = 4{,}27 \text{ cm}^2; \quad i_x = 1{,}66 \text{ cm}$$

$$s_k = 150 \text{ cm}; \; \lambda = \frac{150}{1{,}66} = 91; \quad \omega = 1{,}73$$

$$\sigma_{d\,\omega} = \frac{2165}{6{,}31} \cdot 1{,}73 = 595 \text{ kg/cm}^2; \quad \sigma_z = \frac{1865}{4{,}27} = 435 \text{ kg/cm}^2$$

Diagonalen (ungünstigst $\sphericalangle$ 180°)

$$D_1 = \frac{800 \cdot 0{,}55}{2 \cdot 1{,}45} = 152 \text{ kg}; \quad D_4 = \frac{800 \cdot 0{,}55}{2 \cdot 2{,}80} = 79 \text{ kg}$$

Vorhanden: $\llcorner$ 40 $\cdot$ 40 $\cdot$ 4;   Anschluß 1 M 12

Die Beanspruchung ist sehr gering.

III. Fundamentberechnung

a) *Berechnung nach* SULZBERGER

Baugrundziffern: $C_o = 2{,}0$ kg/cm³; $C_u = 4{,}0$ kg/cm³ (untere Stufe im gewachsenen Boden)

$$b_E = 1{,}75 \cdot \mathrm{tg}\,8° \cdot 2 + 3{,}50 = 3{,}99 \text{ m}$$

$$t_s = \frac{\dfrac{t_3}{3}\,C_u\,b_2 - (C_u\,b_2 - C_o\,b_1)\,t_1{}^2\left(t_2 + \dfrac{t_1}{3}\right)}{t^2\,C_u\,b_2 - (C_u\,b_2 - C_o\,b_1)\,t_1{}^2}$$

$$= \frac{\dfrac{2{,}5^3}{3}\cdot 4{,}0\cdot 3{,}5 - (4{,}0\cdot 3{,}5 - 2{,}0\cdot 2{,}5)\cdot 1{,}75^2\left(0{,}75 + \dfrac{1{,}75}{3}\right)}{2{,}5^2\cdot 4{,}0\cdot 3{,}5 - (4{,}0\cdot 3{,}5 - 2{,}0\cdot 2{,}5)\cdot 1{,}75^2}$$

$$= \frac{36{,}10}{59{,}94} = 0{,}602 \text{ m}$$

$$t_f = t - t_s = 2{,}5 - 0{,}602 = 1{,}898 \text{ m}$$

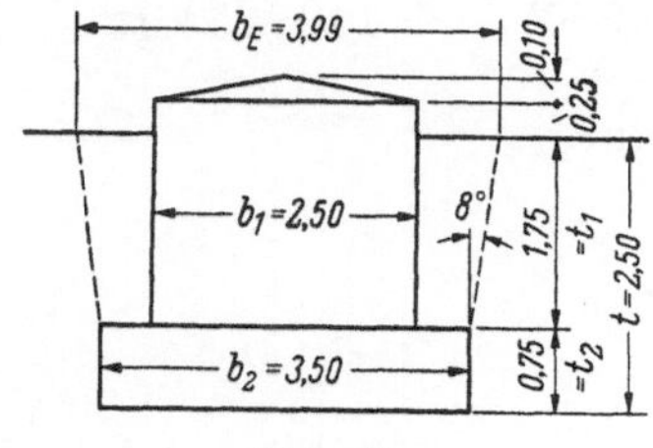

Abb. 41 a

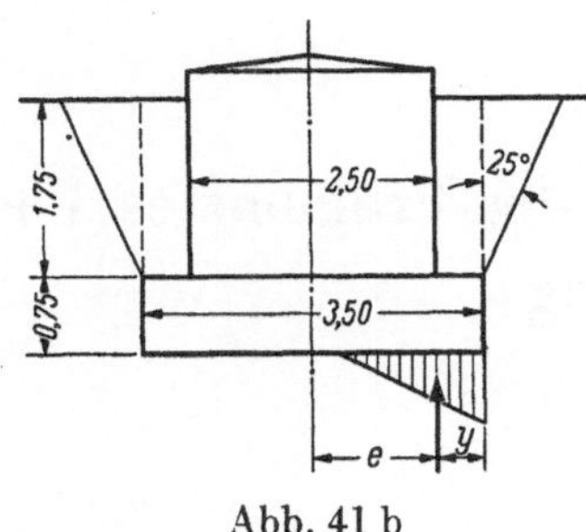

Abb. 41 b

Betongewicht
$$= 2000\,(3{,}5^2\cdot 0{,}75 + 2{,}5^2\cdot 2{,}03)$$
$$\dots \dots \dots \dots \dots \dots = 43\,740 \text{ kg}$$

Erdauflast
$$= 1600\left[\frac{1{,}75}{3}\,(3{,}5^2 + 3{,}99^2\right.$$
$$\left. + 3{,}5\cdot 3{,}99) - 2{,}5^2\cdot 1{,}75\right] = 21\,860 \text{ kg}$$

Mastgewicht (einschl. Leitungen und Isolatoren) $\quad = \quad 5\,600$ kg
$$\overline{G = 71\,200 \text{ kg}}$$

$$M_s = \frac{C_o\,b_1\,t_f{}^4}{24\cdot 10^{-4}} + \frac{C_u\,t\,t_s{}^3\,b_2}{6\cdot 10^{-4}} = \frac{2{,}0\;\;2{,}5\;\;1{,}898^4}{24\cdot 10^{-4}}$$

$$+ \frac{4{,}0\;\;2{,}5\cdot 3{,}5\;\;0{,}602^3}{6\cdot 10^{-4}} = 27\,100 + 12\,720$$

$$= 39\,820 \text{ kgm}$$

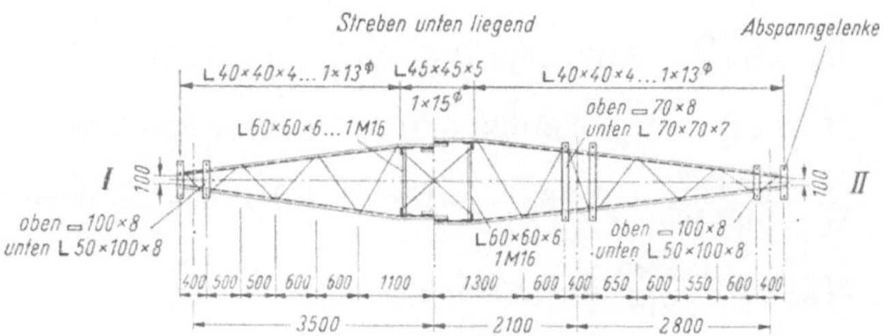

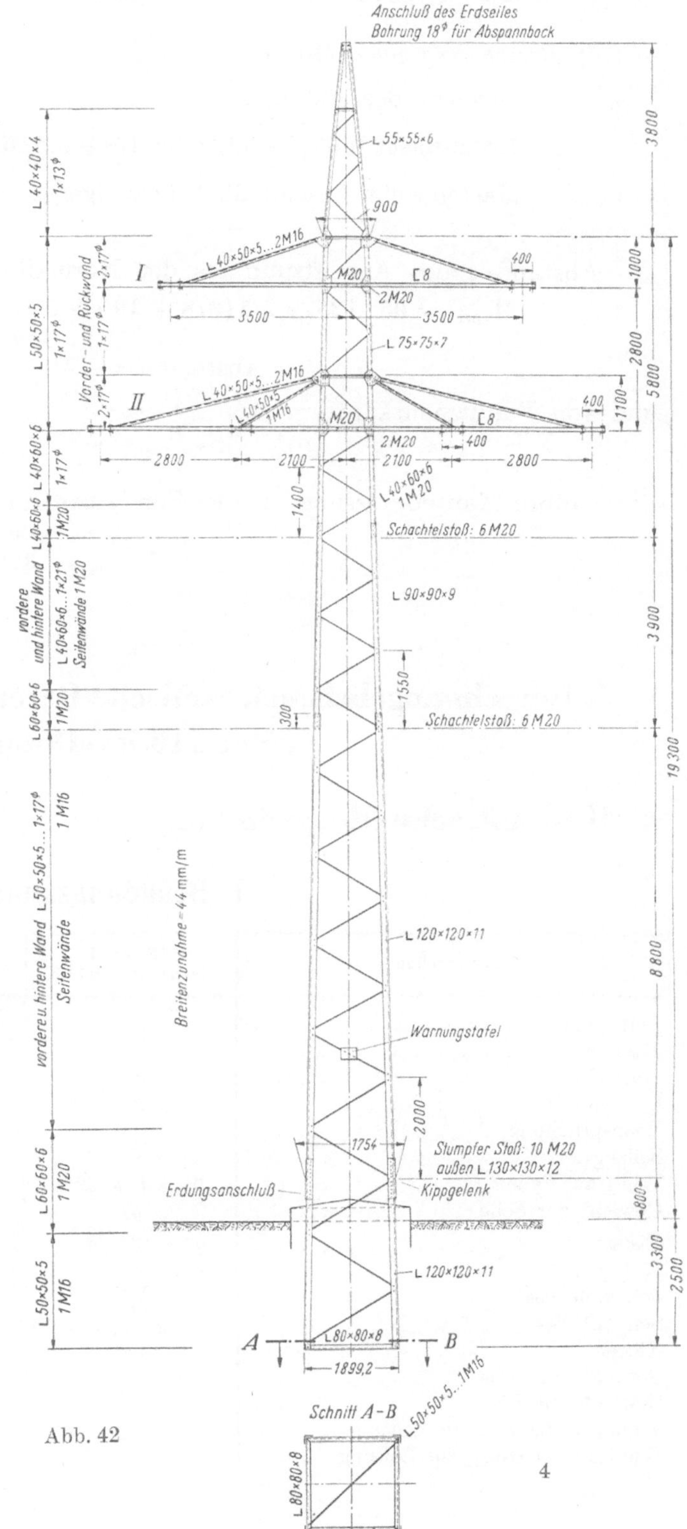

Abb. 42

4

$$M_b = G\left(\frac{b_2}{2} - 6{,}67 \cdot 10^{-3}\sqrt{\frac{G}{1{,}1\,C_u\,t\,b_2}}\right) = 71\,200\left(\frac{3{,}5}{2} - 6{,}67 \cdot 10^{-3}\sqrt{\frac{71\,200}{1{,}1 \cdot 4{,}0 \cdot 2{,}5 \cdot 3{,}5}}\right) = 104\,160\ \text{kgm}$$

$$M = M_s + M_b = 39\,820 + 104\,160 = 143\,980\ \text{kgm}$$

$$\frac{M_s}{M_b} = \frac{39\,820}{104\,160} = 0{,}382;\quad \text{dafür }_s = 1{,}215\ \text{(vgl. Kurve lt. Abb. 31)}$$

$$M_{\text{zul}} = \frac{143\,980}{1{,}215} = 118\,300\ \text{kgm}$$

$$M_{\text{vorh}} = 95\,725 + 1{,}898\,(278 + 195 + 532 + 36 + 4950) = 107\,095\ \text{kgm}\ (< 118\,300)\quad \text{(s. Abb. 41 a)}$$

b) *Berechnung nach* MOHR

Gewicht des Betons . . . . $= 43\,740$ kg

Erdauflast: $1600\left[\dfrac{1{,}75}{3}\,(3{,}5^2 + 5{,}13^2 + 3{,}5 \cdot 5{,}13) - 2{,}5^2 \cdot 1{,}75\right] = 35\,260$ kg

Mastgewicht einschließlich Leitungen und Isolatoren . . $= 5\,600$ kg

$$\Sigma\,G = 84\,600\ \text{kg}$$

Abstand $\cdot e$ des Angriffspunktes der Normalkraft in der Sohle von Fundamentmitte

$$M_{\text{vorh}} = 95 \cdot 725 + 2{,}5\,(278 + 195 + 532 + 36 + 4950)\quad = 110\,725\ \text{kgm}$$

$$\text{Abstand } e = \frac{M_{\text{vorh}}}{G}\quad = 1{,}31\ \text{m}$$

und von Fundamentkante

$$y = \frac{3{,}50}{2} - 1{,}31 = 0{,}44\ \text{m}$$

Größte Kantenpressung an der Fundamentsohle

$$p_{\text{max}} = \frac{2 \cdot 84\,600}{3 \cdot 44 \cdot 350}\quad = 3{,}4\ \text{kg/cm}^2\quad \text{(s. Abb. 41 b)}$$

5. Berechnungsbeispiel. Statische Berechnung des Tragmastes T + O einer 110-kV-Doppelleitung

A. Mast mit Schwellengründung

I. Belastungsannahmen

Spannweiten	Windanteil Seilgewichtsanteil	300 400		$\frac{\text{m}}{\text{m}}$
Leiterseile		1 Erdseil	6 Leiterseile	—
Baustoff		Al/St 170/40	Al/St 240/40	—
Durchmesser	d	18,9	21,7	mm
Querschnitt	F	$171{,}8 + 40{,}1 = 211{,}9$	$236 + 40{,}1 = 276{,}1$	mm²
Beanspruchung	σ	8,25	7,5	kg/mm²
Seilzug	$Z = F\,\sigma$	~ 1750	~ 2070	kg
Wind auf Seile	$W = L\,d\,52{,}5$	298	342	kg
Gewicht der Seile	g_o	0,794	0,971	kg/m
Eislast	$g_z = 180\,\sqrt{d}$	0,783	0,838	kg/m
$g_0 + g_z$	—	1,577	1,809	kg/m
Seil ohne Eis	$g_o\,L$	318	388	kg
Seil mit Eis	$(g_o + g_z)\,L$	631	724	kg
Ketten			2fach Ketten	kg
Gewicht ohne Eis			130	kg
Gewicht mit Eis			150	kg
Wind auf Kette ∥ zur Leitung			40	kg
Wind auf Kette ⊥ zur Leitung			30	kg

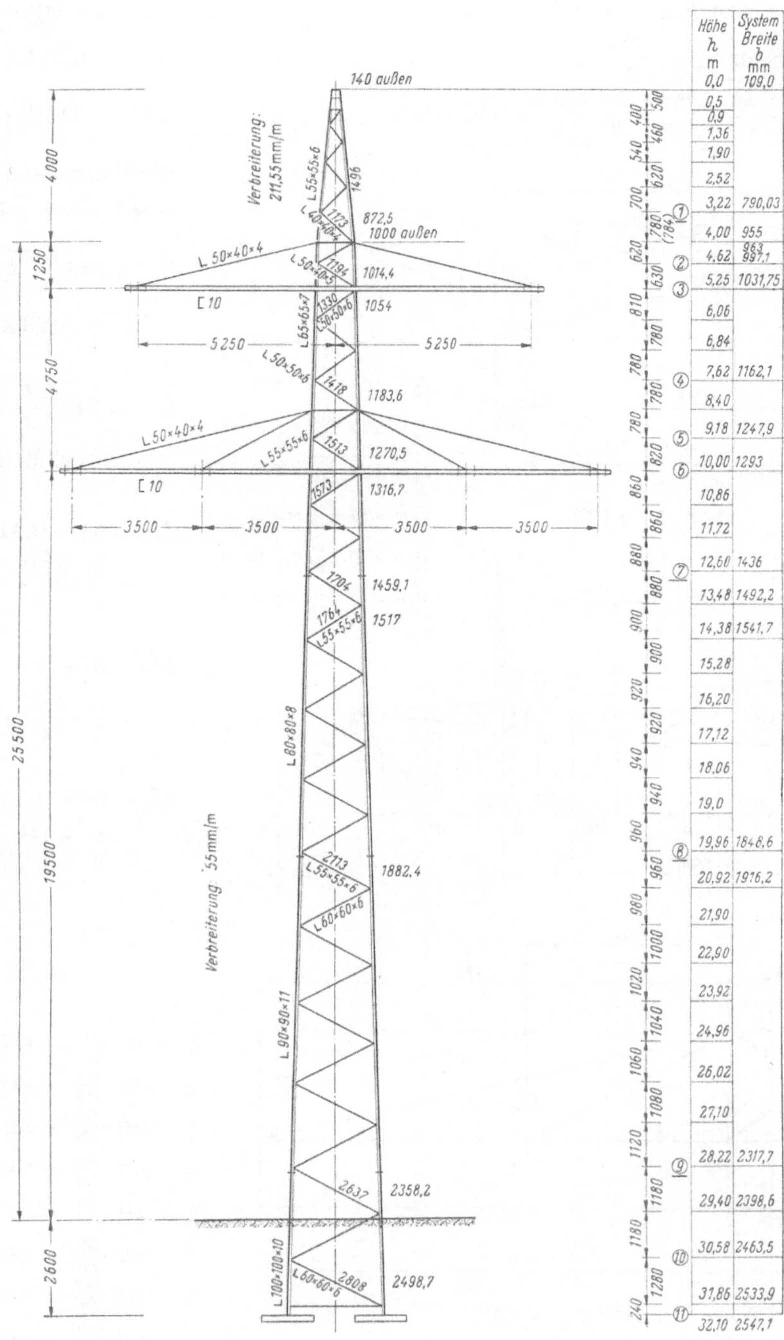

Abb. 43

II. Berechnung und Bemessung
1. Traversen

Traverse I (vgl. Systemskizze)

Belastungen

Seil mit Eis.	=	724 kg
Kette mit Eis.	=	150 kg
Montagelast.	≅	206 kg
		1080 kg

Traversen-Eigengewicht . . . . $= \quad 35\ \text{kg/m}$

$1/2$ Seilzug $= \dfrac{2070}{2}$ . . . . $= \quad 1035\ \text{kg}$

$P = \dfrac{1080}{2} \cdot \dfrac{4{,}756}{5{,}166} + \dfrac{35}{2} \cdot \dfrac{5{,}166}{2} = 498 + 45$ . . . . $= \quad 543\ \text{kg}$

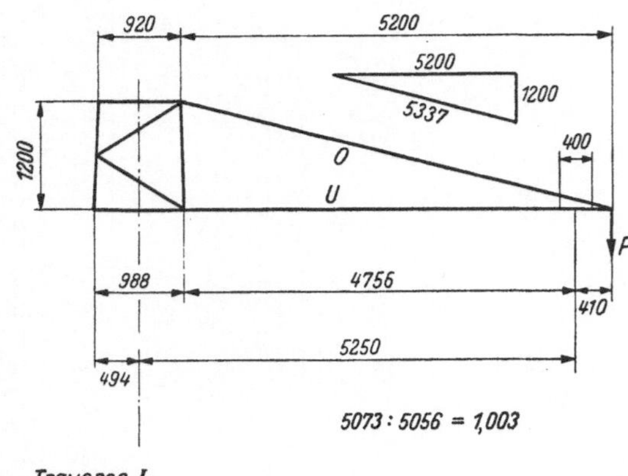
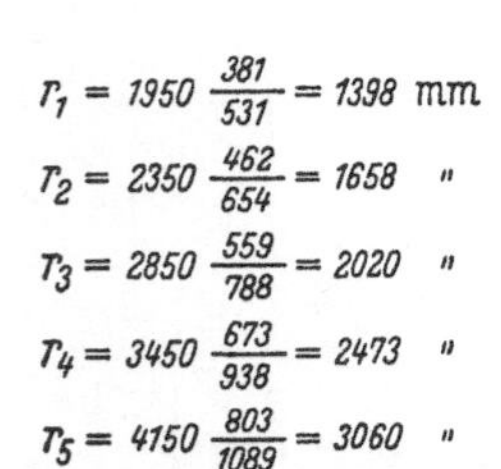
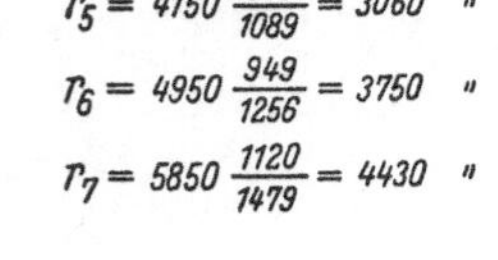

Stabkräfte und Momente aus senkrechten Lasten

$O = 543\dfrac{5{,}337}{1{,}2} \cdot 1{,}003$

$\quad = +\ 2423\ \text{kg}$

$U = 543\dfrac{5{,}2}{1{,}2} \cdot 1{,}003$

$\quad = -\ 2360\ \text{kg}$

$M_1 = 543 \cdot 0{,}61 - 540 \cdot 0{,}2$

$\quad - \dfrac{35}{2} \cdot \dfrac{0{,}61^2}{2} = 220\ \text{kgm}$

$M_2 = 543 \cdot 2{,}41 - 540 \cdot 2{,}0$

$\quad - \dfrac{35}{2} \cdot \dfrac{2{,}41^2}{2} = 176\ \text{kgm}$

$M_3 = 543 \cdot 4{,}11 - 540 \cdot 3{,}7$

$\quad - \dfrac{35}{2} \cdot \dfrac{4{,}11^2}{2} = 86\ \text{kgm}$

$r_1 = 1950\,\dfrac{381}{531} = 1398\ \text{mm}$

$r_2 = 2350\,\dfrac{462}{654} = 1658\ \text{''}$

$r_3 = 2850\,\dfrac{559}{788} = 2020\ \text{''}$

$r_4 = 3450\,\dfrac{673}{938} = 2473\ \text{''}$

$r_5 = 4150\,\dfrac{803}{1089} = 3060\ \text{''}$

$r_6 = 4950\,\dfrac{949}{1256} = 3750\ \text{''}$

$r_7 = 5850\,\dfrac{1120}{1479} = 4430\ \text{''}$

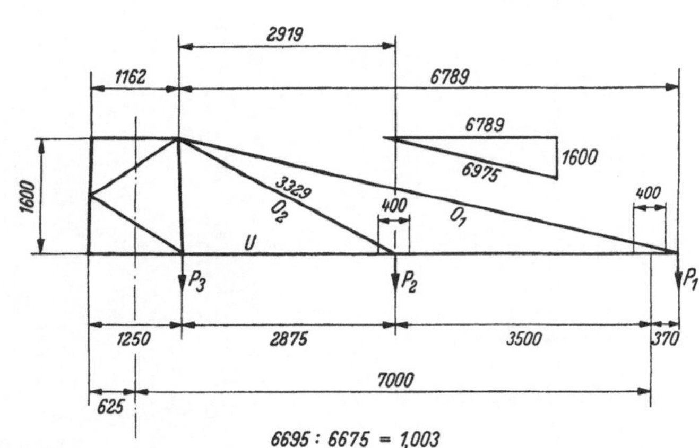

Abb. 44

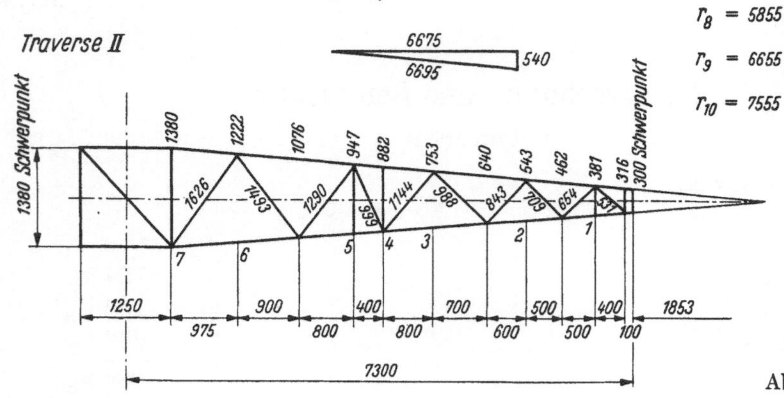

$r_1 = 1955\,\dfrac{381}{531} = 1402\ \text{mm}$

$r_2 = 2355\,\dfrac{462}{654} = 1663\ \text{''}$

$r_3 = 2855\,\dfrac{543}{709} = 2186\ \text{''}$

$r_4 = 3355\,\dfrac{640}{843} = 2543\ \text{''}$

$r_5 = 3955\,\dfrac{753}{988} = 3012\ \text{''}$

$r_6 = 4655\,\dfrac{882}{1144} = 3585\ \text{''}$

$r_7 = 5455\,\dfrac{947}{999} = 5170\ \text{''}$

$r_8 = 5855\,\dfrac{1076}{1290} = 4890\ \text{''}$

$r_9 = 6655\,\dfrac{1222}{1493} = 5455\ \text{''}$

$r_{10} = 7555\,\dfrac{1380}{1626} = 6420\ \text{''}$

Abb. 45

Stabkräfte aus Seilzug   (s. Abb. 45)

$$U_1 = 1035 \frac{0,2}{0,381} \cdot 1,003 \quad = - \; 546 \,\text{kg} \qquad\qquad d_1 = 1035 \frac{1,95}{1,398} = \pm \, 1443 \,\text{kg}$$

$$U_2 = 1035 \frac{2,0}{0,673} \cdot 1,003 \quad = - 3085 \,\text{kg} \qquad\qquad d_2 = 1035 \frac{2,35}{1,658} = \pm \, 1468 \,\text{kg}$$

$$U_3 = 1035 \frac{3,7}{0,949} \cdot 1,003 \quad = - 4050 \,\text{kg} \qquad\qquad d_3 = 1035 \frac{2,35}{2,02} = \pm \, 1204 \,\text{kg}$$

$$U_4 = 1035 \frac{4,756}{1,12} \cdot 1,003 \quad = - 4410 \,\text{kg} \qquad\qquad d_4 = 1035 \frac{2,35}{2,473} = \pm \; 983 \,\text{kg}$$

$$d_5 = 1035 \frac{2,35}{3,06} = \pm \; 795 \,\text{kg}$$

$$d_6 = 1035 \frac{2,35}{3,75} = \pm \; 649 \,\text{kg}$$

$$d_7 = 1035 \frac{2,35}{4,43} = \pm \; 549 \,\text{kg}$$

Dimensionierung

Obergurt $= 2423$ kg

$$\boxed{\llcorner \; 40 \cdot 50 \cdot 4}$$

$F = 3,46$ cm²; $F_n = 2,78$ cm²; $\sigma = 872$ kg/cm²

Anschluß $2 \cdot$ M 16

$\sigma_s = 604$ kg/cm²; $\sigma_l = 1895$ kg/cm²

Untergurt

$$
\begin{aligned}
U_1 &= -2360 \,\text{kg}; &&= -2360 - 546 = -2906 \,\text{kg}; && M_1 = 220 \,\text{kgm}\\
U_2 &= -2360 \,\text{kg}; &&= -2360 - 3085 = -5445 \,\text{kg}; && M_2 = 176 \,\text{kgm}\\
U_3 &= -2360 \,\text{kg}; &&= -2360 - 4050 = -6410 \,\text{kg}; && M_3 = 86 \,\text{kgm}\\
U_4 &= -2360 \,\text{kg}; &&= -2360 - 4410 = -6770 \,\text{kg}
\end{aligned}
$$

$$\boxed{\sqsubset \; 10}$$

$F = 13,5$ cm²; $i_x = 3,91$ cm; $i_y = 1,47$ cm; $W_x = 41,2$ cm³

$$
\begin{aligned}
l_x &= 477,0 \,\text{cm}; & \lambda_x &= 122; & \omega_x &= 2,514\\
l_{y_1} &= 110,3 \,\text{cm}; & \lambda_{y_1} &= 75,1; & \omega_{y_1} &= 1,481\\
l_{y_2} &= 150,5 \,\text{cm}; & \lambda_{y_2} &= 102,3; & \omega_{y_2} &= 1,948\\
l_{y_3} &= 196,2 \,\text{cm}; & \lambda_{y_3} &= 133,5; & \omega_{y_3} &= 3,011\\
l_{y_4} &= 105,9 \,\text{cm}; & \lambda_{y_4} &= 72,0; & \omega_{y_4} &= 1,438
\end{aligned}
$$

$$\sigma_1 = 974 \,\text{kg/cm}^2; \qquad \sigma_2 = 868 \,\text{kg/cm}^2; \qquad \sigma_3 = 736 \,\text{kg/cm}^2; \qquad \sigma_4 = 440 \,\text{kg/cm}^2$$

$$\sigma_{T_1} = 1076 \,\text{kg/cm}^2; \qquad \sigma_{T_2} = 1443 \,\text{kg/cm}^2; \qquad \sigma_{T_3} = 1638 \,\text{kg/cm}^2; \qquad \sigma_{T_4} = 1261 \,\text{kg/cm}^2$$

Anschluß: $2 \cdot$ M 20

$$\sigma_s = 376 \,\text{kg/cm}^2; \qquad\qquad \sigma_l = 984 \,\text{kg/cm}^2 \qquad\qquad \sigma_{Ts} = 1076 \,\text{kg/cm}^2; \qquad\qquad \sigma_{Tl} = 2820 \,\text{kg/cm}^2$$

Diagonalen im Untergurt

d	S	Profil	F	F_n	i	l	λ	ω	σ_d	σ_z	Anschluß		
											Art	σ_s	σ_l
—	kg	—	cm²		cm		—		kg/cm²		—	kg/cm²	
1	1443	$\llcorner\,40 \cdot 40 \cdot 4$	3,08	1,04	0,78	53,1	68,1	1,389	652	1389	1 M 12	1280	3003
2	1468	$\llcorner\,40 \cdot 40 \cdot 4$	3,08	1,04	0,78	65,4	83,9	1,612	769	1413	1 M 12	1300	3060
3	1204	$\llcorner\,40 \cdot 40 \cdot 4$	3,08	1,04	0,78	78,8	101,0	1,921	752	1158	1 M 12	1065	2510
4	983	$\llcorner\,40 \cdot 40 \cdot 4$	3,08	1,04	0,78	93,8	120,2	2,438	778	945	1 M 12	870	2045
5	795	$\llcorner\,40 \cdot 40 \cdot 4$	3,08	1,04	0,78	108,9	139,5	3,287	849	766	1 M 12	704	1658
6	649	$\llcorner\,40 \cdot 40 \cdot 4$	3,08	1,04	0,78	125,6	161,0	4,376	922	625	1 M 12	575	1350
7	549	$\llcorner\,40 \cdot 40 \cdot 4$	3,08	1,04	0,78	147,9	189,4	6,062	1080	529	1 M 12	486	1143

Traverse II

Belastungen

$$
\begin{aligned}
\text{Seil mit Eis} &= \quad 724\,\text{kg} \\
\text{Kette mit Eis} &= \quad 150\,\text{kg} \\
\text{Montagelast} &\cong \quad 206\,\text{kg} \\
\hline
&\quad 1080\,\text{kg}
\end{aligned}
$$

$$
\text{Traversen-Eigengewicht} = 40\,\text{kg/m}
$$

$$
1/2\ \text{Seilzug} = \frac{2070}{2} = 1035\,\text{kg}
$$

$$
P_1 = \left(\frac{1080}{4}\cdot 0{,}2 + \frac{1080}{2}\cdot 3{,}5\right)\frac{1}{3{,}87} + \frac{40}{2}\cdot\frac{3{,}87}{2} = 541\,\text{kg}
$$

$$
P_{2r} = \left(\frac{1080}{4}\cdot 3{,}67 + \frac{1080}{2}\cdot 0{,}37\right)\frac{1}{3{,}87} + \frac{40}{2}\cdot\frac{3{,}87}{2} = 347\,\text{kg}
$$

$$
P_{2l} = \frac{1080}{4}\cdot\frac{2{,}675}{2{,}875} + \frac{40}{2}\cdot\frac{2{,}875}{2} = 280\,\text{kg}
$$

$$
\Sigma P_2 = 627\,\text{kg}
$$

$$
P_{3r} = \frac{1080}{4}\cdot\frac{0{,}2}{2{,}875} + \frac{40}{2}\cdot\frac{2{,}875}{2} = 48\,\text{kg}
$$

Stabkräfte und Momente aus senkrechten Lasten

$$
O_1 = 541\frac{6{,}975}{1{,}6}\cdot 1{,}003 = + 2365\,\text{kg} \qquad M_1 = 541\cdot 0{,}57 - 540\cdot 0{,}2 - 20\frac{0{,}57^2}{2} = 197\,\text{kgm}
$$

$$
O_2 = 627\frac{3{,}329}{1{,}6}\cdot 1{,}003 = + 1307\,\text{kg} \qquad M_2 = 541\cdot 1{,}57 - 540\cdot 1{,}2 - 20\frac{1{,}57^2}{2} = 177{,}3\,\text{kgm}
$$

$$
U_1 = 541\frac{6{,}789}{1{,}6}\cdot 1{,}003 = - 2302\,\text{kg} \qquad M_3 = 347\cdot 1{,}0 - 270\cdot 0{,}8 - 20\frac{1{,}0^2}{2} = 121\,\text{kgm}
$$

$$
U_2 = (541\cdot 6{,}789 + 627\cdot 2{,}919) \qquad\qquad M_4 = 347\cdot 0{,}2 - 20\frac{0{,}2^2}{2} = 69\,\text{kgm}
$$

$$
\cdot\frac{1}{1{,}6}\cdot 1{,}003 = - 3448\,\text{kg} \qquad\qquad M_5 = 280\cdot 0{,}2 - 20\frac{0{,}2^2}{2} = 55{,}6\,\text{kgm}
$$

$$
M_6 = 48\cdot 0{,}975 - 20\frac{0{,}975^2}{2} = 37{,}3\,\text{kgm}
$$

Stabkräfte aus Seilzug

$$
U_1 = - 1035\frac{0{,}2}{0{,}381}\cdot 1{,}003 = - 546\,\text{kg} \qquad d_1 = 1035\frac{1{,}995}{1{,}402} = \pm 1443\,\text{kg}
$$

$$
U_2 = - 1035\frac{1{,}2}{0{,}543}\cdot 1{,}003 = - 2297\,\text{kg} \qquad d_2 = 1035\frac{2{,}355}{1{,}663} = \pm 1465\,\text{kg}
$$

$$
U_3 = - 1035\frac{2{,}5}{0{,}753}\cdot 1{,}003 = - 3450\,\text{kg} \qquad d_3 = 1035\frac{2{,}355}{2{,}186} = \pm 1115\,\text{kg}
$$

$$
U_4 = - 1035\frac{3{,}3}{0{,}882}\cdot 1{,}003 = - 3885\,\text{kg} \qquad d_4 = 1035\frac{2{,}355}{2{,}543} = \pm 958\,\text{kg}
$$

$$
U_5 = - 1035\frac{3{,}7}{0{,}947}\cdot 1{,}003 = - 4058\,\text{kg} \qquad d_5 = 1035\frac{2{,}355}{3{,}012} = \pm 809\,\text{kg}
$$

$$
U_6 = - 1035\frac{5{,}4}{1{,}222}\cdot 1{,}003 = - 4590\,\text{kg} \qquad d_6 = 1035\frac{2{,}355}{3{,}585} = \pm 681\,\text{kg}
$$

$$
U_7 = - 1035\frac{6{,}375}{1{,}38}\cdot 1{,}003 = - 4800\,\text{kg} \qquad d_7 = 1035\frac{5{,}455}{5{,}17} = \pm 1090\,\text{kg}
$$

$$
d_8 = 1035\frac{5{,}855}{4{,}89} = \pm 1236\,\text{kg}
$$

$$
d_9 = 1035\frac{5{,}855}{5{,}455} = \pm 1110\,\text{kg}
$$

$$
d_{10} = 1035\frac{5{,}855}{6{,}42} = \pm 944\,\text{kg}
$$

Dimensionierung

Obergurt $O_1 = 2365$ kg

$\boxed{\llcorner 40 \cdot 50 \cdot 4}$

$F = 3{,}46 \text{ cm}^2; \; F_n = 2{,}78 \text{ cm}^2; \; \sigma = 850 \text{ kg/cm}^2$

Anschluß: 2 M 16

$\sigma_s = 589 \text{ kg/cm}^2; \quad \sigma_l = 1848 \text{ kg/cm}^2$

Obergurt $O_2 = 1307$ kg

$\boxed{\llcorner 40 \cdot 50 \cdot 4}$

$F = 3{,}46 \text{ cm}^2; \; F_n = 1{,}32 \text{ cm}^2; \; \sigma = 990 \text{ kg/cm}^2$

Anschluß: 1 M 16

$\sigma_s = 652 \text{ kg/cm}^2; \quad \sigma_l = 2043 \text{ kg/cm}^2$

Untergurt: Größte Stabkräfte und Momente

$$
\begin{aligned}
U_1 &= -2302 \text{ kg}; & &= -2302 - 546 = -2848 \text{ kg}; & M_1 &= 197 \text{ kgm} \\
U_2 &= -2302 \text{ kg}; & &= -2302 - 2297 = -4599 \text{ kg}; & M_2 &= 177{,}3 \text{ kgm} \\
U_3 &= -2302 \text{ kg}; & &= -2302 - 3450 = -5752 \text{ kg}; & M_3 &= 121{,}0 \text{ kgm} \\
U_4 &= -2302 \text{ kg}; & &= -2302 - 3885 = -6187 \text{ kg}; & M_4 &= 69{,}0 \text{ kgm} \\
U_5 &= -3448 \text{ kg}; & &= -3448 - 4058 = -7506 \text{ kg}; & M_5 &= 55{,}6 \text{ kgm} \\
U_6 &= -3448 \text{ kg}; & &= -3448 - 4590 = -8038 \text{ kg}; & M_6 &= 37{,}3 \text{ kgm} \\
U_7 &= -3448 \text{ kg}; & &= -3448 - 4800 = -8248 \text{ kg}
\end{aligned}
$$

$\boxed{\sqsubset 10}$

$F = 13{,}5 \text{ cm}^2; \quad i_x = 3{,}91 \text{ cm}; \quad i_y = 1{,}47 \text{ cm}; \quad W_x = 41{,}2 \text{ cm}^3$

$$
\begin{aligned}
l_{x_1} &= 351{,}1 \text{ cm}; \quad \lambda_x = 89{,}9; \quad \omega_{x_1} = 1{,}708; & l_{y_1} &= 100{,}3 \text{ cm}; & \lambda_{y_1} &= 68{,}3; & \omega_1 &= 1{,}391 \\
& & l_{y_2} &= 110{,}3 \text{ cm}; & \lambda_{y_2} &= 75{,}1; & \omega_2 &= 1{,}481 \\
& & l_{y_3} &= 150{,}5 \text{ cm}; & \lambda_{y_3} &= 102{,}4; & \omega_3 &= 1{,}950 \\
& & l_{y_4} &= 80{,}2 \text{ cm}; & \lambda_{y_4} &= 54{,}6; & \omega_4 &= 1{,}251 \\
l_{x_2} &= 288{,}4 \text{ cm}; \quad \lambda_x = 73{,}8; \quad \omega_{x_2} = 1{,}463; & l_{y_5} &= 80{,}2 \text{ cm}; & \lambda_{y_5} &= 54{,}6; & \omega_5 &= 1{,}251 \\
& & l_{y_6} &= 188{,}1 \text{ cm}; & \lambda_{y_6} &= 128{,}0; & \omega_6 &= 2{,}766 \\
& & l_{y_7} &= 97{,}8 \text{ cm}; & \lambda_{y_7} &= 66{,}5; & \omega_7 &= 1{,}372
\end{aligned}
$$

$$
\begin{aligned}
\sigma_1 &= 291 + 478 = 769 \text{ kg/cm}^2; & \sigma_{T_1} &= 361 + 478 = 839 \text{ kg/cm}^2 \\
\sigma_2 &= 291 + 431 = 722 \text{ kg/cm}^2; & \sigma_{T_2} &= 582 + 431 = 1013 \text{ kg/cm}^2 \\
\sigma_3 &= 333 + 294 = 627 \text{ kg/cm}^2; & \sigma_{T_3} &= 830 + 294 = 1124 \text{ kg/cm}^2 \\
\sigma_4 &= 291 + 168 = 459 \text{ kg/cm}^2; & \sigma_{T_4} &= 783 + 168 = 951 \text{ kg/cm}^2 \\
\sigma_5 &= 374 + 135 = 509 \text{ kg/cm}^2; & \sigma_{T_5} &= 813 + 135 = 948 \text{ kg/cm}^2 \\
\sigma_6 &= 707 + 91 = 798 \text{ kg/cm}^2; & \sigma_{T_6} &= 1646 + 91 = 1737 \text{ kg/cm}^2 \\
\sigma_7 &= 374 + = 374 \text{ kg/cm}^2; & \sigma_{T_7} &= 894 = 894 \text{ kg/cm}^2
\end{aligned}
$$

Diagonalen im Untergurt

d	S	Profil	F	F_n	i	l	λ	ω	σ_d	σ_z	Anschluß		
											Art	σ_s	σ_l
—	kg	—	cm²		cm		—		kg/cm²		—	kg/cm²	
1	1443	$\llcorner 40 \cdot 40 \cdot 4$	3,08	1,04	0,78	53,1	68,1	1,389	651	1389	1 M 12	1280	3005
2	1465	$\llcorner 40 \cdot 40 \cdot 4$	3,08	1,04	0,78	63,4	81,3	1,571	748	1410	1 M 12	1298	3050
3	1115	$\llcorner 40 \cdot 40 \cdot 4$	3,08	1,04	0,78	70,9	91,0	1,728	626	1072	1 M 12	987	2320
4	958	$\llcorner 40 \cdot 40 \cdot 4$	3,08	1,04	0,78	84,3	108,1	2,07	644	922	1 M 12	850	2000
5	809	$\llcorner 40 \cdot 40 \cdot 4$	3,08	1,04	0,78	98,9	126,8	2,716	714	779	1 M 12	716	1688
6	681	$\llcorner 40 \cdot 40 \cdot 4$	3,08	1,04	0,78	114,4	146,5	3,629	803	656	1 M 12	603	1420
7	1090	$\llcorner 40 \cdot 40 \cdot 4$	3,08	1,04	0,78	99,9	128,1	2,77	981	1048	1 M 12	965	2270
8	1236	$\llcorner 40 \cdot 40 \cdot 4$	3,08	1,04	0,78	129,0	165,5	4,628	1856	1189	1 M 12	1092	2580
9	1110	$\llcorner 40 \cdot 50 \cdot 4$	3,46	1,44	0,84	149,3	175,7	5,216	1671	771	1 M 12	982	2315
10	944	$\llcorner 40 \cdot 50 \cdot 4$	3,46	1,44	0,84	162,6	191,3	6,185	1685	656	1 M 12	836	1968

2. Erdseilstütze

Belastungen

$$
\begin{aligned}
\text{Seil mit Eis} &\ldots\ldots\ldots\ldots\ldots\ldots &= 631 \text{ kg} \\
\text{Klemme} &\ldots\ldots\ldots\ldots\ldots\ldots &= 19 \text{ kg} \\
\text{Montagelast} &\ldots\ldots\ldots\ldots\ldots\ldots &= 200 \text{ kg} \\
\hline
& & \; 850 \text{ kg}
\end{aligned}
$$

$$\text{Gewicht der Stütze} \dots\dots\dots\dots\dots = 170 \text{ kg}$$
$$Z \dots\dots\dots\dots\dots\dots\dots\dots = 1750 \text{ kg}$$

Pfosten

$$M = 1750 \cdot 3{,}22 \dots\dots\dots\dots\dots = 5640 \text{ kgm}$$
$$G = 850 + 170 = 1020 \text{ kg}; \quad G/4 \dots\dots\dots = 255 \text{ kg}$$
$$S = \frac{5640}{2 \cdot 0{,}79} + 255 \dots\dots\dots\dots = 3825 \text{ kg}$$

$$\boxed{\llcorner\, 55 \cdot 55 \cdot 6}$$

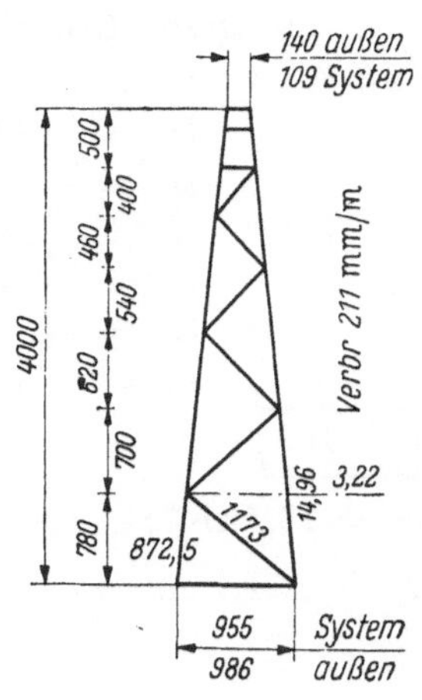

$F = 6{,}31 \text{ cm}^2; \quad i = 1{,}66 \text{ cm}; \quad l = 149{,}6 \text{ cm}; \quad \lambda = 90{,}2;$
$\omega = 1{,}714; \qquad \sigma = 1038 \text{ kg/cm}^2$

Anschluß: $4 \cdot$ M 12

$$\sigma_s = 846 \text{ kg/cm}^2; \quad \sigma_l = 1332 \text{ kg/cm}^2$$

Diagonalen

$$Q = 1750 \text{ kg}; \quad Q_d = 1750 - \frac{5640}{0{,}79} \cdot 0{,}21 = 250 \text{ kg}$$
$$D = \frac{250}{2} \cdot \frac{1{,}173}{0{,}873} = 168 \text{ kg}$$

$$\boxed{\llcorner\, 40 \cdot 40 \cdot 4}$$

Anschluß: $1 \cdot$ M 12

$$\sigma_s = 149 \text{ kg/cm}^2; \quad \sigma_l = 350 \text{ kg/cm}^2$$

Abb. 46

3. Mastschaft: Vollbeseilung

Horizontallasten: *Erdseilstütze*

$$\text{Wind auf Erdseil} \dots\dots\dots\dots\dots = 298 \text{ kg}$$
$$\text{Wind auf Klemme} \dots\dots\dots\dots\dots = \sim 12 \text{ kg}$$
$$310 \text{ kg}$$

Wind auf Erdseilstütze

$$W = (2 \cdot 0{,}055 \cdot 4{,}0 + 0{,}04 \cdot 4{,}97 + 0{,}2 \cdot 0{,}5)\, 182 \quad . = \sim 135 \text{ kg}$$

Traverse I

Wind auf Seile $= 2 \cdot 342 \dots . = 684$ kg
Wind auf Isolatoren $= 2 \cdot 30 . = 60$ kg
Wind auf Traverse $\dots . = \sim 66$ kg
810 kg

Traverse II

Wind auf Seile $= 4 \cdot 342 \dots = 1368$ kg
Wind auf Isolatoren $= 4 \cdot 30 . = 120$ kg
Wind auf Traverse $\dots . = 102$ kg
1590 kg

Einseitige Beseilung

Horizontallasten: *Erdseilstütze*

Wind auf Erdseil $\dots . = 298$ kg
Wind auf Klemme $\dots . = 12$ kg
310 kg

Wind auf Erdseilstütze $\dots . = 135$ kg

Traverse I

Wind auf Seile $\dots\dots = 342$ kg
Wind auf Isolatoren $\dots . = 30$ kg
Wind auf Traverse $\dots . = \sim 68$ kg
440 kg

Traverse II

$$\text{Wind auf Seile} = 2 \cdot 342 \dots\dots\dots = 684 \text{ kg}$$
$$\text{Wind auf Isolatoren} = 2 \cdot 30 \dots\dots\dots = 60 \text{ kg}$$
$$\text{Wind auf Traverse} \dots\dots\dots\dots = \sim 106 \text{ kg}$$
$$850 \text{ kg}$$

Angriffspunkt bei Vollbeseilung ab Oberkante·Erdseilstütze

$$h = (310 \cdot 0 + 135 \cdot 2 + 810 \cdot 5{,}25 + 1590 \cdot 10)\frac{1}{2845} = \sim 7{,}18 \text{ m}$$

Angriffspunkt bei einseitiger Beseilung ab Oberkante Erdseilstütze

$$h = (310 \cdot 0 + 135 \cdot 2 + 440 \cdot 5{,}25 + 850 \cdot 10)\frac{1}{1735} = \sim 6{,}39 \text{ m}$$

Senkrechte Lasten aus Kopfausrüstung

	Vollbeseilung		Einseitige Beseilung	
	ohne	mit	ohne	mit
		Eis		Eis
	kg	kg	kg	kg
Erdseil	318	631	318	631
Klemme	12	12	12	12
Stütze	170	170	170	170
	500	813	500	813
Leiterseile	776	1448	388	724
Isolatoren	260	300	130	150
Traverse I	384	384	384	384
	1420	2132	902	1258
Leiterseile	1552	2896	776	1448
Isolatoren	520	600	260	300
Traverse II	588	588	588	588
	2660	4084	1624	2336
Σ_G	4580	7029	3026	4407

Momente aus einseitiger Beseilung

1. Ohne Eis

$$\text{Traverse I} = (388 + 130) \cdot 5{,}25 \quad \ldots \ldots \ldots = 2720 \text{ kgm}$$
$$\text{Traverse II} = (388 + 130) \cdot (3{,}5 + 7{,}0) \quad \ldots \ldots = 5440 \text{ kgm}$$
$$\Sigma M_k = 8160 \text{ kgm}$$

2. Mit Eis

$$\text{Traverse I} = (724 + 150) \cdot 5{,}25 \quad \ldots \ldots \ldots = 4589 \text{ kgm}$$
$$\text{Traverse II} = (724 + 150) \cdot (3{,}5 + 7{,}0) \quad \ldots \ldots = 9177 \text{ kgm}$$
$$\Sigma M_k = 13766 \text{ kgm}$$

Diagonalkräfte bei einseitiger Beseilung

1. Ohne Eis

$M_{k_1} = 2720 \text{ kgm}$ $M_{k_2} = 5440 \text{ kgm}$

$h = 1{,}20$ m $H = 2267$ kg $h = 1{,}60$ m $H = 3400$ kg

$b = 0{,}997$ m $2\,\text{tg} = 0{,}055$ $b = 1{,}248$ m $2\,\text{tg} = 0{,}055$

$$Q_d = 2267 - \frac{2267 \cdot 0{,}52}{0{,}997} \cdot 0{,}055 = 2202 \text{ kg} \qquad Q_d = 3400 - \frac{3400 \cdot 0{,}78}{1{,}248} \cdot 0{,}055 = 3283 \text{ kg}$$

$\dfrac{1}{\cos} = 1{,}178$ $D = 1296$ kg $\dfrac{1}{\cos} = 1{,}191$ $D = 1955$ kg

2. Mit Eis

$M_{k_1} = 4589 \text{ kgm}$ $M_{k_2} = 9177 \text{ kgm}$

$h = 1{,}20$ m $H = 3825$ kg $h = 1{,}60$ m $H = 5735$ kg

$b = 0{,}997$ m $2\,\text{tg} = 0{,}055$ $b = 1{,}248$ m $2\,\text{tg} = 0{,}055$

$$Q_d = 3825 - \frac{3825 \cdot 0{,}52}{0{,}997} \cdot 0{,}055 = 3715 \text{ kg} \qquad Q_d = 5735 - \frac{5735 \cdot 0{,}78}{1{,}248} \cdot 0{,}055 = 5538 \text{ kg}$$

$\dfrac{1}{\cos} = 1{,}178$ $D = 2188$ kg $\dfrac{1}{\cos} = 1{,}191$ $D = 3297$ kg

Windflächen: Wind auf Mastschaft

Schuß	Punkt	Schußlänge	Pfosten	Diagonalen und Horizontalen	Bleche	ΣF	$W = 182 \cdot F$	W
—	—	m	m²	m²	m²	m²	kg	kg/m
1	7	8,60	$0{,}13 \cdot 8{,}6 = 1{,}118$	$0{,}05 \cdot 10{,}8 + 0{,}06 \cdot 4{,}53 + 0{,}055 \cdot 4{,}92 = 1{,}082$	—	2,200	~ 400	$\sim 46{,}5$
2	8	7,36	$0{,}16 \cdot 7{,}36 = 1{,}177$	$0{,}055 \cdot 15{,}27 = 0{,}840$	—	2,017	~ 370	$\sim 50{,}3$
3	9	8,26	$0{,}18 \cdot 8{,}26 = 1{,}487$	$0{,}06 \cdot 19{,}0 = 1{,}140$	—	2,627	~ 480	$\sim 58{,}2$
4	10	1,28	$0{,}20 \cdot 1{,}28 = 0{,}256$	$0{,}06 \cdot 2{,}64 = 0{,}158$	—	0,414	~ 80	$\sim 62{,}5$
			4,038	3,220	—	7,258	1330	

Mastgewichte

Schuß	Punkt	Schußlänge	Pfosten	Diagonalen und Horizontalen	Bleche	Niete und Schrauben	ΣG	g
—	—	m	kg	kg	kg	kg	kg	kg/m
1	7	8,60	235	420	70	25	750	—
2	8	7,36	304	310	—	26	640	—
3	9	8,26	512	428	—	30	970	—
4	10	2,36	169	121	—	10	300	126
4	11	1,52	92	63	—	5	160	—
		28,10	1312	1342	70	96	2820	—

Momente aus Traversenkräften

Punkt	x m	Vollbeseilung — Momente in kgm	Einseitige Beseilung — Momente in kgm
2	4,62	$310 \cdot 4{,}62 + 135 \cdot 2{,}62 = 1\,786$	$310 \cdot 4{,}62 + 135 \cdot 2{,}62 = 1\,786 + 2\,720 = 4\,506$
3	5,25	$310 \cdot 5{,}25 + 135 \cdot 3{,}25 = 2\,067$	$310 \cdot 5{,}25 + 135 \cdot 3{,}25 = 2\,067 + 2\,720 = 4\,787$
4	7,62	$310 \cdot 7{,}62 + 135 \cdot 5{,}62 + 810 \cdot 2{,}37 = 5\,042$	$310 \cdot 7{,}62 + 135 \cdot 5{,}62 + 440 \cdot 2{,}37 = 4\,164 + 2\,720 = 6\,884$
5	9,18	$310 \cdot 9{,}18 + 135 \cdot 7{,}18 + 810 \cdot 3{,}93 = 6\,999$	$310 \cdot 9{,}18 + 135 \cdot 7{,}18 + 440 \cdot 3{,}93 = 5\,544 + 8\,160 = 13\,704$
6	10,0	$2845\,(10{,}0 - 7{,}18) = 8\,030$	$1735\,(10{,}0 - 6{,}39) = 6\,265 + 8\,160 = 14\,425$
7	12,6	$2845\,(12{,}6 - 7{,}18) = 15\,420$	$1735\,(12{,}6 - 6{,}39) = 10\,760 + 8\,160 = 18\,920$
8	19,96	$2845\,(19{,}96 - 7{,}18) = 36\,370$	$1735\,(19{,}96 - 6{,}39) = 23\,550 + 8\,160 = 31\,710$
9	28,22	$2845\,(28{,}22 - 7{,}18) = 59\,950$	$1735\,(28{,}22 - 6{,}39) = 37\,900 + 8\,160 = 46\,060$
10	30,58	$2845\,(30{,}58 - 7{,}18) = 66\,600$	$1735\,(30{,}58 - 6{,}39) = 42\,000 + 8\,160 = 50\,160$
11	32,10	$2845\,(32{,}10 - 7{,}18) = 71\,000$	$1735\,(32{,}10 - 6{,}39) = 44\,650 + 8\,160 = 52\,810$

Momente aus Wind auf den Mast

Punkt	x m	Momente in kgm
2	4,62	$46{,}5 \cdot \dfrac{0{,}62^2}{2} = 9$
3	5,25	$46{,}5 \cdot \dfrac{1{,}25^2}{2} = 36$
4	7,62	$46{,}5 \cdot \dfrac{3{,}62^2}{2} = 305$
5	9,18	$46{,}5 \cdot \dfrac{5{,}18^2}{2} = 624$
6	10,0	$46{,}5 \cdot \dfrac{6{,}0^2}{2} = 838$
7	12,6	$400 \cdot 4{,}30 = 1\,720$
8	19,96	$400 \cdot 11{,}66 + 370 \cdot 3{,}68 = 6\,025$
9	28,22	$400 \cdot 19{,}92 + 370 \cdot 11{,}94 + 480 \cdot 4{,}13 = 14\,370$
10	30,58	$400 \cdot 22{,}28 + 370 \cdot 14{,}30 + 480 \cdot 6{,}49 + 80 \cdot 1{,}72 = 17\,460$
11	32,10	$400 \cdot 23{,}80 + 370 \cdot 15{,}82 + 480 \cdot 8{,}01 + 80 \cdot 3{,}24 = 19\,480$

Pfosten: Stabkräfte

Punkt	x m	M_1	M_2	M_n	ΣM_1	ΣM_2	b m	S_1	S_2	G_{T_1}	G_{T_2}	G_M	ΣG_1	ΣG_2	$G/4$	$G/4$
			kgm				m		kg				kg			
7	12,6	15420	18920	1720	17140	20640	1,436	5930	7190	4580	3026	750	5330	3776	1332	944
8	19,96	36370	31710	6025	42395	37735	1,849	11450	10200	4580	3026	1390	5970	4416	1492	1104
9	28,22	59950	46060	14370	74320	60430	2,317	16040	13040	4580	3026	2360	6940	5386	1735	1347
10	30,58	66600	50160	17460	84060	67620	2,463	17080	13730	4580	3026	2660	7240	5686	1810	1422
11	32,10	71000	52810	19480	90480	72290	2,547	17770	14200	4580	3026	2820	7400	5846	1850	1462

Pfosten: Stabkräfte und Profile

Punkt	S_{d_1}	S_{z_1}'	S_{d_2}	S_{z_2}	Profil	F	F_n	i	l	λ	ω	σ_d	σ_z	Anschluß Art	σ_s	σ_l
		kg			—	cm²		cm		—		kg/cm²		—	kg/cm²	
7	7262	4598	8134	6246	L 65·65·7	8,7	6,32	1,96	176	90,0	1,710	1597	990	5·M 16	810	1451
8	12942	9958	11304	9096	L 80·80·8	12,3	8,94	2,42	192	79,4	1,541	1620	1013	5·M 20	825	1616
9	17775	14305	14387	11693	L 90·90·11	18,7	14,08	2,72	230	84,6	1,624	1544	1016	6·M 20	942	1346
10	18890	15270	15152	12308	L 100·100·10	19,2	15,0	3,04	246	81,0	1,566	1540	1017	—	—	—
11	19620	15920	15662	12738										7·M 20	892	1402

Torsionsmomente: Traverse I: $1035 \cdot 5{,}25 = 5434$ kgm, Traverse II: $1035 \cdot 7{,}00 = 7245$ kgm

·Diagonalen

Punkt	2	3	4	5	6	7	8	9	10	—
b	0,997	1,032	1,162	1,248	1,293	1,436	1,849	2,317	2,463	m
$2\,\mathrm{tg}$	0,055	0,055	0,055	0,055	0,055	0,055	0,055	0,055	0,055	—
$\dfrac{1}{\cos}$	1,178	1,263	1,198	1,191	1,195	1,168	1,122	1,118	1,123	—

Vollbeseilung

	2	3	4	5	6	7	8	9	10	
Q	474	1313	1423	1496	3124	3245	3615	4095	4175	kg
M	1795	2103	5347	7623	8868	17140	42395	74320	84060	kgm
$\dfrac{M}{b}\cdot 2\,\mathrm{tg}$	99	112	253	336	377	656	1260	1763	1878	kg
D_d	375	1201	1170	1160	2747	2589	2355	2332	2297	kg
Q	221	760	701	692	1641	1512	1322	1305	1291	kg

Einseitige Beseilung

Punkt	2	3	4	5	6	7	8	9	10	—
Q	474	943	1053	1126	2014	2135	2505	2985	3065	kg
M	1795	2103	4469	6168	7103	12480	29575	52270	59460	kgm
$\dfrac{M}{b}\cdot 2\,\mathrm{tg}$	99	112	211	272	302	478	881	1240	1327	kg
Q_d	375	831	842	854	1712	1657	1624	1745	1738	kg
D	221	525	505	509	1022	968	910	976	976	kg
D (S. 57)	1296			1955						kg
ΣD	1517			2464						kg
$D\,H_{\max}$	2188			3297						kg

Torsion

	2	3	4	5	6	7	8	9	10	
Q_T	—	1035	1035	1035	1035	1035	1035	1035	1035	kg
M_{T1}	—	—	2453	4073	—	2692	10310	18870	21310	kgm
$\dfrac{M}{b}\cdot 2\,\mathrm{tg}$	—	—	116	180	—	103	307	448	516	kg
$Q_T/2$	—	518	460	428	518	466	364	294	260	kg
Q_{T2}	—	2620	2337	2178	2800	2522	1958	1563	1469	kg

Torsion (Fortsetzung)

Punkt	2	3	4	5	6	7	8	9	10	—
ΣQ_x	—	3138	2797	2606	3318	2988	2322	1857	1729	kg
D_T	—	3970	3353	3105	3967	3493	2608	2078	1944	kg
D_k	—			1955						kg
$D_T + D_k$				5060						kg

Diagonalen

Punkt	2	3	4	5	6	7	8	9	10	—
Querschnitt	L $40 \cdot 50 \cdot 5$	L $50 \cdot 50 \cdot 6$	L $50 \cdot 50 \cdot 6$	L $55 \cdot 55 \cdot 6$	L $55 \cdot 55 \cdot 6$	L $55 \cdot 55 \cdot 6$	L $55 \cdot 55 \cdot 6$	L $69 \cdot 60 \cdot 6$	L $60 \cdot 60 \cdot 6$	—
F	4,27	5,69	5,69	6,31	6,31	6,31	6,31	6,91	6,91	cm²
F_n	1,65	1,98	1,98	2,28	2,28	2,28	2,28	2,58	2,58	cm²
i	0,84	0,96	0,96	1,07	1,07	1,07	1,07	1,17	1,17	cm
$0,9 l$	107,5	119,7	127,6	136,2	141,6	153,5	190,2	237,3	252,7	cm
λ	128	124,8	133	127,3	132,5	143,5	178,0	203,0	216,1	—
ω	2,766	2,632	2,988	2,737	2,965	3,482	5,352	6,96	7,889	—
σ_d	982	351	368	1068	772	836	1122	1315	1473	kg/cm²
σ_z	920	384	355	1081	720	663	580	506	500	kg/cm²
σ_{dr}	1417	1835	1760	2195	1863	1928	2210	2090	2215	kg/cm²
σ_{zT}	1327	2008	1696	2220	1742	1530	1145	806	753	kg/cm²
Anschluß	1 Niet 17	1 Niet 17	1 Niet 17	1 Niet 17	1 Niet 17	1 Niet 17 2 M 16	1 M 16	1 M 16	1 M 16	—
σ_s	668	335	309	1086	723	377	658	649	642	kg/cm²
σ_l	1783	746	688	3240	1610	788	1376	1358	1343	kg/cm²
σ_{sT}	964	1750	1478	2230	1748	870	1296	1035	968	kg/cm²
σ_{lT}	2575	3900	3292	4900	3890	2058	2717	2162	2023	kg/cm²

III. Schwellen-Fundierung in Punkt 11

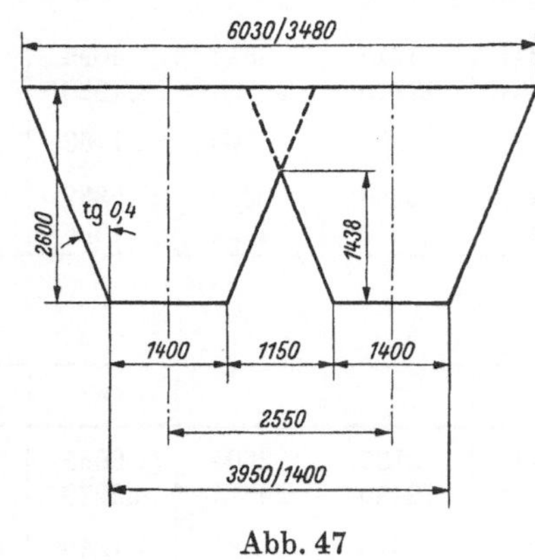

Abb. 47

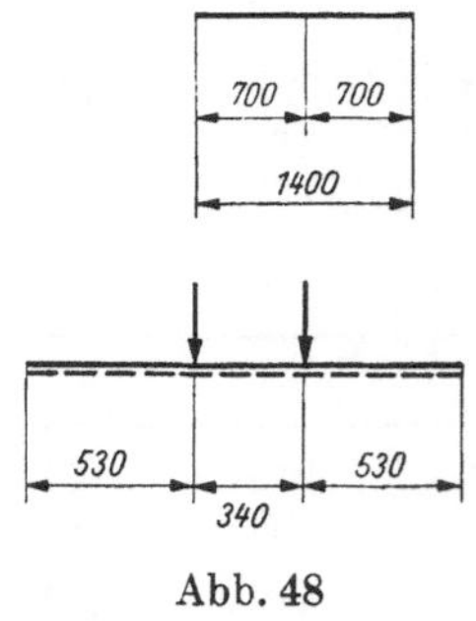

Abb. 48

Gewichte

Mast mit Kopfausrüstung (Punkt 11, S. 59) . . . . $=$ 7400 kg
Mastfuß . . . . $=$ 600 kg
Schwellen . . . . $=$ 600 kg

$$\Sigma G = 8600 \text{ kg}$$
$$G/4 = 2150 \text{ kg}$$

$$S_d = 17770 + 2150 = 19920 \text{ kg}; \quad S_z = 17770 - 2150 = 15620 \text{ kg}$$

Bodenpressung: 4 Schwellen $16 \cdot 26 \cdot 140$ cm

$$F = 4 \cdot 26 \cdot 140 = 14560 \text{ cm}^2; \quad \sigma = \frac{19920}{14560} = 1,367 \text{ kg/cm}^2$$

Auflast

$$G = \frac{2,6}{3}\,(20,984 + 5,530$$
$$+\, 10,772)\,1600 \qquad = 51700 \text{ kg}$$
$$-\,\frac{1,438 \cdot 1,15}{6}\,(2,8$$
$$+\, 2,550)\,1600 \qquad = \underline{2360 \text{ kg}}$$
$$ 49\,340 \text{ kg}$$

Standsicherheit

$$n = \frac{49\,340}{2 \cdot 15\,620} = 1{,}570\text{fach}$$

Schwellenschrauben $16 \cdot M\,16$

$$F_n = 1{,}41 \text{ cm}^2;$$
$$\sigma = \frac{15\,620}{16 \cdot 1{,}41} = 693 \text{ kg/cm}^2$$

Fuß-$\llcorner$-Eisen

$$D = 19\,920 \text{ kg}$$
$$M = \frac{19\,920}{2 \cdot 140} \cdot \frac{70^2}{2} = 174\,300 \text{ kgcm}$$

$$\boxed{\llcorner 18}$$

$$W_{xn} = 118{,}6 \text{ cm}^3;$$
$$\sigma = 1470 \text{ kg/cm}^2$$

Schwellen $4 \cdot 16 \cdot 26 \cdot 140$ cm

$$W_x = 1109 \text{ cm}^3 \quad M = \frac{19\,920}{4 \cdot 140} \cdot \frac{53^2}{2}$$
$$= 50\,000 \text{ kgcm}$$
$$\sigma = 45{,}1 \text{ kg/cm}^2$$

B. Mast mit Einzelfundamenten

Der Mast mit Einzelfundamenten unterscheidet sich nur von Schuß 3 an abwärts vom Mast mit Schwellengründung. Der folgende Nachweis der Kräfte und Beanspruchungen ist daher nur für diesen Mastunterteil durchgeführt.

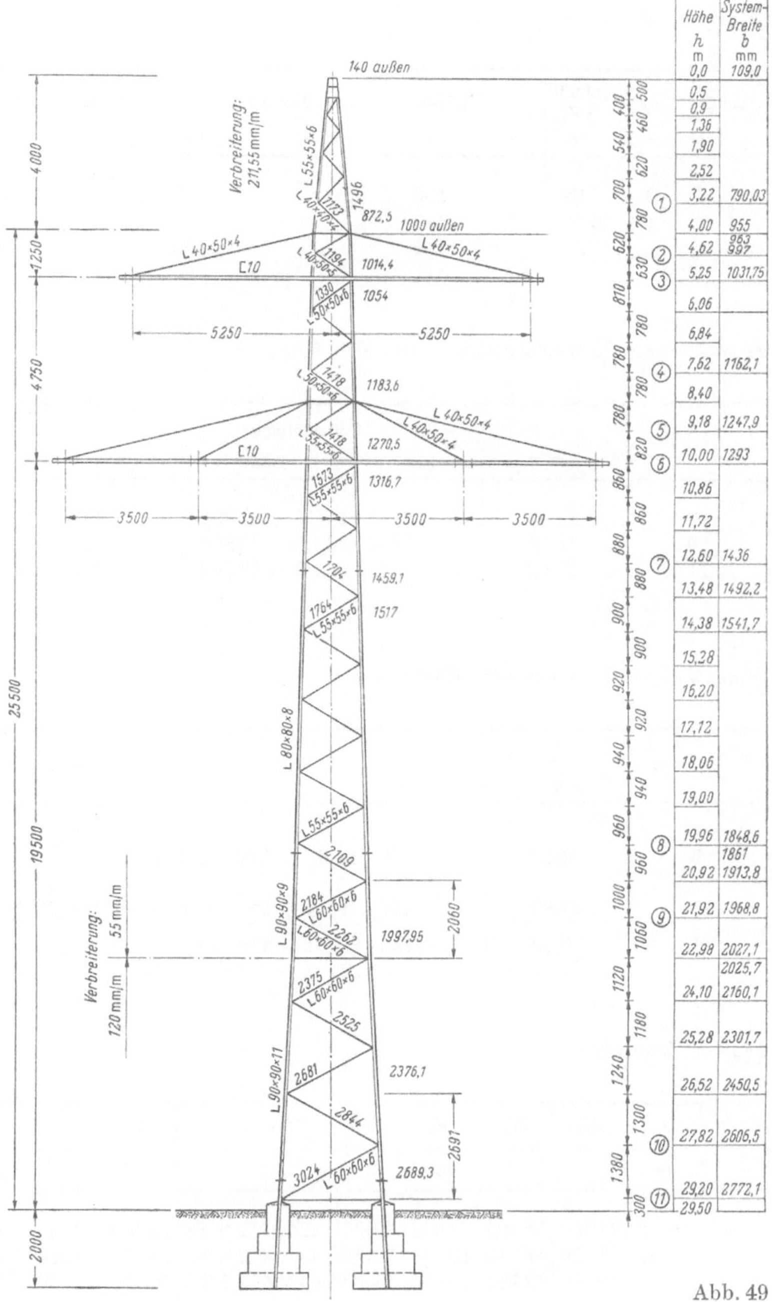

Abb. 49

I. Belastungsannahmen

siehe vorhergehende Berechnung

II. Berechnung und Bemessung für Schuß 3 und 4

Windflächen : Wind auf Mastschaft

Schuß	Punkt	Schuß-länge	Pfosten	Diagonalen und Horizontalen	Bleche	ΣF	$W = 182\,F$	W
—	—	m	m²	m²	m²	m²	kg	kg/m
3	9	3,02	$0,18 \cdot 3,02 = 0,544$	$0,06 \cdot 6,56 = 0,394$	—	0,938	~ 180	~ 59,7
4	11	6,22	$0,18 \cdot 6,22 = 1,120$	$0,06 \cdot 13,46 = 0,808$	—	1,928	~ 360	~ 57,9
1 — 4			3,959	3,124		7,083	1310	

Mastgewichte

Schuß	Punkt	Schuß-länge	Pfosten	Diagonalen und Horizontalen	Bleche	Niete und Schrb.	ΣG	g
—	—	m	kg	kg	kg	kg	kg	kg/m
3	9	3,02	180	160	—	10	350	—
4	11	6,22	440	510	—	10	960	—
1 — 4			1159	1400	70	71	2700	—

Momente aus Traversenkräften   (s. Abb. 50)

Punkt	x	Vollbeseilung Momente in kgm	Einseitige Beseilung Momente in kgm
	m		
9	21,92	$2845 \cdot 14,74 = 41\,950$	$1735\,(21,92 - 6,39) = 26\,945 + 8160 = 35\,105$
10	27,82	$2845 \cdot 20,64 = 58\,800$	$1735\,(27,82 - 6,39) = 37\,180 + 8160 = 45\,340$
11	29,20	$2845 \cdot 22,02 = 62\,700$	$1735\,(29,20 - 6,39) = 39\,575 + 8160 = 47\,735$

Momente aus Wind auf den Mast

Punkt	x	Momente in kgm
	m	
9	21,92	$400 \cdot 13,62 + 370 \cdot 5,64 + 59,7\,\dfrac{1,96^2}{2} \qquad\qquad = 7648$
10	27,82	$400 \cdot 19,52 + 370 \cdot 11,54 + 180 \cdot 6,35 + 57,9\,\dfrac{4,84^2}{2} = 13\,898$
11	29,20	$400 \cdot 20,90 + 370 \cdot 12,92 + 180 \cdot 7,73 + 360 \cdot 3,11 = 15\,650$

Pfosten: Stabkräfte

Punkt	x	M_1	M_2	M_w	ΣM_1	ΣM_2	b	S_1	S_2	G_{T_1}	G_{T_2}	G_M	ΣG_1	ΣG_2	$G/4$	$G/4$
—	m			kgm			m		kg					kg		
9	21,92	41\,950	35\,105	7648	49\,598	42\,753	1,9688	12\,600	10\,860	4580	3026	1740	6320	4766	1580	1192
10	27,82	58\,800	45\,340	13\,898	72\,698	59\,238	2,6065	13\,930	11\,360	4580	3026	2700	7280	5726	1820	1432
11	29,20	62\,700	47\,735	15\,650	78\,350	63\,385	2,7721	14\,110	11\,430	4580	3026	2700	7280	5726	1820	1432

Pfosten: Stabkräfte und Profile

Punkt	S_{d_1}	S_{z_1}	S_{d_2}	S_{z_2}	Profil	F	F_n	i	l	λ	ω	σ_d	σ_z	Anschluß Art	σ_s	σ_l
—			kg		—	cm²		cm		—		kg/cm²		—	kg/cm²	
9	14\,180	11\,020	12\,052	9668	$\llcorner 90 \cdot 90 \cdot 9$	15,5	11,72	2,74	206	75,3	1,484	1355	940	6 M 20	753	1313
10	15\,750	12\,110	12\,792	9928	$\llcorner 90 \cdot 90 \cdot 11$	18,7	14,08	2,72	269,1	99,0	1,881	1586	862	6 M 20	837	1192
11	15\,930	12\,290	12\,862	9998	—	—	—	—	—	—	—	—	—	—	—	—

Torsionsmomente: Traverse I: $1035 \cdot 5,25 = 5434$ kgm, Traverse II: $1035 \cdot 7,00 = 7245$ kgm

Erdseilklemme
L 55×55×6
1000
L 50×40×5
L 50×40×5... 2M16
[10
2M20
L 60×60×8
4 M12
2 M16
L 60×40×6
5 250
5 250
L 65×65×7
L 50×50×5
L 50×40×5... 2M16
L 50×40×5
1M16
[10
2M20
L 90×60×8
L 60×60×8
4 M12
2 M16
L 60×40×6
L 60×40×6
3500
3500
3500
3500
Schachtelstoß
6 M16
L 80×80×8
Breitenzunahme 55 mm/m
Schachtelstoß
6 M20
L 90×90×11
Warnungstafel
Schachtelstoß
7 M20
Erdungslöcher 10 ϕ
2450
L 100×100×10
L 70×70×7
L 70×70×7
1 M16
L 70×70×7
1 M16

300
L 40×40×4
1 M12
L 55×55×6... 1ϕ17
L 50×40×4
1 M12
L 40×40×4
1ϕ13
L 50×40×4
1 M12
L 55×55×6... 1ϕ17
L 40×40×4
1 M12
300
Aufhängebügel

L 40×40×4... 1ϕ13
L 50×40×5
1ϕ17
L 50×50×6... 1ϕ17
1ϕ17
L 55×55×6
L 55×55×6
2M16
L 55×55×6... 1ϕ17
L 55×55×6
1M16
L 60×60×6... 1ϕ17
L 60×60×6... 1M16
L 60×60×6... 1M16

L 50×50×5 1M16
L 70×70×7
1 M16
Schachtelstoß
6 M20
L 90×90×9
Stumpfer Stoß
6 M20
außen: ⌐ 90×10 mm/m
2082
L 90×90×11
Warnungstafel
Stumpfer Stoß
6 M20
außen: ⌐ 90×10
2864
L 70×70×7...1 M16
Erdung
L 90×90×11

Breitenzunahme 120 mm/m
L 55×55×6... 1 M16
L 60×60×6... 1ϕ17
L 60×60×6...1 M16

L 50×50×5
1 M16
L 70×70×7...1 M16

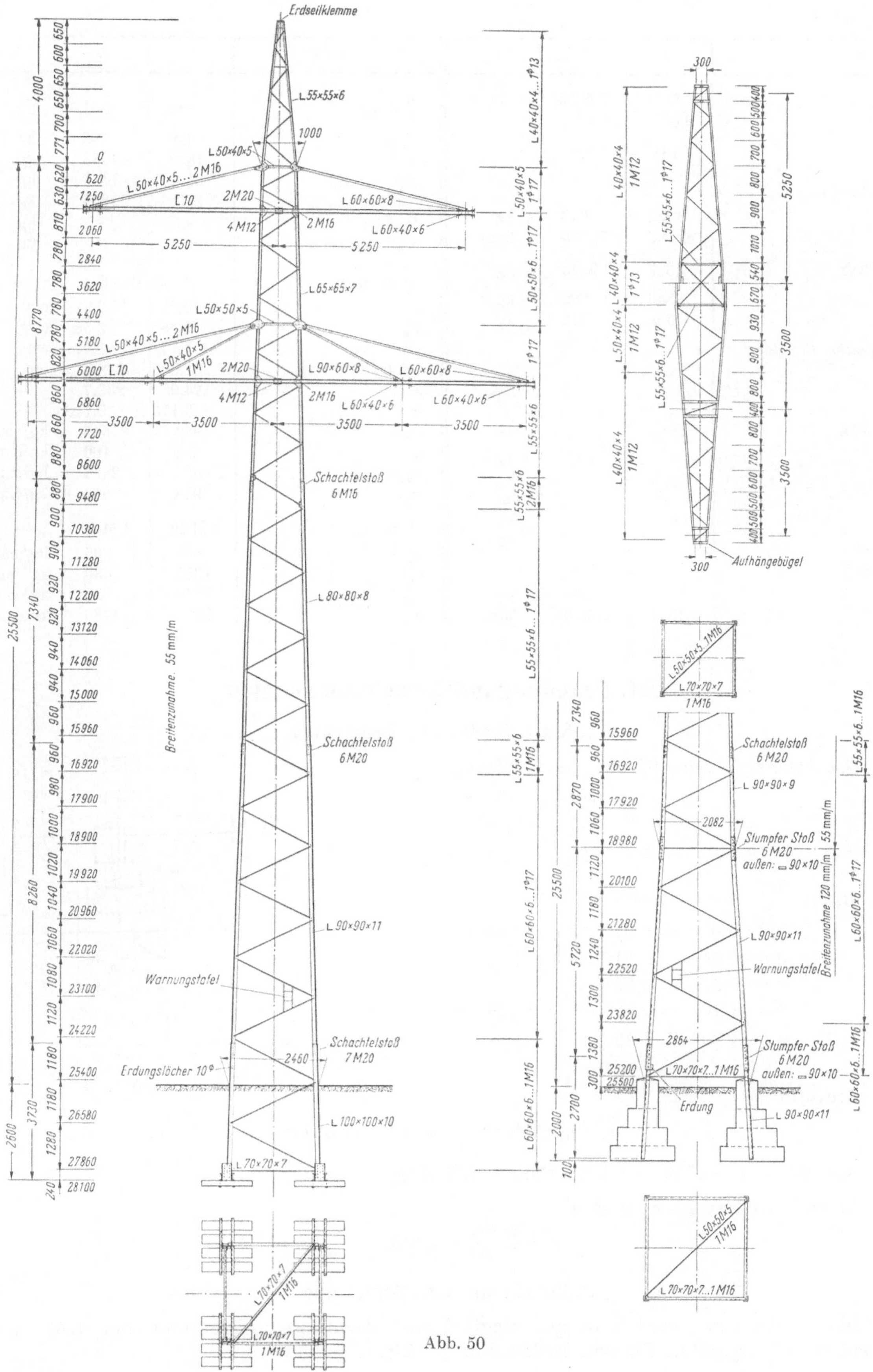

Abb. 50

Diagonalen

Punkt	9	10	—	Punkt	9	10	—
b	1,9688	2,6065	m	$\dfrac{M}{b}\cdot 2\,\mathrm{tg}$	344	851	kg
$2\,\mathrm{tg}$	0,055	0,12	—	$Q_{T/2}$	346	92	kg
$\dfrac{1}{\cos}$	1,131	1,128	—	Q_T	1838	1388	kg
Vollbeseilung				ΣQ_T	2184	1480	kg
Q	3732	4075	kg	D_T	2470	1665	kg
M	49598	72698	kgm	D_M	—	—	kg
$\dfrac{M}{b}\cdot 2\,\mathrm{tg}$	1383	3343	kg	$D_T + D_M$	—	—	kg
Q_d	2349	732	kg	*Querschnitt*	$\llcorner 60\cdot 60\cdot 6$		—
D	1328	412	kg	F	6,91	6,91	cm²
Einseitige Beseilung				F_n	2,58	2,58	cm²
Q	—	—	kg	i	1,17	1,17	cm
M	—	—	kgm	$0,9\,l$	203,6	272,3	cm
$\dfrac{M}{b}\cdot 2\,\mathrm{tg}$	—	—	kg	λ	174,0	232,7	—
Q_d	—	—	kg	ω	5,116	9,146	—
D	—	—	kg	σ_d	982	545	kg/cm²
D_M	—	—	kg	σ_z	516	160	kg/cm²
ΣD	—	—	kg	σ_{dT}	1826	2204	kg/cm²
$D_{H\,\max}$	—	—	kg	σ_{zT}	958	646	kg/cm²
Torsion				*Anschluß*	1 M 16	1 M 16	—
Q_T	1035	1035	kg	σ_s	661	205	kg/cm²
M_T	12337	21310	kgm	σ_l	1385	430	kg/cm²
				σ_{ST}	1229	828	kg/cm²
				σ_{IT}	2577	1735	kg/cm²

III. Gründung mit Einzelfundamenten

1. Stufenfundament, Bemessung

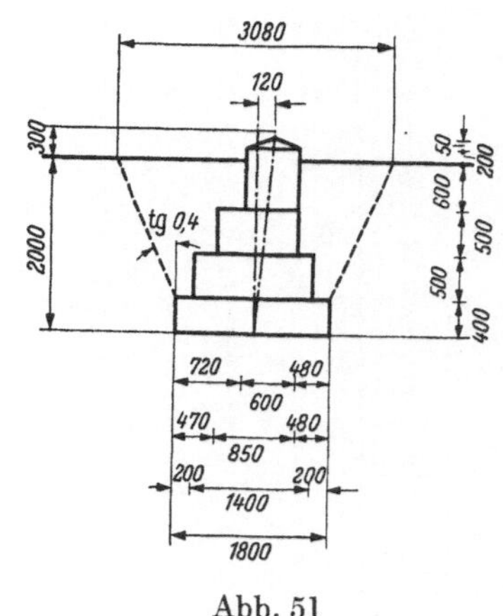

Abb. 51

Gewicht des Mastes (S. 62) $G = $ 7280 kg;

$$G/4 = 1820 \text{ kg}$$
$$S_d = 15930 \text{ kg};$$
$$S_z = 12290 \text{ kg}$$

Beton
$$\frac{0,05}{3}\cdot 0,6^2 = 0,006 \text{ m}^3$$
$$0,2\cdot 0,6^2 = \underline{0,072 \text{ m}^3} = 0,078 \text{ m}^3$$
$$0,6\cdot 0,6^2 = \underline{0,216 \text{ m}^3}$$
$$0,5\cdot 0,85^2 = 0,361 \text{ m}^3$$
$$0,5\cdot 1,40^2 = \underline{0,980 \text{ m}^3} = 1,557 \text{ m}^3$$
$$0,4\cdot 1,80^2 = \underline{1,296 \text{ m}^3}$$
$$\underline{2,931 \text{ m}^3}$$

Erdvolumen

$$\frac{1,6}{3}\,(9,486 + 3,24 + 5,544) - 1,557 = 8,187 \text{ m}^3$$

Gewicht $2,931\cdot 2000 + 8,187\cdot 1600 = 18960$ kg

Sicherheit gegen Herausziehen

$$n = \frac{18960}{12290} = 1,543$$

2. Bohrfundament, Bemessung

Bohrfundamente werden in gut tragfähigem, standfestem Baugrund mit Hilfe von besonderen Bohrgeräten für den Erdaushub erstellt.

Baustoffe

Beton B 225 (Rüttelbeton)

Längsbewehrung: Querrippenstahl IIa $\sigma_{zul} = 2000$ kg/cm²
Querbewehrung: Stahl I $\sigma_{zul} = 1400$ kg/cm²

Lastannahmen

Eckstielzug- und Druckkräfte wie unter 1.
Schubkraft, in Höhe der Erdoberfläche angreifend angenommen $= 1040$ kg

a) *Nachweis der Standsicherheit*

Betoninhalt V_B und -gewicht G_B

$\gamma_B = 2400$ kg/m³; $V_B = 1,7$ m³; $G_B = 4070$ kg

Erdauflast

$$\gamma_E = 1600 \text{ kg/m}^3$$

α) Für *Zugbeanspruchung* wird eine Erdauflast mit dem Erdauflastwinkel $\beta \cong 22°$ (tg $\beta = 0,4$)
in Rechnung gestellt.

$$G_{E_Z} = 14\,600 \text{ kg}$$

Für die Überschneidung der Erdauflastkegel
auf der Zugseite des Mastes wurde dabei ein
entsprechendes Gewicht abgezogen.

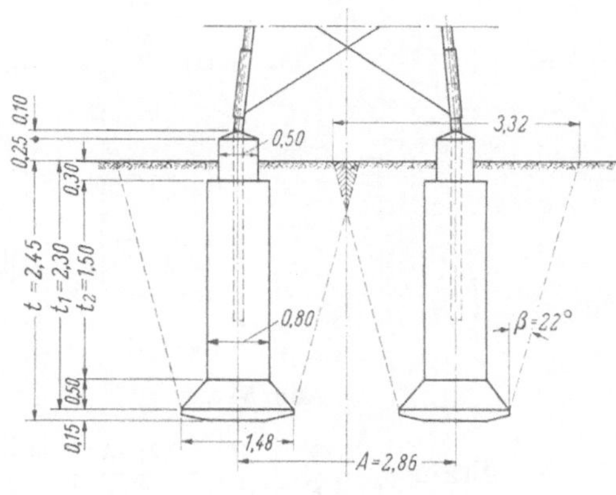

Abb. 52

Verhältnis

$$\frac{G_B + G_{E_Z}}{S_z} = \frac{18\,670 \text{ kg}}{12\,290 \text{ kg}} = 1,52 > 1,5$$

β) Zur Ermittlung der Druckbeanspruchung des Baugrundes wird das senkrecht über
der Sohle liegende Erdreich mit berücksichtigt.

$$G_{E_D} = 4050 \text{ kg}; \qquad S_D + G_B + G_{E_D} = 24\,050 \text{ kg}$$

Bodenpressung

$$p_d = \frac{24\,050 \cdot 4}{1,48^2 \cdot \pi} = 1,4 \text{ kg/cm}^2 < p_{d\,zul}$$

b) *Nachweis der Fundamentfestigkeit*

Außer der Zug- und Druckbeanspruchung ist die Biegebelastung infolge der Schubkraft H zu berücksichtigen. Diese wird bei Annahme einer parabolischen Erddruckverteilung
längs der Fundamentseitenwand, die mit einer gleichbleibenden Breite entsprechend dem
Schaftdurchmesser d in Rechnung gestellt wird, so errechnet: aus den Bedingungen $\Sigma H = 0$ und
$\Sigma M = 0$ ergibt sich:

$$E_1 = 1,6H \quad \text{und} \quad E_2 = 0,6H \quad [\text{kg}]$$

Das maximale Moment hat von der Erdoberfläche den Abstand

$$x = 0,39 \text{ t} \quad [\text{m}]$$

und beträgt

$$M_{\max} = 0,239 H \text{ t} = 0,239 \cdot 1040 \cdot 2,45 = 609 \text{ kgm}$$

Als Längsbewehrung wird gewählt: 11 $\varnothing$ 10 mm mit
$F_e = 8,635$ cm². (s. Abb. 54a)

$$F_i = \frac{D^2 \cdot 3,14}{4} + 15\,F_e = \frac{80^2 \cdot 3,14}{4} + 15 \cdot 8,635 = 5156 \text{ cm}^2$$

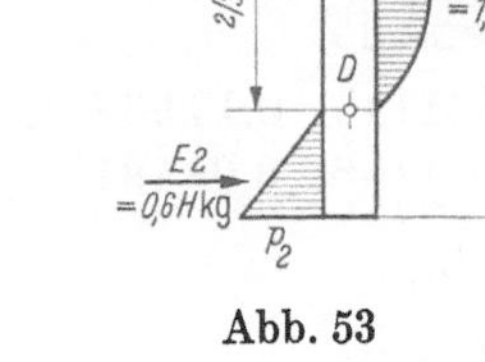

Abb. 53

$$J_i = \frac{D^4 \cdot 3,14}{64} + \frac{15 \cdot F_e \, r_m^2}{2} = \frac{80^4 \cdot 3,14}{64} + \frac{15 \cdot 8,635 \cdot 33,7^2}{2} = 2\,083\,150 \text{ cm}^4$$

$$J_e = \frac{F_o \, r_m^2}{2} = \frac{8,635 \cdot 33,7^2}{2} = 4903 \text{ cm}^4$$

$$W_e = \frac{J_e}{r_m} = 145 \text{ cm}^3$$

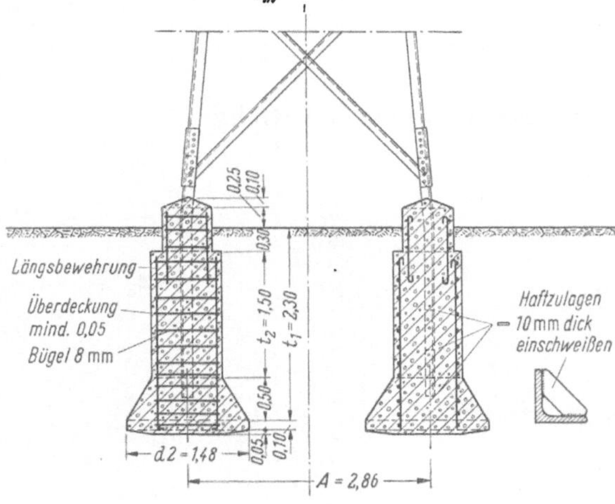

Abb. 54 a

c) *Nachweis der Druck- und Biegebeanspruchung*

$$\text{Beton: } \sigma_b = \frac{S_d}{F_i} \pm \frac{M \, r}{J_i} = \frac{15930}{5156} \pm \frac{60900 \cdot 40}{2083150}$$

$$= 3,09 \pm 1,17 = \left.\begin{matrix} 4,26 \\ 1,92 \end{matrix}\right\} \text{ kg/cm}^2$$

$$\text{Stahl: } \sigma_o = 15 \, \sigma_b \, \frac{r_m}{r}$$

$$= \left.\begin{matrix} 50,2 \\ 24,3 \end{matrix}\right\} \text{ kg/cm}^2$$

d) *Nachweis der Zug- und Biegebeanspruchung*

Zustand II; dem Beton wird keine Biegezugspannung zugeordnet.

$$\text{Stahl } \sigma_e = \frac{S_z}{F_e} \pm \frac{M}{W_e} = \frac{12290}{8,635} \pm \frac{60900}{145} = 1423 \pm 420 = \left.\begin{matrix} 1843 \\ -1002 \end{matrix}\right\} \text{ kg/cm}^2$$

Abb. 54 b

e) *Nachweis der Haftspannung im Fundamentfuß*

$$\tau = \frac{(S_z - G_B{}') \cdot 0,8}{n \, d_e \, l' \, 3,14} = \frac{(12290 - 2440) \cdot 0,8}{11 \cdot 1,0 \cdot 60 \cdot 3,14} = 3,8 \text{ kg/cm}^2 < \tau_{\text{zul}}$$

Für die Haftspannung der Eckstiele im Beton ergeben sich folgende Werte:

Größte Zugkraft $S_z = 12\,290$ kg.

Die zulässige Haftspannung ist mit 5 kg/cm² angenommen. Folglich muß die Eckstiellänge im Beton mindestens sein:

$$l_{\min} = \frac{12290}{[2 \cdot (9,0 + 1,1) + 10,6] \cdot 5} = \sim 80 \text{ cm} < l_{\text{vorh}}.$$

Die Haftung ist durch Haftzulagen noch verbessert.

6. Berechnungsbeispiel
Statische Berechnung des Winkelabspannmastes WA₁ 180—160° einer 110-kV-Doppelleitung (s. Abb. 55)

I. Belastungsannahmen

Vergleiche Belastungsannahmen aus der vorhergehenden Berechnung für den T + O.

Winkelmast 160° bei + 5°

Erdseil . . . . $Z = 918$ kg
$Z_1 = 918 \cdot 0,17365$ . . . . . $= 159,5$ kg
$Z_2 = 918 \cdot 0,98481$ . . . . . $= 904,0$ kg

Leiterseil . . . . $Z = 1146$ kg
$Z_1 = 1146 \cdot 0,17365$ . . . . $= 199$ kg
$Z_2 = 1146 \cdot 0,98481$ . . . . $= 1129$ kg

Winkel-Abspannmast 160°

Leiterseil . . . . $Z = 2070$ kg
$Z_1 = 2/3 \cdot 2070 \cdot 0,17365$ . . . $= 240$ kg
$Z_2 = 2/3 \cdot 2070 \cdot 0,98481$ . . . $= 1359$ kg
$$Z_1 + Z_2 = 1599 \text{ kg}$$

Winkelmast 160°

Leiterseil . . . . $Z = 2070$ kg
$Z_1 = 2070 \cdot 0,17365$ . . . . . $= 359$ kg
$Z_2 = 2070 \cdot 0,98481$ . . . . . $= 2039$ kg
$$Z_1 + Z_2 = 2398 \text{ kg}$$

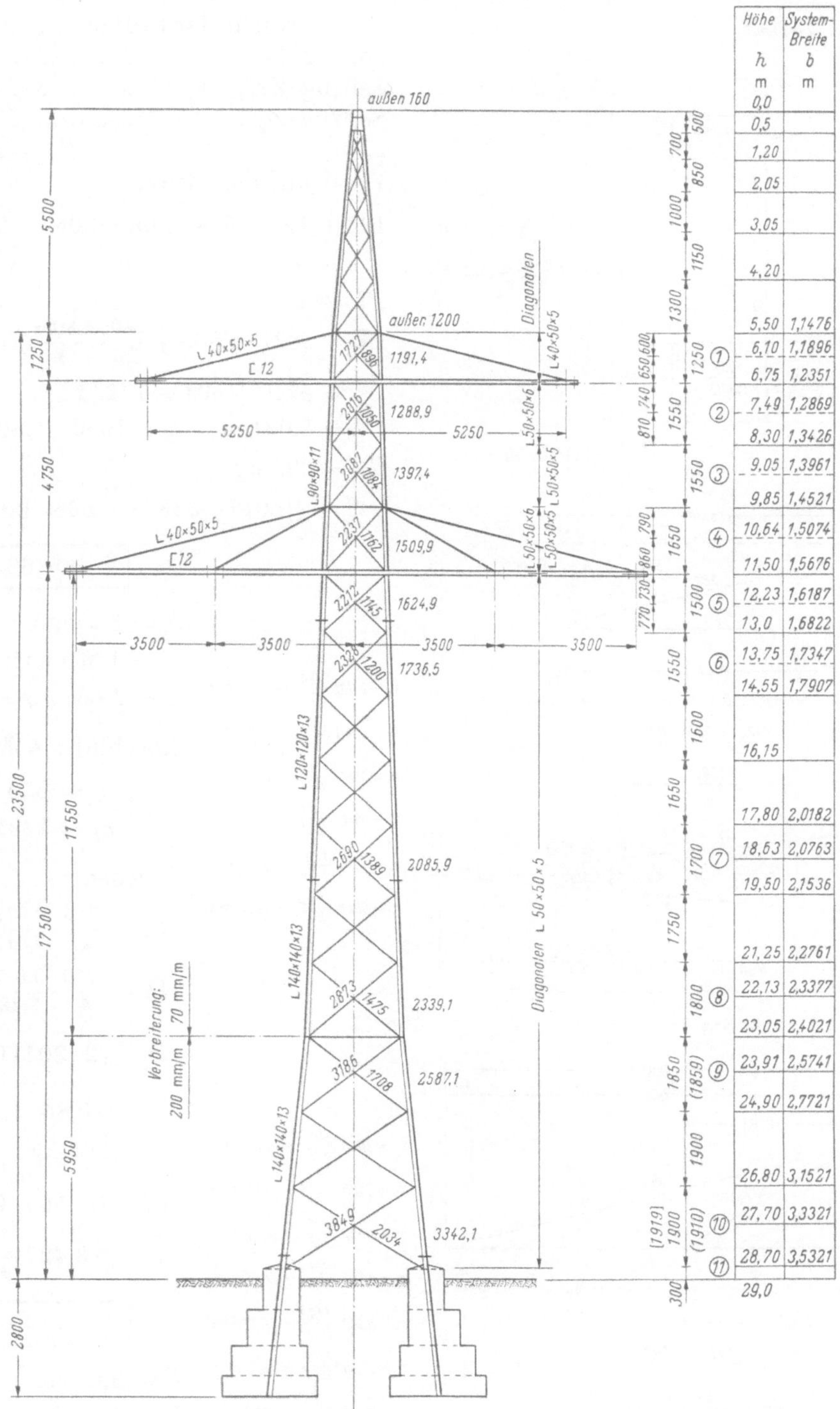

Abb. 55

II. Berechnung und Bemessung
1. Traversen und Erdseilstütze   (s. Abb. 56, 57, 58)

I. Erdseilstütze

Belastungen

$$\begin{array}{lr}
\text{Seil mit Eis} \dots & = \ 789 \text{ kg} \\
\text{Klemme} \dots & = \ \ \ 21 \text{ kg} \\
\text{Montagelast} \dots & = \ 240 \text{ kg} \\
\hline
& 1050 \text{ kg}
\end{array}$$

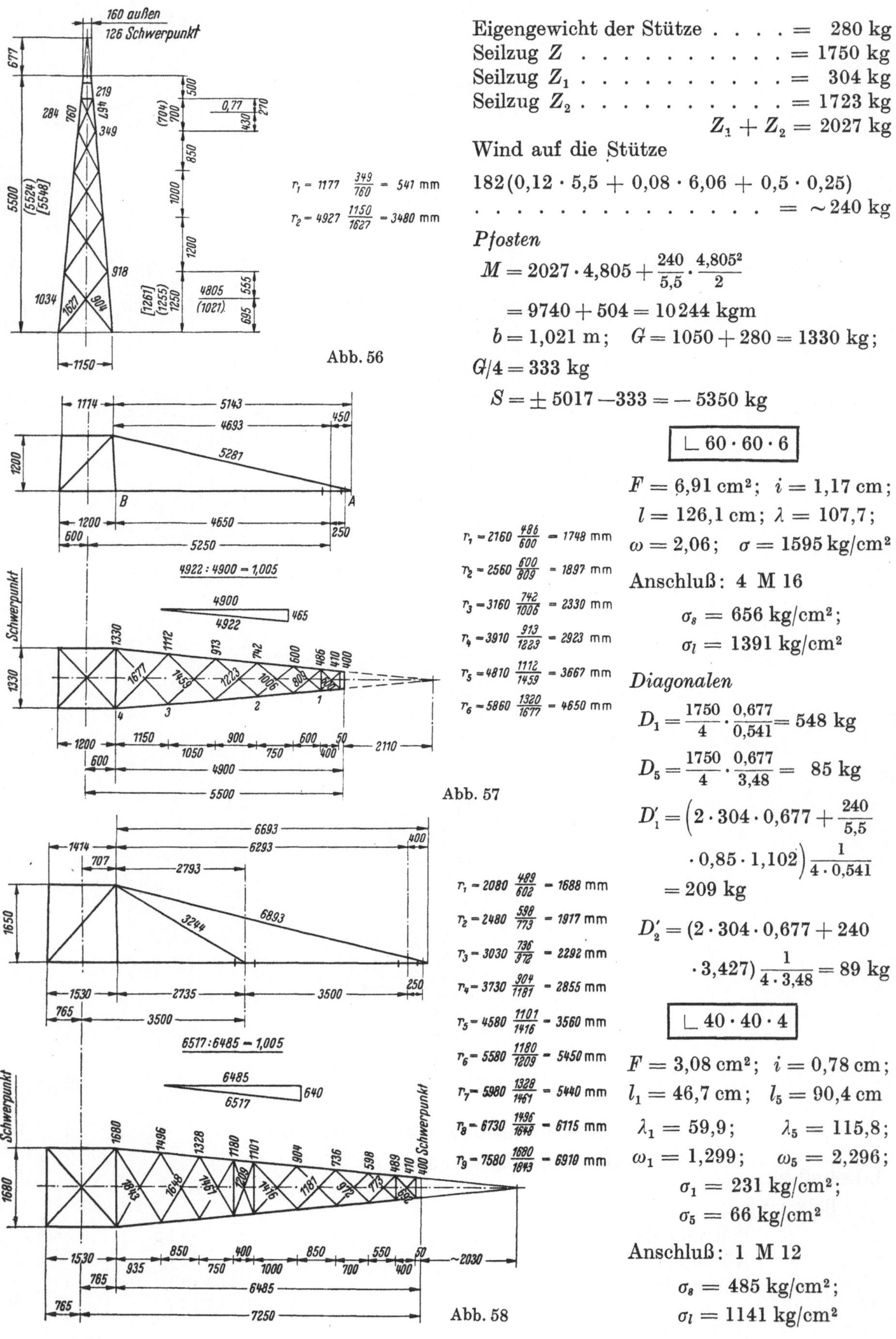

Abb. 56

Abb. 57

Abb. 58

Eigengewicht der Stütze . . . . . = 280 kg
Seilzug Z . . . . = 1750 kg
Seilzug Z_1 . . . . = 304 kg
Seilzug Z_2 . . . . = 1723 kg
$$Z_1 + Z_2 = 2027 \text{ kg}$$

Wind auf die Stütze

$$182(0{,}12 \cdot 5{,}5 + 0{,}08 \cdot 6{,}06 + 0{,}5 \cdot 0{,}25)$$
$$\ldots\ldots\ldots\ldots\ldots = \sim 240 \text{ kg}$$

Pfosten

$$M = 2027 \cdot 4{,}805 + \frac{240}{5{,}5} \cdot \frac{4{,}805^2}{2}$$

$$= 9740 + 504 = 10244 \text{ kgm}$$

$$b = 1{,}021 \text{ m}; \quad G = 1050 + 280 = 1330 \text{ kg};$$

$$G/4 = 333 \text{ kg}$$

$$S = \pm 5017 - 333 = -5350 \text{ kg}$$

$$\boxed{\llcorner\ 60 \cdot 60 \cdot 6}$$

$$F = 6{,}91 \text{ cm}^2; \quad i = 1{,}17 \text{ cm};$$
$$l = 126{,}1 \text{ cm}; \quad \lambda = 107{,}7;$$
$$\omega = 2{,}06; \quad \sigma = 1595 \text{ kg/cm}^2$$

Anschluß: 4 M 16

$$\sigma_s = 656 \text{ kg/cm}^2;$$
$$\sigma_l = 1391 \text{ kg/cm}^2$$

Diagonalen

$$D_1 = \frac{1750}{4} \cdot \frac{0{,}677}{0{,}541} = 548 \text{ kg}$$

$$D_5 = \frac{1750}{4} \cdot \frac{0{,}677}{3{,}48} = 85 \text{ kg}$$

$$D_1' = \left(2 \cdot 304 \cdot 0{,}677 + \frac{240}{5{,}5}\right.$$
$$\left. \cdot 0{,}85 \cdot 1{,}102\right) \frac{1}{4 \cdot 0{,}541}$$
$$= 209 \text{ kg}$$

$$D_2' = (2 \cdot 304 \cdot 0{,}677 + 240$$
$$\cdot 3{,}427) \frac{1}{4 \cdot 3{,}48} = 89 \text{ kg}$$

$$\boxed{\llcorner\ 40 \cdot 40 \cdot 4}$$

$$F = 3{,}08 \text{ cm}^2; \quad i = 0{,}78 \text{ cm};$$
$$l_1 = 46{,}7 \text{ cm}; \quad l_5 = 90{,}4 \text{ cm}$$
$$\lambda_1 = 59{,}9; \quad \lambda_5 = 115{,}8;$$
$$\omega_1 = 1{,}299; \quad \omega_5 = 2{,}296;$$
$$\sigma_1 = 231 \text{ kg/cm}^2;$$
$$\sigma_5 = 66 \text{ kg/cm}^2$$

Anschluß: 1 M 12

$$\sigma_s = 485 \text{ kg/cm}^2;$$
$$\sigma_l = 1141 \text{ kg/cm}^2$$

Traverse I

Belastung: Seil mit Eis. . . . . $= 905$ kg

Ketten mit Eis . . . . $= 300$ kg

Montagelast . . . . $= 295$ kg

$\overline{ 1500 \text{ kg}}$

Traversen-Eigengewicht. . . . . $= 50$ kg/m

Seilzug 180° $\qquad\qquad\qquad\qquad\qquad$ *Seilzug 160°*

Z . . . . $= 2070$ kg $\qquad$ Z_1 . . . . $= 359$ kg

$\qquad\qquad\qquad\qquad\qquad\qquad\qquad\qquad\qquad$ Z_2 . . . . $= 2039$ kg

$\qquad\qquad\qquad\qquad\qquad\qquad\qquad\qquad\qquad$ $\overline{Z_1 + Z_2 \text{ . . . . } = 2398 \text{ kg}}$

$$A = 750\,\frac{4{,}65}{5{,}1} + 25\,\frac{5{,}1}{2} = 684 + 64 = 748 \text{ kg}$$

$$B = 750\,\frac{0{,}45}{5{,}1} + 25\,\frac{5{,}1}{2} = 66 + 64 = 130 \text{ kg}$$

Stabkräfte und Momente

$$O = 748\,\frac{5{,}281}{1{,}2} \cdot 1{,}005 = +3305 \text{ kg} \qquad M_1 = 748 \cdot 0{,}65 - 750 \cdot 0{,}2 - 25\,\frac{0{,}65^2}{2} = 330{,}9 \text{ kgm}$$

$$U = 748\,\frac{5{,}143}{1{,}2} \cdot 1{,}005 = -3220 \text{ kg} \qquad M_2 = 748 \cdot 2{,}0 - 750 \cdot 1{,}55 - 25\,\frac{2{,}0^2}{2} = 283{,}5 \text{ kgm}$$

$$M_3 = 130 \cdot 1{,}15 - 25\,\frac{1{,}15^2}{2} = 133{,}0 \text{ kgm}$$

Stabkräfte aus Seilzug bei 180°

$$U_1 = 2070\,\frac{0{,}2}{0{,}486} \cdot 1{,}005 = -\ 857 \text{ kg} \qquad\qquad d_1 = 2070\,\frac{2{,}16}{1{,}748 \cdot 2} = \pm\, 1279 \text{ kg}$$

$$U_2 = 2070\,\frac{1{,}55}{0{,}742} \cdot 1{,}005 = -4350 \text{ kg} \qquad\qquad d_2 = 2070\,\frac{2{,}56}{1{,}897 \cdot 2} = \pm\, 1398 \text{ kg}$$

$$U_3 = 2070\,\frac{3{,}5}{1{,}112} \cdot 1{,}005 = -6550 \text{ kg} \qquad\qquad d_3 = 2070\,\frac{2{,}56}{2{,}33 \cdot 2} = \pm\, 1138 \text{ kg}$$

$$U_4 = 2070\,\frac{4{,}65}{1{,}33} \cdot 1{,}005 = -7280 \text{ kg} \qquad\qquad d_4 = 2070\,\frac{2{,}56}{2{,}923 \cdot 2} = \pm\, 906 \text{ kg}$$

$$d_5 = 2070\,\frac{2{,}56}{3{,}667 \cdot 2} = \pm\, 723 \text{ kg}$$

$$d_6 = 2070\,\frac{2{,}56}{4{,}65 \cdot 2} = \pm\, 570 \text{ kg}$$

Stabkräfte aus Seilzug bei 160°

$$U_1 = -\left(2039\,\frac{0{,}2}{0{,}486} + 359\right) \cdot 1{,}005 \qquad = -1205 \text{ kg}$$

$$U_2 = -\left(2039\,\frac{1{,}55}{0{,}742} + 359\right) \cdot 1{,}005 \qquad = -4642 \text{ kg}$$

$$U_3 = -\left(2039\,\frac{3{,}5}{1{,}112} + 359\right) \cdot 1{,}005 \qquad = -6810 \text{ kg}$$

$$U_4 = -\left(2039\,\frac{4{,}65}{1{,}33} + 359\right) \cdot 1{,}005 \qquad = -7530 \text{ kg}$$

$$d_1 = \ (2039 \cdot 2{,}16 + 359 \cdot 0{,}205)\,\frac{1}{1{,}748 \cdot 2} = \pm\, 1281 \text{ kg}$$

$$d_2 = \ (2039 \cdot 2{,}56 + 359 \cdot 0{,}243)\,\frac{1}{1{,}897 \cdot 2} = \pm\, 1399 \text{ kg}$$

$$d_3 = \ (2039 \cdot 2{,}56 + 359 \cdot 0{,}243)\,\frac{1}{2{,}33 \cdot 2} = \pm\, 1139 \text{ kg}$$

$$d_4 = \ (2039 \cdot 2{,}56 + 359 \cdot 0{,}243)\,\frac{1}{2{,}923 \cdot 2} = \pm\, 908 \text{ kg}$$

$$d_5 = \ (2039 \cdot 2{,}56 + 359 \cdot 0{,}243)\,\frac{1}{3{,}667 \cdot 2} = \pm\, 724 \text{ kg}$$

$$d_6 = \ (2039 \cdot 2{,}56 + 359 \cdot 0{,}243)\,\frac{1}{4{,}65 \cdot 2} = \pm\, 571 \text{ kg}$$

Dimensionierung

Obergurt $O = 3305$ kg

$\boxed{\llcorner\ 40\cdot50\cdot5}$ $\qquad F = 4{,}27$ cm²;$\qquad F_n = 3{,}42$ cm²;$\qquad \sigma = 967$ kg/cm²

Anschluß: 2 M 16

$$\sigma_s = 823 \text{ kg/cm}^2; \qquad \sigma_l = 2065 \text{ kg/cm}^2$$

Untergurt

$$U_1 = -(3220 + 1205) = -\ 4425 \text{ kg}; \qquad M_1 = 330{,}9 \text{ kgm}$$
$$U_2 = -(3220 + 4642) = -\ 7862 \text{ kg}; \qquad M_2 = 283{,}5 \text{ kgm}$$
$$U_3 = -(3220 + 6810) = -10030 \text{ kg}; \qquad M_3 = 133{,}0 \text{ kgm}$$
$$U_4 = -(3220 + 7530) = -10750 \text{ kg}$$

$\boxed{\sqsubset 12}$

$$F = 17{,}0 \text{ cm}^2; \qquad W_x = 60{,}7 \text{ cm}^3; \qquad i_x = 4{,}62 \text{ cm}; \qquad i_y = 1{,}59 \text{ cm}$$

$l_x = 467{,}1$ cm; $\quad \lambda_x = 101$; $\quad \omega_x = 1{,}921$; $\qquad$ $l_{y_1} = 60{,}3$ cm; $\qquad \lambda_{y_1} = 38{,}0$; $\qquad \omega_1 = 1{,}128$

$\qquad\qquad\qquad\qquad\qquad\qquad\qquad\qquad\qquad l_{y_2} = 90{,}4$ cm; $\qquad \lambda_{y_2} = 56{,}9$; $\qquad \omega_2 = 1{,}272$

$\qquad\qquad\qquad\qquad\qquad\qquad\qquad\qquad\qquad l_{y_3} = 105{,}5$ cm; $\qquad \lambda_{y_3} = 66{,}5$; $\qquad \omega_3 = 1{,}372$

$\qquad\qquad\qquad\qquad\qquad\qquad\qquad\qquad\qquad l_{y_4} = 115{,}5$ cm; $\qquad \lambda_{y_4} = 72{,}8$; $\qquad \omega_4 = 1{,}429$

$$\sigma_1 = 500 + 545 = 1045 \text{ kg/cm}^2; \qquad \sigma_3 = 1133 + 219 = 1352 \text{ kg/cm}^2$$
$$\sigma_2 = 889 + 467 = 1356 \text{ kg/cm}^2; \qquad \sigma_4 = 1214 + \ - \ = 1214 \text{ kg/cm}^2$$

Anschluß: 6 · M 16

$$\sigma_s = 891 \text{ kg/cm}^2; \qquad \sigma_l = 1602 \text{ kg/cm}^2$$

Diagonalen

d	S	Profil	F	F_n	i	l	λ	ω	σ_d	σ_z	Anschluß		
											Art	σ_s	σ_l
	kg	—	cm²			cm		—	kg/cm²		—	kg/cm²	
1	1281	$\llcorner$ 40·50·4	3,46	1,32	0,84	60,0	71,4	1,430	529	970	1 M 16	637	2002
2	1399	$\llcorner$ 40·50·4	3,46	1,32	0,84	80,9	96,3	1,830	740	1060	1 M 16	696	2186
3	1139	$\llcorner$ 40·50·4	3,46	1,48	0,84	100,6	119,8	2,424	798	770	1 M 12	1007	2373
4	908	$\llcorner$ 40·50·4	3,46	1,48	0,84	122,3	145,6	3,584	941	614	1 M 12	803	1892
5	724	$\llcorner$ 40·50·4	3,46	1,48	0,84	145,9	173,7	5,098	1067	489	1 M 12	640	1508
6	571	$\llcorner$ 40·50·4	3,46	1,48	0,84	167,7	199,6	6,724	1110	386	1 M 12	505	1190

Traverse II

Belastungen: Seil mit Eis . . . . = 905 kg

$\qquad\qquad\qquad$ Ketten mit Eis . . . . = 300 kg

$\qquad\qquad\qquad$ Montagelast . . . . = 295 kg
$$\overline{ 1500 \text{ kg}}$$

$\qquad\qquad\qquad$ Traversen-Eigengewicht . . . . = 50 kg/m

Seilzug 180°

Z . . . . = 2070 kg

$\qquad\qquad\qquad A = (375 \cdot 0{,}2 + 750 \cdot 3{,}5)\,\dfrac{1}{3{,}9} + 25\,\dfrac{3{,}9}{2} = 741$ kg

Seilzug 160°

$\qquad\qquad\qquad B_r = (375 \cdot 3{,}7 + 750 \cdot 0{,}4)\,\dfrac{1}{3{,}9} + 25\,\dfrac{3{,}9}{2} = 482$ kg

Z_1 . . . . = 359 kg

Z_2 . . . . = 2039 kg $\qquad\qquad B_l = 375\,\dfrac{2{,}535}{2{,}735} + 25\,\dfrac{2{,}735}{2} \qquad\qquad = 382$ kg

$Z_1 + Z_2$ . . . . = 2398 kg $\qquad\qquad \Sigma B \qquad\qquad\qquad\qquad\qquad\qquad\qquad = 864$ kg

$\qquad\qquad\qquad C = 375\,\dfrac{0{,}2}{2{,}735} + 25\,\dfrac{2{,}735}{2} \qquad\qquad = 61$ kg

Stabkräfte und Momente

$$O_1 = +\,741\,\frac{6{,}893}{1{,}65} \cdot 1{,}005 \qquad\qquad\qquad = +\,3111 \text{ kg}$$

$$O_2 = +\,864\,\frac{3{,}244}{1{,}65} \cdot 1{,}005 \qquad\qquad\qquad = +\,1707 \text{ kg}$$

$$U_1 = -741\,\frac{6,693}{1,65} \qquad\qquad\qquad = -3025 \text{ kg}$$

$$U_2 = -(741\cdot 6,693 + 864\cdot 2,793)\,\frac{1}{1,65}\cdot 1,005 = -4495 \text{ kg}$$

$$M_1 = 741\cdot 0,6\ -750\cdot 0,2\ -25\,\frac{0,6^2}{2} \qquad = 290 \text{ kgm}$$

$$M_2 = 741\cdot 1,15 - 750\cdot 0,75 - 25\,\frac{1,15^2}{2} \qquad = 273,1 \text{ kgm}$$

$$M_3 = 482\cdot 1,2\ -375\cdot 1,0\ -25\,\frac{1,2^2}{2} \qquad = 185,4 \text{ kgm}$$

$$M_4 = 482\cdot 0,2\ -25\,\frac{0,2^2}{2} \qquad\qquad = 95,9 \text{ kgm}$$

$$M_5 = 382\cdot 0,2\ -25\,\frac{0,2^2}{2} \qquad\qquad = 75,9 \text{ kgm}$$

$$M_6 =\ \ 61\cdot 0,935 - 25\,\frac{0,935^2}{2} \qquad\qquad = 46,1 \text{ kgm}$$

Stabkräfte aus Seilzügen bei 180°

$$U_1 = 2070\,\frac{0,2}{0,489}\cdot 1,005 \qquad = -\ \ 852 \text{ kg} \qquad\qquad d_1 = 2070\,\frac{2,08}{1,688\cdot 2} \quad = \pm\,1275 \text{ kg}$$

$$U_2 = 2070\,\frac{0,75}{0,598}\cdot 1,005 \qquad = -\ 2610 \text{ kg} \qquad\qquad d_2 = 2070\cdot\frac{2,48}{1,917\cdot 2} \quad = \pm\,1340 \text{ kg}$$

$$U_3 = 2070\,\frac{2,30}{0,904}\cdot 1,005 \qquad = -\ 5300 \text{ kg} \qquad\qquad d_3 = 2070\,\frac{2,48}{2,292\cdot 2} \quad = \pm\,1120 \text{ kg}$$

$$U_4 = 2070\,\frac{3,30}{1,101}\cdot 1,005 \qquad = -\ 6240 \text{ kg} \qquad\qquad d_4 = 2070\,\frac{2,48}{2,855\cdot 2} \quad = \pm\ \ 899 \text{ kg}$$

$$U_5 = 2070\,\frac{3,7+0,2}{1,18}\cdot 1,005 \qquad = -\ 6880 \text{ kg} \qquad\qquad d_5 = 2070\,\frac{2,48}{3,56\cdot 2} \quad = \pm\ \ 721 \text{ kg}$$

$$U_6 = 2070\,\frac{5,3+1,8}{1,496}\cdot 1,005 \qquad = -\ 9880 \text{ kg} \qquad\qquad d_6 = 2070\,\frac{2,48+5,58}{5,45\cdot 2} = \pm\,1529 \text{ kg}$$

$$U_7 = 2070\,\frac{6,235+2,735}{1,68}\cdot 1,005 = -11100 \text{ kg} \qquad\qquad d_7 = 2070\,\frac{2,48+5,98}{5,44\cdot 2} = \pm\,1610 \text{ kg}$$

$$d_8 = 2070\,\frac{2,48+5,98}{6,115\cdot 2} = \pm\,1433 \text{ kg}$$

$$d_9 = 2070\,\frac{2,48+5,98}{6,91\cdot 2} = \pm\,1267 \text{ kg}$$

Stabkräfte aus Seilzügen bei 160°

$$U_1 = -\left(2039\,\frac{0,2}{0,489} + 359\right)1,005 = -\ \ 1200 \text{ kg}$$

$$U_2 = -\left(2039\,\frac{0,75}{0,598} + 359\right)1,005 = -\ \ 2930 \text{ kg}$$

$$U_3 = -\left(2039\,\frac{2,3}{0,904} + 359\right)1,005 = -\ \ 5576 \text{ kg}$$

$$U_4 = -\left(2039\,\frac{3,3}{1,101} + 359\right)1,005 = -\ \ 6510 \text{ kg}$$

$$U_5 = -\left(2039\,\frac{3,9}{1,18} + 718\right)1,005 = -\ \ 7490 \text{ kg}$$

$$U_6 = -\left(2039\,\frac{7,1}{1,496} + 718\right)1,005 = -10440 \text{ kg}$$

$$U_7 = -\left(2039\,\frac{8,97}{1,68} + 718\right)1,005 = -11650 \text{ kg}$$

$$d_1 = (2039\cdot 2,08 + 359\cdot 0,205)\,\frac{1}{1,688\cdot 2} = \pm\ \ 1278 \text{ kg}$$

$$d_2 = (2039\cdot 2,48 + 359\cdot 0,445)\,\frac{1}{1,917\cdot 2} = \pm\ \ 1362 \text{ kg}$$

$$d_3 = (2039\cdot 2,48 + 359\cdot 0,445)\,\frac{1}{2,292\cdot 2} = \pm\ \ 1139 \text{ kg}$$

$$d_4 = (2039 \cdot 2{,}48 + 359 \cdot 0{,}445) \, \frac{1}{2{,}855 \cdot 2} = \pm \quad 913 \text{ kg}$$

$$d_5 = (2039 \cdot 2{,}48 + 359 \cdot 0{,}445) \, \frac{1}{3{,}56 \cdot 2} = \pm \quad 733 \text{ kg}$$

$$d_6 = (2039 \cdot 8{,}06 + 359 \cdot 0{,}795) \, \frac{1}{5{,}45 \cdot 2} = \pm \; 1532 \text{ kg}$$

$$d_7 = (2039 \cdot 8{,}46 + 359 \cdot 0{,}835) \, \frac{1}{5{,}44 \cdot 2} = \pm \; 1613 \text{ kg}$$

$$d_8 = (2039 \cdot 8{,}46 + 359 \cdot 0{,}835) \, \frac{1}{6{,}115 \cdot 2} = \pm \; 1435 \text{ kg}$$

$$d_9 = (2039 \cdot 8{,}46 + 359 \cdot 0{,}835) \, \frac{1}{6{,}91 \cdot 2} = \pm \; 1269 \text{ kg}$$

Dimensionierung

Obergurt: $O_1 = 3110 \text{ kg}$

$$\boxed{\llcorner 40 \cdot 50 \cdot 5}$$

$$F = 4{,}27 \text{ cm}^2; \quad F_n = 3{,}42 \text{ cm}^2; \quad \sigma = 910 \text{ kg/cm}^2$$

Anschluß: 2 M 16

$$\sigma_s = 774 \text{ kg/cm}^2; \quad \sigma_l = 1944 \text{ kg/cm}^2$$

Obergurt: $O_2 = 1707 \text{ kg}$

$$\boxed{\llcorner 40 \cdot 50 \cdot 5}$$

$$F = 4{,}27 \text{ cm}^2; \quad F_n = 1{,}65 \text{ cm}^2; \quad \sigma = 1034 \text{ kg/cm}^2$$

Anschluß: 1 M 16

$$\sigma_s = 850 \text{ kg/cm}^2; \quad \sigma_l = 2132 \text{ kg/cm}^2$$

Untergurt

$$
\begin{aligned}
U_1 &= -(3025 + 1200) = - 4225 \text{ kg}; & M_1 &= 290{,}0 \text{ kgm} \\
U_2 &= -(3025 + 2930) = - 5955 \text{ kg}; & M_2 &= 273{,}1 \text{ kgm} \\
U_3 &= -(3025 + 5576) = - 8601 \text{ kg}; & M_3 &= 185{,}4 \text{ kgm} \\
U_4 &= -(3025 + 6510) = - 9535 \text{ kg}; & M_4 &= 95{,}9 \text{ kgm} \\
U_5 &= -(4495 + 7490) = -11985 \text{ kg}; & M_5 &= 75{,}9 \text{ kgm} \\
U_6 &= -(4495 + 10440) = -14935 \text{ kg}; & M_6 &= 46{,}1 \text{ kgm} \\
U_7 &= -(4495 + 11650) = -16145 \text{ kg}
\end{aligned}
$$

Senkrechte Lasten aus Kopfausrüstung

	Vollbeseilung	Einseitige Beseilung	
	$-5°$	$+5°$	$-5°$
	kg	kg	kg
Erdseil	789	397	789
Klemme	~ 21	~ 21	~ 21
Erdseilstütze	280	280	280
	1090	698	1090
Leiterseile	1810	486	905
Isolatoren	600	260	300
Traverse I	550	550	550
	2960	1296	1755
Leiterseile	3620	972	1810
Isolatoren	1200	520	600
Traverse II	730	730	730
	5550	2222	3140
ΣG	9600	4216	5985

Moment aus einseitiger Beseilung bei $+5°$

$$\text{Traverse I } = (486 + 260) \cdot 5,25 \quad \ldots \ldots \ldots = 3\,917 \text{ kgm}$$
$$\text{Traverse II} = (486 + 260) \cdot (3,5 + 7,0) \ldots \ldots = 7\,833 \text{ kgm}$$

Moment aus einseitiger Beseilung bei $-5°$

$$\text{Traverse I } = (905 + 300) \cdot 5,25 \quad \ldots \ldots \ldots = 6\,326 \text{ kgm}$$
$$\text{Traverse II} = (905 + 300) \cdot (3,5 + 7,0) \quad \ldots \ldots = 12\,653 \text{ kgm}$$

Angriffspunkte aus Traversenkräften

Pfosten

Vollbeseilung: WA-Mast 160° mit Wind

$$x = (1365 \cdot 0 + 3388 \cdot 6,75 + 6756 \cdot 11,5)\,\frac{1}{11\,509} = 8,738 \text{ m}$$

Einseitige Beseilung: WA-Mast 160° mit Wind

$$x = (1365 \cdot 0 + 1729 \cdot 6,75 + 3438 \cdot 11,5)\,\frac{1}{6532} = 7,840 \text{ m}$$

Diagonalen

Vollbeseilung: A-Mast 180° ohne Wind

$$x = (1167 \cdot 0 + 2760 \cdot 6,75 + 5520 \cdot 11,5)\,\frac{1}{9447} = 8,692 \text{ m}$$

Vollbeseilung: W-Mast 160° (+5°) mit Wind

$$x = (\ 723 \cdot 0 + 1884 \cdot 6,75 + 3748 \cdot 11,5)\,\frac{1}{6355} = 8,783 \text{ m}$$

Vollbeseilung: W-Mast 160° (—5°) ohne Wind

$$x = (\ 608 \cdot 0 + 1436 \cdot 6,75 + 2872 \cdot 11,5)\,\frac{1}{4916} = 8,630 \text{ m}$$

Einseitige Beseilung: W-Mast 160° (+5°) mit Wind

$$x = (\ 723 \cdot 0 + \ 977 \cdot 6,75 + 1934 \cdot 11,5)\,\frac{1}{3634} = 7,935 \text{ m}$$

Einseitige Beseilung: W-Mast 160° (—5°) ohne Wind

$$x = (\ 608 \cdot 0 + \ 718 \cdot 6,75 + 1436 \cdot 11,5)\,\frac{1}{2762} = 7,734 \text{ m}$$

Einseitige Beseilung: W-Mast 160° (—5°) mit Wind

$$x = (\ 621 \cdot 0 + \ 848 \cdot 6,75 + 1676 \cdot 11,5)\,\frac{1}{3145} = 7,948 \text{ m}$$

$\boxed{\sqsubset 12}$

$$F = 17,0 \text{ cm}^2; \qquad W_x = 60,7 \text{ cm}^3; \qquad i_x = 4,62 \text{ cm}; \qquad i_y = 1,59 \text{ cm}$$

$l_{x_1} = 351,7$ cm; $\quad \lambda_x = 76,2; \quad \omega_x = 1,497; \quad l_{y_1} = \ \ 55,3$ cm; $\quad \lambda_y = 34,8; \quad \omega = 1,109$

$l_{y_2} = \ \ 70,3$ cm; $\quad \lambda_y = 44,3; \quad \omega = 1,170$

$l_{y_3} = 100,5$ cm; $\quad \lambda_y = 63,3; \quad \omega = 1,336$

$l_{y_4} = 100,5$ cm; $\quad \lambda_y = 63,3; \quad \omega = 1,336$

$l_{x_5} = 274,9$ cm; $\quad \lambda_x = 59,5; \quad \omega_x = 1,296; \quad l_{y_5} = \ \ 75,4$ cm; $\quad \lambda_y = 47,5; \quad \omega = 1,193$

$l_{y_6} = \ \ 94,0$ cm; $\quad \lambda_y = 59,2; \quad \omega = 1,293$

$l_{y_7} = \ \ 94,0$ cm; $\quad \lambda_y = 59,2; \quad \omega = 1,293$

$$\sigma_1 = 372 + 478 = \ \ 850 \text{ kg/cm}^2; \qquad \sigma_5 = 1052 + 125 = 1177 \text{ kg/cm}^2$$
$$\sigma_2 = 525 + 450 = \ \ 975 \text{ kg/cm}^2; \qquad \sigma_6 = 1315 + \ \ 76 = 1391 \text{ kg/cm}^2$$
$$\sigma_3 = 759 + 305 = 1064 \text{ kg/cm}^2; \qquad \sigma_7 = 1420 + \ - \ = 1420 \text{ kg/cm}^2$$
$$\sigma_4 = 840 + 158 = \ \ 998 \text{ kg/cm}^2$$

Anschluß: 8 M 16

$$\sigma_s = 1005 \text{ kg/cm}^2; \qquad \sigma_l = 1805 \text{ kg/cm}^2$$

Diagonalen

d	S	Profil	F	F_n	i	l	λ	ω	σ_d	σ_z	Anschluß Art	σ_s	σ_l
	hg	—	cm²		cm		—		kg/cm²		—	kg/cm²	
1	1278	∟ 40 · 50 · 4	3,46	1,32	0,84	60,2	71,7	1,434	530	968	1 M 16	636	1997
2	1362	∟ 40 · 50 · 4	3,46	1,32	0,84	77,3	92,0	1,748	689	1032	1 M 16	678	2128
3	1139	∟ 40 · 50 · 4	3,46	1,48	0,84	97,2	115,7	2,292	755	770	1 M 12	1007	2373
4	913	∟ 40 · 50 · 4	3,46	1,48	0,84	118,1	140,6	3,339	881	617	1 M 12	807	1902
5	733	∟ 40 · 50 · 4	3,46	1,48	0,84	141,6	168,6	4,802	1017	495	1 M 12	648	1527
6	1532	∟ 40 · 50 · 4	3,46	1,32	0,84	120,9	143,9	3,501	1550	1161	1 M 16	762	2394
7	1613	∟ 50 · 50 · 5	4,80	1,65	0,98	146,1	149,1	3,756	1262	978	1 M 16	802	2016
8	1435	∟ 50 · 50 · 5	4,80	1,65	0,98	164,8	168,2	4,779	1429	870	1 M 16	714	1794
9	1269	∟ 50 · 50 · 5	4,80	1,65	0,98	184,3	188,1	5,980	1581	769	1 M 16	631	1586

II. Mastschaft: 180—160° (s. Abb. 59)

1. Vollbeseilung

Wind auf Isolatoren und Traversen	Seilzüge A-Mast 180° 2/3 Z	ΣZ	Torsionskraft	WA-Mast 160° Z_1 2/3 Z cos	Z_2 2/3 Z sin	ΣZ_1	$\Sigma Z_1 + Z_2$	W-Mast 160° (−5°) 2 Z cos	ΣZ	Torsionskraft	W-Mast 160° (+5°) 2 Z cos + Wind auf Seil	ΣZ	Torsionskraft
	kg	kg		kg				kg			kg		
Erds. 13	1167	1180		203	1149	216	1365	608	621		391		
Trav. I 120 + 70 = 190	2760	2950	2070	480	2718	670	3388	1436	1626	2039	+ 319 898	723	
Trav. II 240 + 120 = 360	5520	5880		960	5436	1320	6756	2872	3232		+ 796 1796	1884	
											+ 1592	3748	
563	9447	10010		1643	9303	2206	11509	4916	5479		5792	6355	

2. Einseitige Beseilung

Wind auf Isolatoren und Traversen	Seilzüge A-Mast 180° 2/3 Z	ΣZ	Torsionskraft	WA-Mast 160° Z_1 2/3 Z cos	Z_2 2/3 Z sin	ΣZ_1	$\Sigma Z_1 + Z_2$	W-Mast 160° (−5°) 2 Z cos	ΣZ	Torsionskraft	W-Mast 160° (+5°) 2 Z cos + Wind auf Seil	ΣZ	Torsionskraft
	kg	kg		kg				kg			kg		
Erds. 13	1167	1180		203	1149	216	1365	608	621		391		
Trav. I 60 + 70 = 130	1380	1510	2070	240	1359	370	1729	718	848	2039	+ 319 449	723	
Trav. II 120 + 120 = 240	2760	3000		480	2718	720	3438	1436	1676		+ 398 898	977	
											+ 796	1934	
383	5307	5690		923	5226	1306	6532	2762	3145		3251	3634	

Windflächen: Wind auf den Mastschaft

Schuß	Schußlänge m	Pfosten m²	Diagonalen m²	Horizontalen m²	Bleche m²	ΣF m²	$W = 182 \cdot F$ kg	W kg/m
1	6,73	0,18 · 6,73 = 1,212	0,10 · 9,14 = 0,914	0,05 · 2,6 = 0,130	0,124	2,380	~440	65,4
2	6,40	0,24 · 6,40 = 1,536	0,10 · 9,75 = 0,975		0,100	2,611	~480	75,0
3	3,50	0,28 · 3,50 = 0,980	0,10 · 5,57 = 0,557			1,537	~290	82,9
4	6,57	0,28 · 6,57 = 1,840	0,10 · 12,05 = 1,205	0,065 · 2,402 = 0,156		3,201	~590	89,8
		5,568	3,651	0,286	0,224	9,729	1800	—

Erdseilklemme
L 60×60×6
1200
L 60×50×6
L 50×40×5...2M16
L 80×40×6
6M16
[12
2M20
L 130×65×8
5250
5250
L 90×90×11
L 60×60×6
L 50×40×5...2M16
L 50×40×5
L 80×40×6
1M16
9M16
3M20
[12
L 80×40×6
L 130×65×8
Schachtelstoß
6M20
L 130×65×8
3500
3500
3500
3500
L 120×120×13
Schachtelstoß
8M24
L 140×140×13
2490
Stumpfer Stoß 10 M24
außen: = 250×10
L 70×70×7.1M16
A
B
Breitenzunahme:
70 mm/m
200 mm/m
L 140×140×13
Warnungstafel
3670
Stumpfer Stoß 10 M24
außen: = 140×15
Erdung
L 140×140×13
L 130×130×12
L 40×40×4   1Ø13
L 50×50×5   1Ø17
L 50×50×6   1Ø17
L 50×50×6   1Ø17
L 50×50×5   1Ø17
L 50×50×5   2Ø17
L 50×50×5   2Ø17
L 50×50×5   2M16
L 50×50×5   1M16
400
400
L 50×40×4   1M16
L 60×60×6...1Ø17
L 45×45×5   1Ø13
L 50×50×5   1M16
L 60×60×6...2Ø17
L 50×40×4   1M16
400
400   600
750
900
1050
1085
665
830
870
850
750
1000
850
700
550
3500
3500
5250
Schnitt A - B
2474
L 50-50-5   1M16
L 70×70×7   1M16

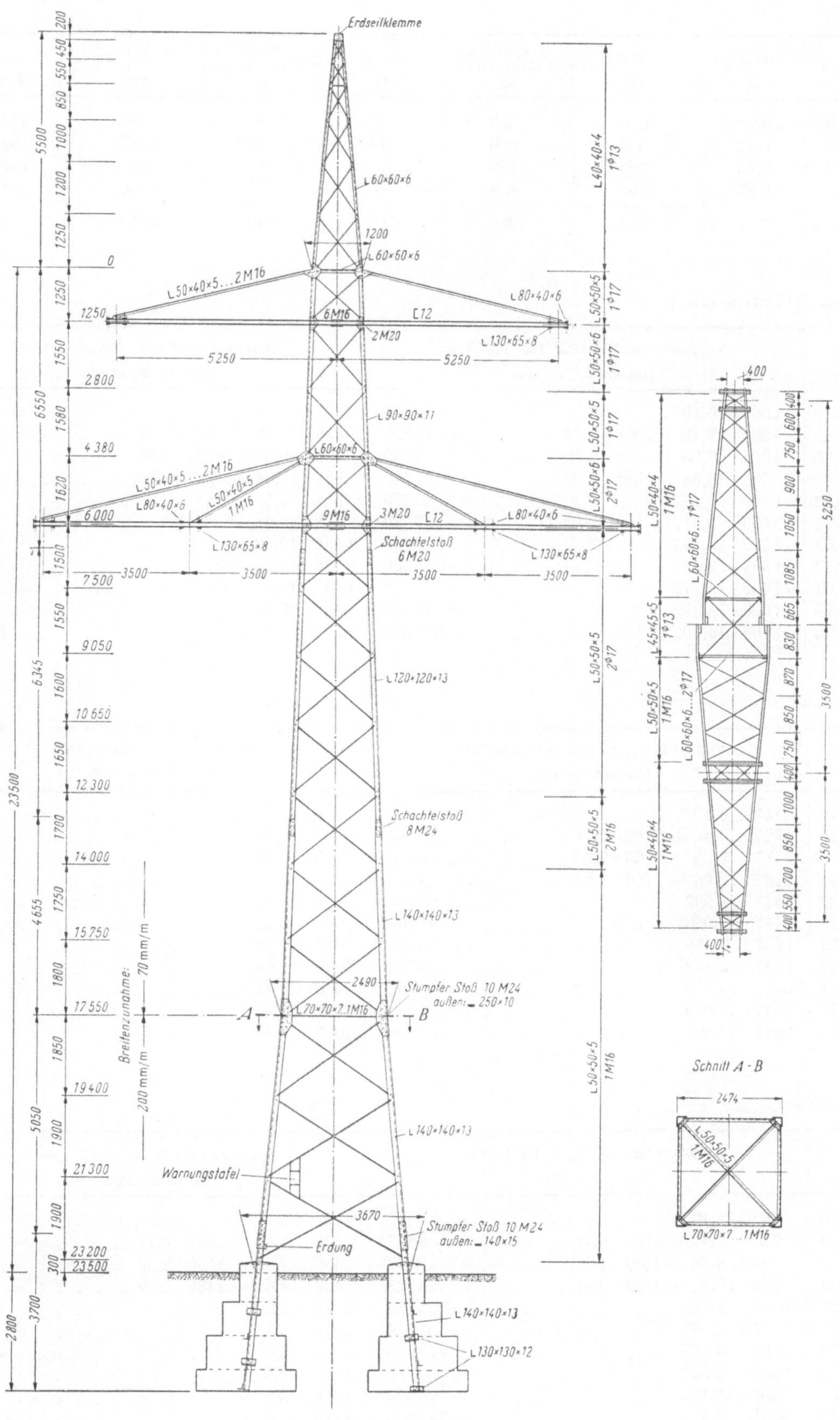

Abb. 59

Mastgewichte

Schuß	Punkt	Schußlänge m	Pfosten kg	Diagonalen + Horizontalen kg	Bleche kg	Niete + Schrauben kg	ΣG kg	g kg/m
1	5	6,73	400	350	110	40	900	133,7
2	7	6,40	650	300	40	50	1040	162,5
3	8	3,50	440	170	—	30	640	182,9
4	10	6,57	1000	480	—	60	1540	234,4
			2490	1300	150	180	4120	—

Momente aus Traversenkräften

Punkt —	x m	Vollbeseilung: WA-Mast 160° mit Wind Moment M_1 in kgm	Einseitige Beseilung: WA-Mast 160° Moment M_2 in kgm
1	6,10	$1365 \cdot 6,10 \dots\dots\dots = 8330$	$1365 \cdot 6,10 \dots\dots\dots = 8330$
2	7,49	$1365 \cdot 7,49 + 3388 \cdot 0,74 \dots = 12725$	$1365 \cdot 7,49 + 1729 \cdot 0,74 \dots = 11497$
3	9,05	$1365 \cdot 9,05 + 3388 \cdot 2,30 \dots = 20150$	$1365 \cdot 9,05 + 1729 \cdot 2,30 \dots = 16330$
4	10,64	$1365 \cdot 10,64 + 3388 \cdot 3,89 \dots = 27700$	$1365 \cdot 10,64 + 1729 \cdot 3,89 \dots = 21256$
5	12,23	$11509 \cdot 3,492 \dots\dots\dots = 40230$	$6532 \cdot 4,39 \dots\dots\dots = 28621$
6	13,75	$11509 \cdot 5,012 \dots\dots\dots = 57750$	$6532 \cdot 5,91 \dots\dots\dots = 38571$
7	18,63	$11509 \cdot 9,892 \dots\dots\dots = 113800$	$6532 \cdot 10,79 \dots\dots\dots = 70451$
8	22,13	$11509 \cdot 13,392 \dots\dots\dots = 154100$	$6532 \cdot 14,29 \dots\dots\dots = 93101$
9	23,91	$11509 \cdot 15,172 \dots\dots\dots = 174700$	$6532 \cdot 16,07 \dots\dots\dots = 104801$
10	27,70	$11509 \cdot 18,962 \dots\dots\dots = 218300$	$6532 \cdot 19,86 \dots\dots\dots = 129401$
11	28,70	$11509 \cdot 19,962 \dots\dots\dots = 229900$	$6532 \cdot 20,86 \dots\dots\dots = 146001$

Normalbelastung   *Torsion*

Punkt —	x m	Vollbeseilung: A-Mast 180° ohne Wind Momente in kgm	Vollbeseilung: A-Mast 180° Momente in kgm
1	6,10	$1167 \cdot 6,10 \dots\dots\dots = 7125$	$2070 \cdot — \dots\dots\dots = —$
2	7,49	$1167 \cdot 7,49 + 2760 \cdot 0,74 \dots = 10792$	$2070 \cdot 0,74 \dots\dots\dots = 1532$
3	9,05	$1167 \cdot 9,05 + 2760 \cdot 2,30 \dots = 16905$	$2070 \cdot 2,30 \dots\dots\dots = 4767$
4	10,64	$1167 \cdot 10,64 + 2760 \cdot 3,89 \dots = 23140$	$2070 \cdot 3,89 \dots\dots\dots = 8060$
5	12,23	$9447 \cdot 3,538 \dots\dots\dots = 33400$	$2070 \cdot 0,73 \dots\dots\dots = 1512$
6	13,75	$9447 \cdot 5,058 \dots\dots\dots = 47760$	$2070 \cdot 2,25 \dots\dots\dots = 4662$
7	18,63	$9447 \cdot 9,938 \dots\dots\dots = 93800$	$2070 \cdot 7,13 \dots\dots\dots = 14760$
8	22,13	$9447 \cdot 13,438 \dots\dots\dots = 126700$	$2070 \cdot 10,63 \dots\dots\dots = 22000$
9	23,91	$9447 \cdot 15,218 \dots\dots\dots = 143500$	$2070 \cdot 12,41 \dots\dots\dots = 25700$
10	27,70	$9447 \cdot 19,008 \dots\dots\dots = 179300$	$2070 \cdot 16,20 \dots\dots\dots = 33550$
11	28,70	$9447 \cdot 20,008 \dots\dots\dots = 188950$	$2070 \cdot 17,20 \dots\dots\dots = 35620$

Normalbelastung   *Torsion*

Punkt —	x m	Vollbeseilung: W-Mast 160° (+5°) Moment in kgm	Vollbeseilung: W-Mast 160° (−5°) Moment kgm
1	6,10	$723 \cdot 6,10 \dots\dots\dots = 4410$	$608 \cdot 6,10 \dots\dots\dots = 3707$
2	7,49	$723 \cdot 7,49 + 1884 \cdot 0,74 \dots = 6807$	$608 \cdot 7,49 + 1436 \cdot 0,74 \dots = 5616$
3	9,05	$723 \cdot 9,05 + 1884 \cdot 2,30 \dots = 10877$	$608 \cdot 9,05 + 1436 \cdot 2,30 \dots = 8807$
4	10,64	$723 \cdot 10,64 + 1884 \cdot 3,89 \dots = 15025$	$608 \cdot 10,64 + 1436 \cdot 3,89 \dots = 12065$
5	12,23	$6355 \cdot 3,447 \dots\dots\dots = 21880$	$4916 \cdot 3,60 \dots\dots\dots = 17680$
6	13,75	$6355 \cdot 4,967 \dots\dots\dots = 31520$	$4916 \cdot 5,12 \dots\dots\dots = 25150$
7	18,63	$6355 \cdot 9,847 \dots\dots\dots = 62600$	$4916 \cdot 10,0 \dots\dots\dots = 49160$
8	22,13	$6355 \cdot 13,347 \dots\dots\dots = 84750$	$4916 \cdot 13,5 \dots\dots\dots = 66400$
9	23,91	$6355 \cdot 15,127 \dots\dots\dots = 95900$	$4916 \cdot 15,28 \dots\dots\dots = 75100$
10	27,70	$6355 \cdot 18,917 \dots\dots\dots = 120000$	$4916 \cdot 19,07 \dots\dots\dots = 93650$
11	28,70	$6355 \cdot 19,917 \dots\dots\dots = 126400$	$4916 \cdot 20,07 \dots\dots\dots = 98660$

Normalbelastung　　　　　　　　　　　　　　　　　　*Torsion*

Punkt	x	Einseitige Beseilung: W-Mast 160° ($+5°$)	Einseitige Beseilung: W-Mast 160° ($-5°$)
—	m	Moment in kgm	Moment in kgm
1	6,10	$723 \cdot 6,10 \ldots = 4410$	$608 \cdot 6,10 \ldots = 3707$
4	10,64	$723 \cdot 10,64 + 977 \cdot 3,89 \ldots = 11495$	$608 \cdot 10,64 + 718 \cdot 3,89 \ldots = 9260$

Punkt	x	Einseitige Beseilung: W-Mast 160° ($-5°$)
1	6,10	$621 \cdot 6,1 \ldots = 3788$
4	10,64	$621 \cdot 10,64 + 848 \cdot 3,89 \ldots = 9906$

Momente aus Wind auf den Mast

Punkt	x	Momente M_W in kgm
—	m	
1	6,10	$240 \cdot 3,35 + 65,4 \dfrac{0,6^2}{2} \ldots = 817$
2	7,49	$240 \cdot 4,74 + 65,4 \dfrac{1,99^2}{2} \ldots = 1267$
3	9,05	$240 \cdot 6,30 + 65,4 \dfrac{3,55^2}{2} \ldots = 1924$
4	10,64	$240 \cdot 7,89 + 65,4 \dfrac{5,14^2}{2} \ldots = 2757$
5	12,23	$240 \cdot 9,48 + 440 \cdot 3,365 \ldots = 3755$
6	13,75	$240 \cdot 11,0 + 440 \cdot 4,885 + 75 \cdot \dfrac{1,52^2}{2} \ldots = 4875$
7	18,63	$240 \cdot 15,88 + 440 \cdot 9,765 + 480 \cdot 3,20 \ldots = 9647$
8	22,13	$240 \cdot 19,38 + 440 \cdot 13,265 + 480 \cdot 6,70 + 290 \cdot 1,75 \ldots = 14218$
9	23,91	$240 \cdot 21,16 + 440 \cdot 15,045 + 480 \cdot 8,48 + 290 \cdot 3,53 + 89,8 \cdot \dfrac{1,78^2}{2} \ldots = 16937$
10	27,70	$240 \cdot 24,95 + 440 \cdot 18,835 + 480 \cdot 12,27 + 290 \cdot 7,32 + 89,8 \cdot \dfrac{5,57^2}{2} \ldots = 23690$
11	28,70	$240 \cdot 25,95 + 440 \cdot 19,835 + 480 \cdot 13,27 + 290 \cdot 8,32 + 590 \cdot 3,285 \ldots = 25685$

Pfosten: Stabkräfte

Punkt	x	M_1	M_2	M_W	ΣM_1	ΣM_2	b	S_1	S_2	G_1	G_2	G_M	ΣG_1	ΣG_2	$G_{1/4}$	$G_{2/4}$
—	m		kgm				m	kg					kg			
4	10,64	27700	21256 +18979	2757	30457	42992	1,5074	10100	14260	9600	5985	802	10402	6787	2600	1697
5	12,23	40230	28621 +18979	3755	43985	51355	1,6187	13580	15870	9600	5985	900	10500	6885	2625	1721
7	18,63	113800	70451 +18979	9647	123447	99077	2,0763	29700	—	9600	—	1940	11540	—	2885	—
8	22,13	154100	93101 +18979	14218	168318	126298	2,3377	36000	—	9600	—	2580	12180	—	3045	—
10	27,7	218300	129401 +18979	23690	241990	172070	3,3321	36280	—	9600	—	4120	13720	—	3430	—

Pfosten: Stabkräfte und Spannungen

Punkt	S_{d1}	S_{z1}	S_{d2}	S_{z2}	Profil	F	F_n	i	l	λ	ω	σ_d	σ_z	Anschluß Art	σ_s	σ_l
—		kg			—	cm²		cm		—		kg/cm²		—	kg/cm²	
4	12700	7500	15957	12563	L 90 · 90 · 11	18,7	14,08	1,75	165,0	94,3	1,792	1530	893	—	—	—
5	16205	10955	17591	14149	L 90 · 90 · 11	18,7	14,08	1,75	150,0	85,9	1,644	1546	1005	6 M 20	932	1332
7	32585	26815	—	—	L 120 · 120 · 13	29,7	23,2	2,34	170,0	72,8	1,449	1588	1155	8 M 24	900	1303
8	39045	32955	—	—	L 140 · 140 · 13	35,0	28,5	2,74	180,0	65,8	1,364	1522	1155	9 M 24	958	1389
10	39710	32850	—	—	L 140 · 140 · 13	35,0	28,5	2,74	191,9	70,1	1,411	1600	1152	9 M 24	974	1412

$M_{T1} = 2070 \cdot 5,25 = 10868 \text{ kgm};$　　　$M_{T1} = 2039 \cdot 5,25 = 10705 \text{ kgm}$

$M_{T2} = 2070 \cdot 7,00 = 14490 \text{ kgm};$　　　$M_{T2} = 2039 \cdot 7,00 = 14273 \text{ kgm}$

Diagonalen

Punkt	1	2	3	4	5	6	7	8	9	10	—
b	1,1896	1,2869	1,3961	1,5074	1,6187	1,7347	2,0763	2,3377	2,5741	3,3321	m
b'	1,231	1,3283	1,4375	1,5488	1,6601	1,7905	2,1321	2,4031	2,6395	3,3975	m
$2\,\mathrm{tg}$	0,07	0,07	0,07	0,07	0,07	0,07	0,07	0,07	0,20	0,20	—
$\dfrac{1}{\cos}$	1,450	1,563	1,493	1,481	1,362	1,340	1,290	1,227	1,231	1,150	—

Vollbeseilung: Abspannmast: 180°

Punkt	1	2	3	4	5	6	7	8	9	10	
Q_z	1167	3927	3927	3927	9447	9447	9447	9447	9447	9447	kg
M	7125	10792	16905	23140	33400	47760	93800	126700	143500	179300	kgm
$\dfrac{M}{b}\cdot 2\,\mathrm{tg}$	419	588	849	1075	1443	1925	3163	3797	11150	10760	kg
Q_d	748	3339	3078	2852	8004	7522	6284	5650	1703	1313	kg
D	271	1303	1148	1056	2723	2520	2025	1731	525	378	kg

Vollbeseilung: W-Mast 160° (+ 5°)

Punkt	1	2	3	4	5	6	7	8	9	10	
Q_z	723	2607	2607	2607	6355	6355	6355	6355	6355	6355	kg
Q_W	279	370	472	576	680	794	1160	1450	1610	1950	kg
ΣQ	1002	2977	3079	3183	7035	7149	7515	7805	7965	8305	kg
M_z	4410	6807	10877	15025	21880	31520	62600	84750	95900	120000	kgm
M_W	817	1267	1924	2757	3755	4875	9647	14218	16937	23690	kgm
ΣM	5227	8074	12801	17782	25635	36395	72247	98968	112837	143690	kgm
$\dfrac{M}{b}\cdot 2\,\mathrm{tg}$	308	439	643	827	1110	1467	2435	2960	8785	8645	kg
Q_d	694	2538	2436	2356	5925	5682	5080	4845	820	340	kg
D	251	991	911	874	2017	1902	1637	1485	252	98	kg

Punkt	1		4'				1		4'		

Einseitige Beseilung: W-Mast 160° (+ 5°)   *Einseitige Beseilung: W-Mast 160° (−5°)*

	1 (+5°)	4' (+5°)	1 (−5°)	4' (−5°)	
Q_z	723	1700	621	1469	kg
Q_w	279	576	279	576	kg
ΣQ	1002	2276	900	2045	kg
M_z	4410	11495	3788	9906	kgm
M_w	817	2757	817	2757	kgm
ΣM	5227	14252	4605	12663	kgm
$\dfrac{M}{b}\,2\,\mathrm{tg}$	308	663	271	589	kg
Q_d	694	1613	629	1456	kg
M_k	3917	7833	6326	12653	kgm
h	1,20	1,65	1,20	1,65	m
H	3262	4750	5271	7670	kg
M	1794	3753	2899	6060	kgm
$\dfrac{M}{b}\,2\,\mathrm{tg}$	105	174	171	281	kg
Q_{dn}	3157	4576	5100	7389	kg

Diagonalen

Punkt	1'		4'				1'		4'		—
ΣQ	3851		6189				5729		8845		kg
D	1395		2290				2075		3272		kg

Torsion

Punkt	1	2	3	4	5	6	7	8	9	10	—
Vollbeseilung: Abspannmast 180°											
Q	—	2070	2070	2070	2070	2070	2070	2070	2070	2070	kg
M	—	1532	4767	8060	1512	4662	14760	22000	25700	33550	kgm
$\frac{M}{b}\,2\mathrm{tg}$	—	83	239	374	65	188	499	659	1995	2013	kg
Q_d	—	1987	1831	1696	2005	1882	1571	1411	75	57	kg
$Q_d/2$	—	994	916	848	1003	941	786	706	38	29	kg
M_T	—	10868	10868	10868	14490	14490	14490	14490	14490	14490	kgm
$\frac{M_T}{2\,b}$	—	4090	3778	3510	4360	4042	3397	3012	2742	2130	kg
ΣQ	—	5084	4694	4358	5363	4983	4183	3718	2780	2159	kg
D_T	—	3972	3502	3230	3650	3338	2700	2280	1712	1241	kg

Punkt	1	2	3	4	5	6	7	8	9	10	—
Vollbeseilung: W-Mast 160° (−5°)											
Q	608	2044	2044	2044	4916	4916	4916	4916	4916	4916	kg
M	3707	5616	8807	12065	17680	25150	49160	66400	75100	93650	kgm
$\frac{M}{b}\,2\mathrm{tg}$	218	305	442	561	765	1015	1655	1984	5835	5620	kg
Q_d	390	1739	1602	1483	4151	3901	3261	2932	919	704	kg
$Q_d/2$	195	870	801	742	2076	1951	1631	1466	460	352	kg
M_T	—	10705	10705	10705	14273	14273	14273	14273	14273	14273	kgm
$\frac{M_T}{2\,b}$	—	4030	3722	3455	4297	3985	3343	2965	2702	2098	kg
ΣQ	195	4900	4523	4197	6373	5936	4974	4431	3162	2450	kg
D_T	141	3820	3375	3108	4340	3975	3205	2717	1945	1408	kg

Einseitige Beseilung: W-Mast 160° (− 5°)

	1										
Q	608			1326							kg
M	3707			9260							kgm
$\frac{M}{b}\,2\mathrm{tg}$	218			430							kg
Q_d	390			896							kg
Q_{dk}	5100			7389							kg
ΣQ	5490			8285							kg
$\frac{Q}{2}$	2745			4143							kg
M_T	—			10705							kgm
$\frac{M_T}{2\,b}$	—			3455							kg
ΣQ_T	—			7598							kg
D_T	1990			5630							kg

Punkt	1	1′	2	3	4	4′	5	6	7	8	9	10	—
D_{max}	271	2075	1303	1148	1056	3272	2723	2520	2025	1731	525	378	kg
$D_{T\,max}$	141	1990	3972	3502	3230	5630	4340	3975	3205	2717	1945	1408	kg
Profil	∟40·50·5	∟40·50·5	∟50·50·6	∟50·50·5	∟50·50·5	∟50·50·6	∟50·50·5	∟50·50·5	∟50·50·5	∟50·50·5	∟50·50·5	∟50·50·5	—
F	4,27	4,27	5,69	4,80	4,80	5,69	4,80	4,80	4,80	4,80	4,80	4,80	cm²
F_n	1,65	1,65	1,98	1,65	1,65	4,67	3,95	3,95	3,95	1,65	1,65	1,65	cm²
i	0,84	0,84	0,96	0,98	0,98	0,96	0,98	0,98	0,98	0,98	0,98	0,98	cm
$0,9\,l$	80,6	80,6	94,5	97,6	104,6	104,6	103,1	108,0	125,0	132,8	153,7	183,1	cm
λ	96,0	96,0	98,5	99,7	106,8	109,2	105,3	110,3	127,6	135,6	157,0	187,0	—

Diagonalen

Punkt	1	1′	2	3	4	4′	5	6	7	8	9	10	—
ω	1,824	1,824	1,872	1,894	2,043	2,093	2,011	2,12	2,749	3,108	4,164	5,911	—
σ_d	116	888	429	454	451	1202	1142	1112	1159	1120	456	466	kg/cm²
σ_z	164	1258	659	697	641	701	691	638	513	1050	319	230	kg/cm²
σ_{dT}	60	852	1307	1381	1375	2072	1819	1756	1835	1758	1685	1731	kg/cm²
σ_{zT}	86	1206	2009	2122	1958	1205	1099	1007	812	1648	1179	856	kg/cm²
An-schluß	1 Niet 17	1 Niet 17	1 Niet 17	1 Niet 17	1 Niet 17	2 Niete 17	2 M 16	2 Niete 17	2 M 16	1 M 16	1 M 16	1 M 16	—
σ_s	119	915	575	507	466	721	678	555	504	862	262	188	kg/cm²
σ_l	319	2439	1278	1350	1242	1605	1704	1236	1266	2164	656	473	kg/cm²
σ_{sT}	62	877	1752	1543	1423	1239	1080	876	798	1351	968	702	kg/cm²
σ_{lT}	166	2339	3900	4122	3799	2762	2712	2340	2005	3397	2430	1758	kg/cm²

III. Gründung mit Einzelfundamenten

1. Stufenfundament

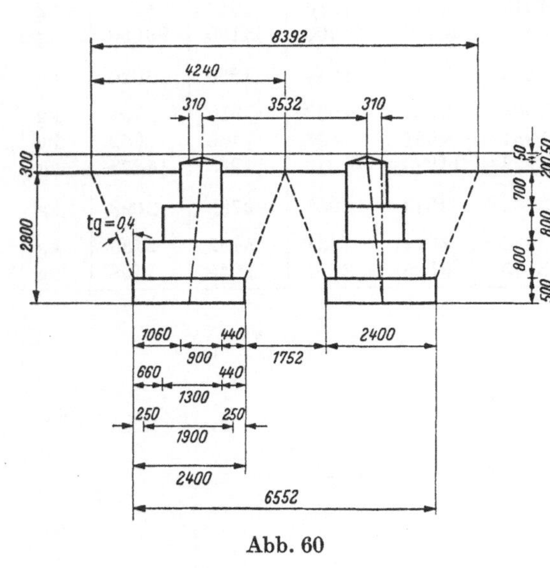

Abb. 60

$$M = 229\,900 + 25\,685 = 255\,585 \text{ kgm}$$

$$G = 9600 + 4120 = 13\,720 \text{ kg}; \quad \frac{G}{2} = 6860 \text{ kg}$$

$$b = 3,5321 \text{ m}$$

$$S_d = 72\,400 + 6860 = 79\,260 \text{ kg}$$

$$S_z = 72\,400 - 6860 = 65\,540 \text{ kg}$$

Beton:

$$\frac{0,05}{3} \cdot 0,9^2 = 0,014 \text{ m}^3$$
$$0,2 \cdot 0,9^2 = 0,162 \text{ m}^3$$
$$\overline{0,7 \cdot 0,9^2 = 0,567 \text{ m}^3}$$
$$0,8 \cdot 1,3^2 = 1,352 \text{ m}^3$$
$$0,8 \cdot 1,9^2 = 2,888 \text{ m}^3 = 4,807 \text{ m}^3$$
$$\overline{0,5 \cdot 2,4^2 = 2,880 \text{ m}^3}$$
$$7,863 \text{ m}^3$$

Erde:

$$\frac{2,3}{3}\,(17,978 + 5,76 + 10,176) - 4,807$$
$$= 21,193 \text{ m}^3$$

Gewicht: $2\,(7,863 \cdot 2000 + 21,193 \cdot 1600) = 99\,270 \text{ kg}$

Sicherheit gegen Herausziehen: $\dfrac{99\,270}{65\,540} = 1,513$

2. Einsetzfundament. Bemessung

Einsetzfundamente bestehen. aus Betonfertigteilen (Rohr + Fußplatte) und werden mit Hilfe einer Stahlzylinderschalung als Baugrubenaussteifung in den Baugrund eingesetzt. Infolgedessen ist bei Auftrieb eine Wasserhaltung während des Einsetzens nicht erforderlich.

Baustoffe

Beton B 560 für Rohre (Schleuderbeton)
Beton B 300 für Füllbeton und Fußplatten (Rüttelbeton)

Längsbewehrung: Stahl II, $\sigma_{zul} = 2000$ kg/cm²
Quer- und Fußplatten-Bewehrung: Stahl I, $\sigma_{zul} = 1400$ kg/cm²

Baugrund mit vollem Auftrieb, gut tragfähig.

Lastannahmen

Eckstielzug- und Druckkräfte wie unter 1.

Schubkraft, in Höhe der Erdoberfläche angreifend angenommen = 3490 kg.

a) Nachweis der Standsicherheit

Betoninhalt V_B und Gewicht G_B

γ_B = (2400 kg/m³ über Erde), (1400 kg/m³ für Auftrieb bis Erdoberfläche)

V_B = 2,71 m³

G_B = 3910 kg

Erdauflast

γ_{E_W} = 1100 kg/m³

α) Für Zugbeanspruchung wird eine Auflast mit dem Erdauflastwinkel $\beta \cong 22°$ (tg β = 0,4) in Rechnung gestellt.

$$G_{E_Z} = 53\,500 \text{ kg}$$

Für die Überschneidung des Erdauflastkegels auf der Zugseite des Mastes wurde dabei ein entsprechendes Gewicht abgezogen.

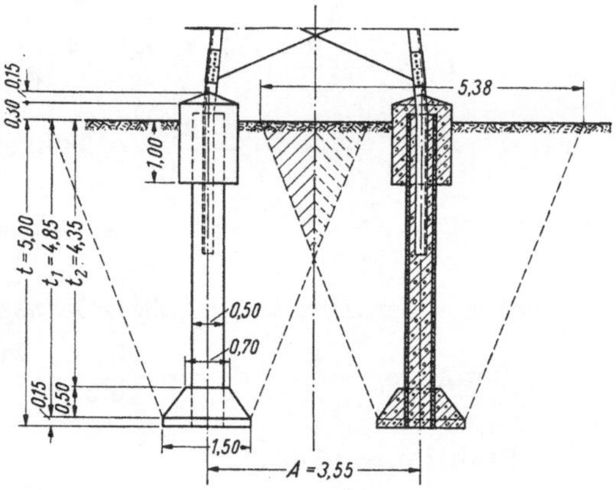

Abb. 61

$$\text{Verhältnis } \frac{G_B + G_{E_Z}}{S_z} = \frac{57\,410}{32\,770} = 1,75 > 1,5$$

β) Für die Ermittlung der Druckbeanspruchung unter der Fundamentsohle wird das senkrecht über der Sohle liegende Erdreich mit berücksichtigt:

$$G_{E_D} = 7110 \text{ kg}$$

$$S_d + G_B + G_{E_D} = 39\,630 + 3910 + 7110 = 50\,650 \text{ kg}$$

Damit wird die Bodenpressung:

$$p_d = \frac{50\,650 \cdot 4}{1,5^2 \cdot 3,14} = 2,86 \text{ kg/cm}^2 < p_{d\,\text{zul}}$$

b) Nachweis der Fundamentfestigkeit

Außer der Beanspruchung durch Eckstiel-Zug- und Druckkräfte ist die Biegebelastung infolge der Schubkraft H (Horizontallast) zu beachten. Diese wird unter der Annahme einer parabolischen Erddruckverteilung längs der Seitenwand der Fundamente ermittelt. Die Breite der Seitenwand wird ungünstigst durchgehend mit der Größe des Schaftdurchmessers berücksichtigt.

Das maximale Moment ergibt sich nach den gleichen Beziehungen, wie sie für das Bohrfundament des Tragmastes aufgestellt wurden. zu

$$M_{\max} = 0,239 \, H \, t = 0,239 \cdot 3490 \cdot 5,0 = 4175 \text{ kgm}$$

Die Exzentrizität e des Lastangriffs beträgt:

$$e_d = \frac{M_{\max}}{S_d} = \frac{4175}{39\,630} = 0,106 \text{ m} < 0,22 \, d'$$

(Fußplatten-Durchmesser $d' = 1,50$ m)

$$e_z = \frac{M_{\max}}{S_z} = \frac{4175}{32\,770} \ 0,128 \text{ m} < 0,22 \, d'$$

Der Lastangriffspunkt liegt also so, daß $\sigma_{Bz} < 0,25 \, \sigma_{Bd}$ ist. Für Druck- und Biegebelastung ist daher nur mit geringen Biegezugspannungen

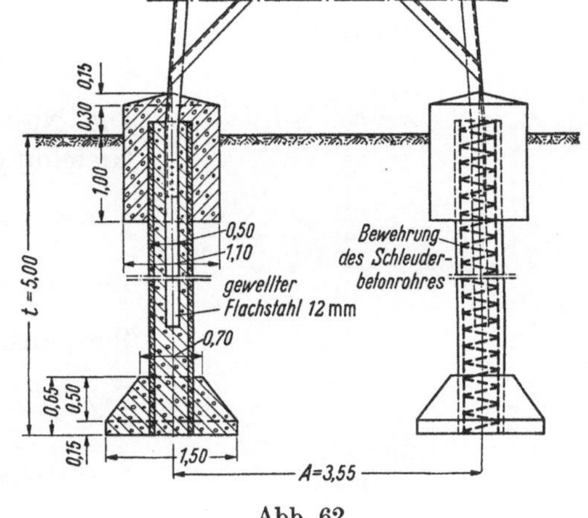

Abb. 62

und für Zug- und Biegebelastung nur mit Zugspannungen zu rechnen. Dementsprechend wird im 1. Fall mit den ideellen Querschnittswerten und im 2. Fall nur mit dem Stahlquerschnitt für Spannungsermittlung gerechnet.

Als Längsbewehrung wird gewählt: 16 $\varnothing$ 18 mit $F_e = 40{,}72$ cm².

$$F_i = \frac{3{,}14\, D^2}{4} + 15\, F_e = \frac{3{,}14 \cdot 50^2}{4} + 15 \cdot 40{,}72 \qquad = \quad 2573 \text{ cm}^2$$

$$D_i = \frac{3{,}14\, D^4}{64} + \frac{15 \cdot F_e \cdot r_m^2}{2} = \frac{3{,}14 \cdot 50^4}{64} + \frac{15 \cdot 40{,}72 \cdot 21{,}8^2}{2} = 452\,000 \text{ cm}^4$$

$$J_e = \frac{F_e\, r_m^2}{2} = \frac{40{,}72 \cdot 21{,}8^2}{2} = 9690 \text{ cm}^4$$

$$W_e = \frac{J_e}{r_m} \qquad\qquad = \quad 444 \text{ cm}^3$$

Nachweis der Druck- und Biegebeanspruchung

Beton: $\sigma_b = \dfrac{S_d}{F_i} \pm \dfrac{M\, r}{J_i} = \dfrac{39\,630}{2573} \pm \dfrac{417\,500 \cdot 25}{452\,000} = 15{,}4 \pm 23{,}2 = \left. \begin{matrix} - & 38{,}6 \\ & 7{,}8 \end{matrix} \right\} \text{kg/cm}^2$

Stahl: $\sigma_e = 15\, \sigma_b \dfrac{r_m}{r}$ $\qquad\qquad\qquad\qquad\qquad = \left. \begin{matrix} & 507 \\ - & 103 \end{matrix} \right\} \text{kg/cm}^2$

Nachweis der Zug- und Biegebeanspruchung

Stahl: $\sigma_e = \dfrac{S_z}{F_e} \pm \dfrac{M}{W_e} = \dfrac{32\,770}{40{,}72} \pm \dfrac{417\,500}{444} = 804 \pm 940 = \left. \begin{matrix} & 1744 \\ - & 136 \end{matrix} \right\} \text{kg/cm}^2$

Nachweis der Beanspruchung der Fundamentfußplatte

Die Platte wird durch die Druckkraft, die auf den Baugrund zu übertragen ist, auf Biegung beansprucht. Die Gesamtdruckkraft beträgt $D = 39\,630$ kg. Auf die Kreisringfläche der Fundamentplatte wirkt anteilig:

$$D' = 39\,630 \cdot \frac{150^2 - 50^2}{150^2} = 35\,200 \text{ kg}$$

Das Biegemoment M wird aus der Druckkraft auf die halbe Kreisringfläche, im Abstand x_s ihres Schwerpunktabstandes von der Mittellinie angreifend, errechnet:

$$x_s = \frac{4\,(75^3 - 25^3)}{3 \cdot 3{,}14\,(75^2 - 25^2)} = 34{,}5 \text{ cm}$$

daraus wird

$$\Gamma = \frac{35\,200}{2} \cdot 34{,}5 = 607\,000 \text{ kgcm}.$$

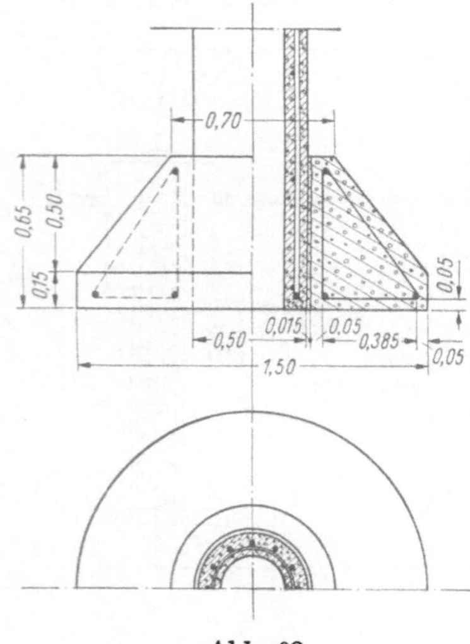

Abb. 63

Auf einen Querschnitt (s. Abb. 63) wirkt

$$M' = \frac{607\,000}{2} = 303\,500 \text{ kgcm}$$

Die Null-Linie für diesen Querschnitt ergibt sich aus der Gleichung der Flächenmomente zu $x = 20{,}0$ cm

$$J = \frac{10 \cdot 20^3}{3} + \frac{16 \cdot 20^3}{12} + 15 \cdot 3{,}14\,(2{,}40^2 + 15^2)$$

$$= 26\,667 + 10\,667 + 161\,317 = 198\,651 \text{ cm}^4$$

Betondruckspannung

$$\sigma_b = \frac{303\,500 \cdot 20}{198\,651} \quad = \quad 31 \text{ kg/cm}^2$$

Stahlzugspannung

$$\sigma_e = \frac{15 \cdot 303\,500 \cdot 40}{198\,651} = 919 \text{ kg/cm}^2$$

Nachweis der Haftfestigkeit der Vergußfuge zwischen Fußplatte und Rohr:

$$\text{Druckkraft } D' = 35\,200 \text{ kg}$$
$$\text{Fläche der Vergußfuge } F_F = 50 \cdot 3{,}14 \cdot 65 = 10\,200 \text{ cm}^2$$
$$\text{Scherspannung } \tau = \frac{35\,200}{10\,200} = 3{,}45 \text{ kg/cm}^2 < \tau_{\text{zul}}$$

7. Berechnungsbeispiel. 220-kV-Doppelleitung, Tragmast T + O

I. Belastungsannahmen

Spannweiten	Windanteil Seilgewichtsanteil		300 400	m m
Leiterseile		Erdseil	6 · 2 Leiterseile	6 Leiterseile	
Baustoff		Al/St 170/40	Al/St 240/40	Al/St 310/100	
Durchmesser	d	18,9	21,7	26,6	mm
Querschnitt	F	211,9	$2 \cdot 276{,}1 = 552{,}2$	405,2	mm²
Beanspruchung	σ	8,25	7,50	7,30	kg/mm²
Seilzug	$Z = F\sigma$	~1750	~4140	~2960	kg
Wind auf Seile	$W = L\,d$				
52,5 < 40 m		298	682	419	kg
67,5 > 40 m		387			
Gewicht der Seile	g_o	0,794	$2 \cdot 0{,}971 = 1{,}942$	1,668	kg/m
Eislast	$g_z = 180 \cdot \sqrt{d}$	0,783	$2 \cdot 0{,}838 = 1{,}676$	0,928	kg/m
$g_o + g_z$		1,577	3,618	2,596	kg/m
Seil ohne Eis	$g_o\,L$	318	776	667	kg
Seil mit Eis	$(g_o + g_z)\,L$	637	1448	1038	kg
Ketten				2fach Ketten	
Gewicht ohne Eis				250	kg
Gewicht mit Eis				270	kg
Wind auf Kette ∥ zur Leitung				40	kg
Wind auf Kette ⊥ zur Leitung				30	kg

Der Mast wird bemessen für eine Belegung mit Zweierbündel Al/St 240/40, wahlweise Einfachseil Al/St 310/100.

Wind auf Mastschaft

Erdseilstütze: $l = 5{,}50$ m
$F_W = 2 \cdot 5{,}50 \cdot 0{,}055 + 13{,}0 \cdot 0{,}035 + 0{,}04 \text{ (Bleche)} = 1{,}10 \text{ m}^2$
$W = 1{,}10 \cdot 182 \cong 200$ kg

Schuß 1: $l = 5{,}50$ m
$F_W = 2 \cdot 5{,}50 \cdot 0{,}075 \text{ (Eckstiele)} + 17{,}0 \cdot 0{,}05 \text{ (Diagonalen)} + 1{,}2 \cdot 0{,}10 \text{ (Traversen-U-Eisen)}$
$\quad + 0{,}10 \text{ (Bleche)} = 1{,}90 \text{ m}^2$
$W = 1{,}90 \cdot 182 \cong 350$ kg

Schuß 2: $l = 8{,}81$ m
$F_W = 2 \cdot 8{,}81 \cdot 0{,}09 + 4{,}5 \cdot 0{,}06 + 21{,}2 \cdot 0{,}05 + 1{,}7 \cdot 0{,}12 + 0{,}12 = 3{,}25 \text{ m}^2$
$W = 3{,}25 \cdot 182 \cong 590$ kg

Schuß 3: $l = 7{,}4$ m
$F_W = 2 \cdot 7{,}4 \cdot 0{,}11 + 25{,}0 \cdot 0{,}05 = 2{,}88 \text{ m}^2$
$W = 2{,}88 \cdot 182 \cong 525$ kg

Schuß 4: $l = 5{,}96$ m
$F_W = 2 \cdot 5{,}96 \cdot 0{,}12 + 21{,}0 \cdot 0{,}05 = 2{,}48 \text{ m}^2$
$W = 2{,}48 \cdot 182 \cong 450$ kg

Gewichte der Mastkonstruktion

Erdseilstütze . . . . = 250 kg   Schuß 1 . . . . = 600 kg
Traverse I . . . . = 800 kg   Schuß 2 . . . . = 1000 kg
Traverse II . . . . = 1300 kg   Schuß 3 . . . . = 936 kg
                                                Schuß 4 . . . . = 960 kg

Wind auf Leitungen und Isolatoren

Wind auf Erdseil $Z_1 =$ 298 kg
Wind auf 2 Leiterseile $= 2 \cdot 682$ . . . . $= 1364$ kg
Traverse I: 2 Ketten $= 2 \cdot 30$ . . . . $=$ 60 kg
                                          $Z_2 = 1424$ kg

Wind auf 4 Leiterseile $= 4 \cdot 682$ . . . . $= 2728$ kg
Traverse II: 4 Ketten $= 4 \cdot 30$ . . . . $=$ 120 kg
                                          $Z_3 = 2848$ kg

II. Bemessung

Die im folgenden bezeichneten Punkte der Mastkonstruktion, Mastbreiten b, System-breiten e usw. sind der Mastskizze (Abb. 64) zu entnehmen.

Bei der Bemessung der Traversen und Diagonalen sind die Querkräfte und Stabkräfte infolge Ausnahmebelastung nach dem Verhältnis der zulässigen Normalbeanspruchung zur zulässigen Ausnahmebeanspruchung $\frac{1600}{2200}$ umgerechnet.

Bei dieser Berechnungsweise erkennt man sofort, welche Querkräfte und Stabkräfte aus Normal- bzw. Ausnahmebelastung für die Bemessung maßgebend sind.

Erdseilstütze

Punkt 4,85 m; $b = 1121$ mm; $e = 1090$ mm

$$\text{Moment}\quad M = 298 \cdot 4,85 = 1445 \text{ kgm}$$
$$200 \cdot 2,42 =\ 484 \text{ kgm}$$
$$\text{Querkraft } Q\ = 498 \text{ kg}; M = 1929 \text{ kgm}$$

Gewicht

Erdseil . . . . $= 318$ kg   Eckstielkraft $\pm S = \frac{1929}{2 \cdot 1,09} =$ 884 kg
Stütze . . . . $= 250$ kg $G/4$ $=$ 142 kg
                              $G = 568$ kg   Druckkraft $- S$ $= 1026$ kg
                                                    Zugkraft $+ S$ $=$ 742 kg

Gewählt: ∟ 55 · 55 · 6   Anschluß: 4 M 12

$$F = 6{,}31 \text{ cm}^2;\quad F_z = 4{,}75 \text{ cm}^2;\quad i = 1{,}07 \text{ cm};\quad l_k = 115 \text{ cm}$$

$$\lambda = \frac{115}{1{,}07} = 107;\quad \omega = 2{,}05 \qquad\qquad \sigma_d = \frac{1026 \cdot 2{,}05}{6{,}31} = 333 \text{ kg/cm}^2$$

$$\sigma_z = \frac{742}{4{,}75} = 156 \text{ kg/cm}^2$$

Querkraft zur Bemessung der gekreuzten Streben:

$$Q' = 498/2 - 884 \cdot 0{,}194 = 249 - 171 = 78 \text{ kg}$$

Ein Nachweis der Diagonalen und Anschlüsse erübrigt sich, da die Beanspruchung sehr gering ist und nach konstruktiven Gesichtspunkten bemessen werden muß. (s. Abb. 64)

180 außen
L 55×55×6
4,85
1250
4 M12
0,75
L 50×50×5...3 M16
L 50×50×5
3 M20
2 M20
M16
E 10
500
500
4 M16
2,27
7500
7500
L 75×75×7
Aufhängung
5,50
6 M16
7,30
L 50×50×5...3 M16
L 50×50×5
2 M16
3 M20
E 12
4 M16
2 M20
9,15
500
5000
5000
5000
5000
L 90×90×11
14,31
6 M20
Verband bei Traverse I
Steigbolzen
L 110×110×10
21,71
6 M20
L 120×120×11
27,67
10 M20
3322
3560
1330
700
900
1400
2000
3490
Fundament
3370
1950
Breitenzunahme: 194 mm/m
L 35×35×4
1 M12
L 50×50×5
1⌀17
L 40×50×5
1⌀17
L 50×50×6
1 M16
L 60×60×6
2⌀17
L 50×50×5
1⌀17
L 50×50×5
1 M16
Breitenzunahme: 70 mm/m
Diagonale:
200
1050
1000
1050
1150
1050
1050
5500
1500
0,0
1,5
1500
1550
1,5
1600
6750
1700
1900
8,25
1700
1725
1750
1775
29000
1800
20750
1850
1900
1925
1975
2000
2050
29,0
300
2400

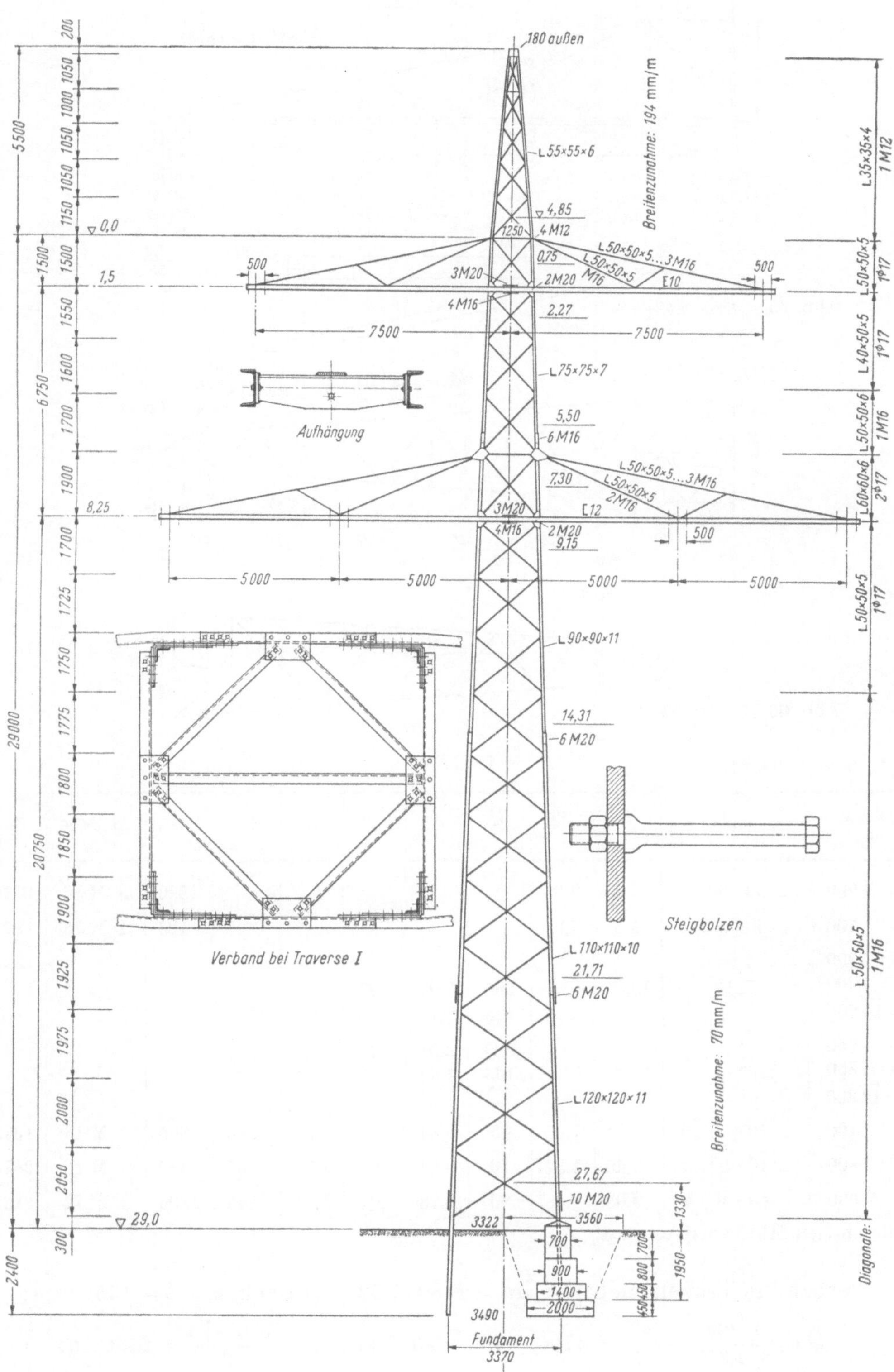

Abb. 64

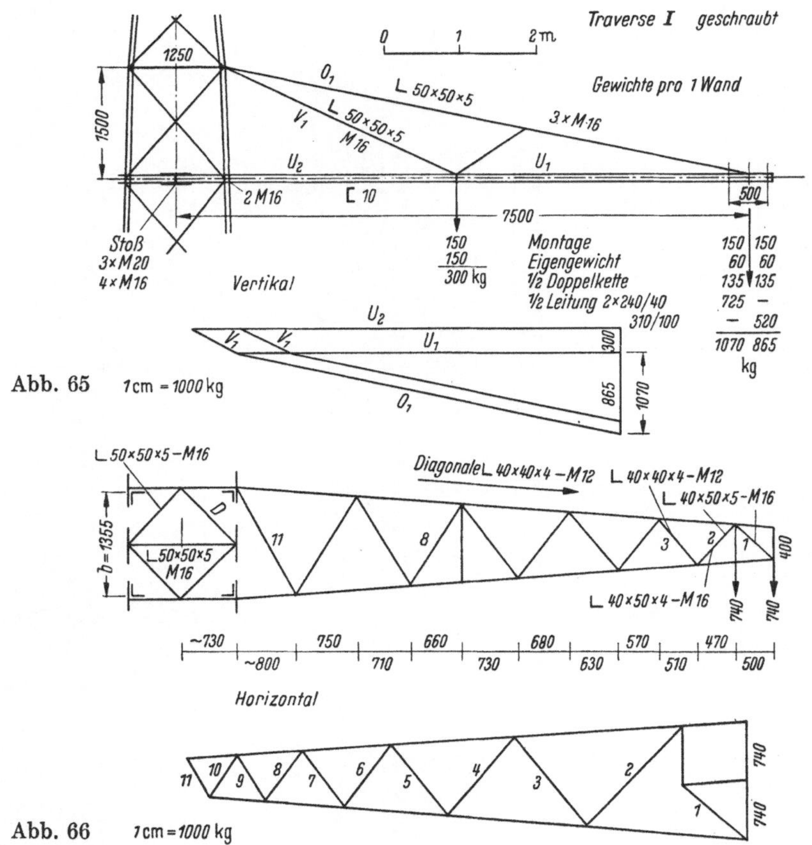

Abb. 65   1 cm = 1000 kg

Abb. 66   1 cm = 1000 kg

Traverse I (s. Abb. 65, 66)

Stab	Kraft kg	Profil	F cm²	F_z cm²	l_k cm	i cm	λ	ω	σ_d kg/cm²	σ_z kg/cm²	Anschluß	σ_l kg/cm²	σ_s kg/cm²
O_1	+ 5200	L 50·50·5	4,8	3,95						1320	3 M 16	2170	865
V_1	+ 700	L 50·50·5	4,8	1,65						425	1 M 16	875	348
U_1	− 4300 − 5900 − 10 200	⊏ 10	13,5		380 145	3,91 1,47	97 99	1,88	1420				
U_2	− 4950 − 7350 − 12 300	⊏ 10	13,5		300 155	3,91 1,47	77 105	2,00	1820				
1	± 1100	L 40·50·5	4,27	1,65	65	0,84	77	1,50	390	665	1 M 16	1375	548
2	± 1800	L 40·50·4	3,46	1,32	70	0,84	84	1,61	837	1360	1 M 16	2813	896
3	± 1500	L 40·40·4	3,08	1,08	80	0,78	102	1,94	945	1390	1 M 12	3125	1328
usw.	Alle übrigen Stäbe entsprechend!												

Verband in Traversenebene: $Md = 1480 \cdot 7{,}50 = 11\,100$ kgm; $b = 1355$ mm;

$$Q = \frac{11\,100}{2 \cdot 1{,}355} - \frac{1480}{2} = 4100 - 740 = 3360 \text{ kg}; \quad D = \frac{3360 \cdot \sqrt{2}}{2} = 2380 \text{ kg};$$

L 50·50·5   1 M 16 $F = 4{,}80$ cm²; $F_z = 1{,}65$ cm²; $i = 0{,}98$ cm; $l_k = 100$ cm;

$$\lambda = \frac{100}{0{,}98} = 102; \quad \omega = 1{,}94$$

$$\sigma_d = \frac{2380 \cdot 1{,}94}{4{,}80} = 960 \text{ kg/cm}^2$$

Eckstiele
Schuß 2

$$\text{Punkt } 14{,}31 \text{ m}; \quad l = 8{,}81 \text{ m}; \quad b = 2274 \text{ mm}; \quad e = 2222 \text{ mm}$$

Aufstellung der Momente

$$
\begin{aligned}
M = \quad 298 \cdot 19{,}81 &= 5\,910 \text{ kgm} \\
1424 \cdot 12{,}81 &= 18\,250 \text{ kgm} \\
2848 \cdot 6{,}06 &= 17\,260 \text{ kgm} \\
200 \cdot 17{,}06 &= 3\,410 \text{ kgm} \\
350 \cdot 11{,}56 &= 4\,050 \text{ kgm} \\
590 \cdot 4{,}41 &= 2\,600 \text{ kgm} \\
\end{aligned}
$$

$$\text{Querkraft } Q = 5710 \text{ kg} \quad M = 51\,480 \text{ kgm}$$

Gewichte

Erdseilstütze und

Traverse 1 und 2	=	2350 kg
Schuß 1 und 2	=	1600 kg
Erdseil	=	318 kg
6 · 2 Leiterseile	=	4656 kg
6 Ketten	=	1500 kg
G	$G\,II =$	10424 kg

$$\pm S = \frac{51480}{2 \cdot 2{,}222} = 11585 \text{ kg}$$

$$G/4 = 2605 \text{ kg}$$

$$\text{Eckstieldruckkraft} \quad -S = 14190 \text{ kg}$$

$$\text{Eckstielzugkraft} \quad +S = 8980 \text{ kg}$$

$$\boxed{\llcorner \ 90 \cdot 90 \cdot 11} \qquad \boxed{6 \cdot \text{M}\,20}$$

$$F = 18{,}70 \text{ cm}^2; \quad F_z = 14{,}08 \text{ cm}^2; \quad i = 1{,}75 \text{ cm}; \quad l_k = 1{,}78 \text{ cm}$$

$$\lambda = \frac{178}{1{,}75} = 102 \qquad \omega = 1{,}94 \qquad\qquad \sigma_s = \frac{14190}{6 \cdot 3{,}14} = 752 \text{ kg/cm}^2$$

$$\sigma_d = \frac{14190 \cdot 1{,}94}{18{,}70} = 1470 \text{ kg/cm}^2 \qquad\qquad \sigma_l = \frac{14190}{6 \cdot 2{,}0 \cdot 1{,}1} = 1072 \text{ kg/cm}^2$$

$$\sigma_z = \frac{8980}{14{,}08} = 638 \text{ kg/cm}^2$$

Schuß 4

$$\text{Punkt } 27{,}67 \text{ m}; \quad l = 5{,}96 \text{ m}; \quad b = 3229 \text{ mm}; \quad e = 3162 \text{ mm}$$

$$
\begin{aligned}
M = \quad 298 \cdot 33{,}17 &= 9\,885 \text{ kgm} \\
1424 \cdot 26{,}17 &= 37\,265 \text{ kgm} \\
2848 \cdot 19{,}42 &= 55\,310 \text{ kgm} \\
200 \cdot 30{,}42 &= 6\,085 \text{ kgm} \\
350 \cdot 24{,}92 &= 8\,720 \text{ kgm} \\
590 \cdot 17{,}77 &= 10\,485 \text{ kgm} \\
525 \cdot 9{,}66 &= 5\,070 \text{ kgm} \\
450 \cdot 2{,}98 &= 1\,340 \text{ kgm} \\
\end{aligned}
$$

$$Q = 6685 \text{ kg} \quad M = 134\,160 \text{ kgm}$$

Gewichte

$G\,II$	=	10424 kg
Schuß 3 und 4.	=	1896 kg
	$G\,IV =$	12320 kg

$$\pm S = \frac{134160}{2 \cdot 3{,}162} = 21\,200 \text{ kg}$$

$$G/4 = 3080 \text{ kg}$$

$$-S = 24\,280 \text{ kg}$$

$$+S = 18\,120 \text{ kg}$$

$$\boxed{\ulcorner \ 120 \cdot 120 \cdot 11} \qquad \boxed{10 \cdot \text{M}\,20}$$

$$F = 25{,}4 \text{ cm}^2; \quad F_z = 20{,}78 \text{ cm}^2; \quad i = 2{,}35 \text{ cm}; \quad l_k = 205 \text{ cm}$$

$$\lambda = \frac{205}{2{,}35} = 87{,}5 \qquad \omega = 1{,}67 \qquad\qquad \sigma_s = \frac{24280}{10 \cdot 3{,}14} = 772 \text{ kg/cm}^2$$

$$\sigma_d = \frac{24280 \cdot 1{,}67}{25{,}4} = 1595 \text{ kg/cm}^2 \qquad\qquad \sigma_l = \frac{24280}{10 \cdot 2{,}0 \cdot 1{,}1} = 1100 \text{ kg/cm}^2$$

$$\sigma_z = \frac{18120}{20{,}78} = 868 \text{ kg/cm}^2$$

Diagonale   Punkt 2,27 m; $b = 1409$ mm; $e = 1367$ mm

Normalbelastung   *Ausnahmebelastung*

$$M_b = 298 \cdot 7{,}77 = 2320 \text{ kgm}$$
$$1424 \cdot 0{,}77 = 1100 \text{ kgm}$$
$$200 \cdot 5{,}02 = 1005 \text{ kgm}$$
$$150 \cdot 1{,}13 = 170 \text{ kgm}$$
$$Q = 2072 \text{ kg} \quad M = 4595 \text{ kgm}$$

$$Q_D = \frac{2072}{2} - \frac{4595 \cdot 0{,}07}{2 \cdot 1{,}367} = 1036 - 117 = 919 \text{ kg}$$

$$M_d = 1480 \cdot 7{,}5 = 11\,100 \text{ kgm}$$
$$M_b = 1480 \cdot 0{,}77 = 1140 \text{ kgm}$$
$$Q_T = \frac{11\,100}{2 \cdot 1{,}367} + \frac{1480}{2} - \frac{1140 \cdot 0{,}07}{2 \cdot 1{,}367}$$
$$= 4050 + 740 - 29 = 4761 \text{ kg} > \text{Normalbelastung}$$
$$\cos 48° = 0{,}669$$
$$D = \frac{4761}{2 \cdot 0{,}669} = 3560 \text{ kg}$$

$$\boxed{\llcorner 40 \cdot 50 \cdot 5} \qquad \boxed{17 \,\varnothing}$$

$$F = 4{,}27 \text{ cm}^2; \quad F_z = 1{,}65 \text{ cm}^2; \quad i = 0{,}84 \text{ cm}; \quad l_k = 0{,}9 \cdot 105 = 95 \text{ cm}$$

$$\lambda = \frac{95}{0{,}84} = 113 \qquad \omega = 2{,}18 \qquad \sigma_d = \frac{3560 \cdot 2{,}18}{4{,}27} = 1820 \text{ kg/cm}^2 \qquad \sigma_z = \frac{3560}{1{,}65} = 2160 \text{ kg/cm}^2$$

Diagonale   Punkt 9,15 m; $b = 1913$ mm; $e = 1860$ mm

Normalbelastung   *Ausnahmebelastung*

$$M = 298 \cdot 14{,}65 = 4370 \text{ kgm}$$
$$1424 \cdot 7{,}65 = 10\,900 \text{ kgm}$$
$$2848 \cdot 0{,}90 = 2560 \text{ kgm}$$
$$200 \cdot 11{,}90 = 2380 \text{ kgm}$$
$$350 \cdot 6{,}40 = 2240 \text{ kgm}$$
$$\sim 250 \cdot 1{,}82 = 460 \text{ kgm}$$
$$Q = 5370 \text{ kg} \quad M = 22\,910 \text{ kgm}$$

$$Q_D = \frac{5370}{2} - \frac{22\,910 \cdot 0{,}07}{2 \cdot 1{,}860}$$
$$= 2685 - 432 = 2253 \text{ kg}$$

$$M_d = 1480 \cdot 10{,}0 = 14\,800 \text{ kgm}$$
$$M_b = 1480 \cdot 0{,}9 = 1330 \text{ kgm}$$
$$Q_T = \frac{14\,800}{2 \cdot 1{,}860} + \frac{1480}{2} - \frac{1330 \cdot 0{,}07}{2 \cdot 1{,}860}$$
$$= 3980 + 740 - 25 = 4695 \text{ kg} > \text{Normalbelastung}$$
$$\cos 45° = 0{,}707$$
$$D = \frac{4695}{2 \cdot 0{,}707} = 3320 \text{ kg}$$

$$\boxed{\llcorner 50 \cdot 50 \cdot 5} \qquad \boxed{17 \,\varnothing}$$

$$F = 4{,}8 \text{ cm}^2; \quad F_z = 1{,}65 \text{ cm}^2; \quad i = 0{,}98 \text{ cm}; \quad l_k = 0{,}9 \cdot 130 = 117 \text{ cm}$$

$$\lambda = \frac{117}{0{,}98} = 120 \qquad \omega = 2{,}43 \qquad \sigma_d = \frac{3320 \cdot 2{,}43}{4{,}8} = 1680 \text{ kg/cm}^2 \qquad \sigma_z = \frac{3320}{1{,}65} = 2020 \text{ kg/cm}^2$$

Diagonale   Punkt 21,71 m; $e = 2751$ mm

Normalbelastung   *Ausnahmebelastung*

$$Q = \frac{6235}{2} - 17\,390 \cdot 0{,}07 = 3117 - 1217$$
$$= 1900 \text{ kg}$$

$$M_b = 1480 \cdot 13{,}46 = 19\,900 \text{ kgm}$$
$$Q_T = \frac{14\,800}{2 \cdot 2{,}751} + \frac{1480}{2} - \frac{19\,900 \cdot 0{,}07}{2 \cdot 2{,}751}$$
$$= 2690 + 740 - 253 = 3177 \text{ kg} > \text{Normalbelastung}$$
$$\cos 34° = 0{,}829$$
$$D = \frac{3177}{2 \cdot 0{,}829} = 1920 \text{ kg}$$

$$\boxed{\llcorner 50 \cdot 50 \cdot 5} \qquad \boxed{\text{M } 16}$$

$$F = 4{,}8 \text{ cm}^2; \quad F_z = 1{,}65 \text{ cm}^2; \quad i = 0{,}98 \text{ cm}; \quad l_k = 0{,}9 \cdot 170 = 153 \text{ cm}$$

$$\lambda = \frac{153}{0{,}98} = 157 \qquad \omega = 4{,}16 \qquad \sigma_d = \frac{1920 \cdot 4{,}16}{4{,}80} = 1660 \text{ kg/cm}^2 \qquad \sigma_z = \frac{1920}{1{,}65} = 1165 \text{ kg/cm}^2$$

Diagonale   Punkt 27,67 m; $e = 3162$ mm

Normalbelastung   *Ausnahmebelastung*

$$Q = \frac{6685}{2} - 21\,200 \cdot 0,07 = 3343 - 1480$$

$$= 1863 \text{ kg}$$

$$M_b = 1480 \cdot 19,42 = 28\,700 \text{ kgm}$$

$$Q_T = \frac{14\,800}{2 \cdot 3,162} + \frac{1480}{2} - \frac{28\,700 \cdot 0,07}{2 \cdot 3,162}$$

$$= 2340 \quad + 740 - 317 = 2763 \text{ kg}$$

$$\cos 32^{30} = 0,8434$$

$$D = \frac{2763}{2 \cdot 0,8434} = 1635 \text{ kg}$$

$\boxed{\llcorner\ 50 \cdot 50 \cdot 5}$ $\boxed{\text{M 16}}$

$$F = 4,80 \text{ cm}^2; \quad F_z = 1,65 \text{ cm}^2; \quad i = 0,98 \text{ cm}; \quad l_k = 0,9 \cdot 190 = 171 \text{ cm}$$

$$\lambda = \frac{171}{0,98} = 175, \quad \omega = 5,17 \qquad\qquad \sigma_d = \frac{1635 \cdot 5,17}{4,80} = 1760 \text{ kg/cm}^2$$

III. Gründung

1. Gründung mit Stufenfundament (s. Abb. 67)

$$l = 1,33 \text{ m}; \quad b = 3322 \text{ mm}; \quad e = 3255 \text{ mm}$$

$M f =$ in Punkt 27,67 m $= 134\,160$ kgm
$+ \ 6685 \cdot 1,33 \quad \underline{= \quad 8900 \text{ kgm}}$
$ 143\,060$ kgm

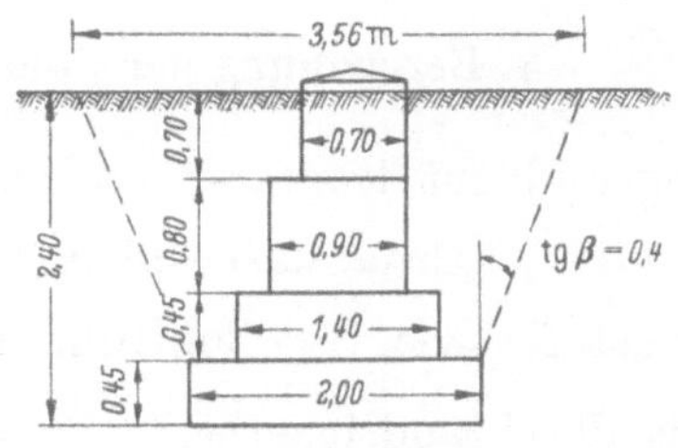

Abb. 67

Beton

$$V_B = 0,7^2 \cdot 0,25 = 0,125 \text{ m}^3$$
$$\left.\begin{array}{l} 0,7^2 \cdot 0,70 = 0,344 \text{ m}^3 \\ 0,9^2 \cdot 0,80 = 0,648 \text{ m}^3 \\ 1,4^2 \cdot 0,45 = 0,880 \text{ m}^3 \end{array}\right\} = 1,872 \text{ m}^3$$
$$\underline{2,0^2 \cdot 0,45 = 1,800 \text{ m}^3}$$
$$3,797 \text{ m}^3$$

$$\pm S = \frac{143\,060}{2 \cdot 3,255} = 22\,000 \text{ kg}$$
$$G/4 \ = \ \underline{3080 \text{ kg}}$$
$$\text{Zugkraft} + S = \overline{18\,920 \text{ kg}}$$

$$G_B = 2,0 \cdot 3,797 = 7,6 \text{ t}$$

$$\text{Erde } \operatorname{tg} \beta = 0,4 \quad V_E = \frac{1,95}{3}(2,0^2 + 3,56^2 + 2,0 \cdot 3,56) - 1,87$$

$$= \frac{1,95}{3}(4,0 + 12,7 + 7,12) - 1,87 = 13,6 \text{ m}^3$$

$$G_E = 1,60 \cdot 13,6 = 21,7 \text{ t}$$
$$G \ = 7,6 + 21,7 = 29,3 \text{ t}$$

$$\textit{Standsicherheit} \quad = \frac{G}{+S} = \frac{29,3}{18,92} = 1,54$$

2. Gründung mit Stufenfundament bei Wasserauftrieb (s. Abb. 68)

$$l = 1,33 \text{ m}; \quad b = 3322 \text{ mm}; \quad e = 3255 \text{ mm}$$

$M f =$ in Punkt 27,67 m $= 134\,160$ kgm
$+ 6685 \cdot 1,33 \quad \underline{= \quad 8900 \text{ kgm}}$
$ 143\,060$ kgm

Beton ohne Auftrieb

$$1,0^2 \cdot 0,25 = 0,25 \ \text{m}^3$$
$$\left.\begin{array}{l} 1,0^2 \cdot 0,60 = 0,60 \ \text{m}^3 \\ 1,0^2 \cdot 0,60 = 0,60 \ \text{m}^3 \\ 1,4^2 \cdot 0,30 = 0,588 \ \text{m}^3 \end{array}\right\} \ 1,188 \ \text{m}^3$$
$$G_B = 1,438 \cdot 2 = 2,876 \ \text{t}$$

Beton mit Auftrieb

$$\left.\begin{array}{l} 1,4^2 \cdot 0,4 = 0,784 \\ 2,3^2 \cdot 0,5 = 2,64 \\ 2,9^2 \cdot 0,6 = 5,04 \ \text{m}^3 \end{array}\right\} \ 3,424 \ \text{m}^3$$
$$G_B = 8,464 \cdot 1,0 = 8,464 \ \text{t}$$

Erdauflast mit Auftrieb

$$G_E = \frac{0,9}{3}(2,9^2 + 3,15^2 + 2,9 \cdot 3,15) - 3,424$$
$$= 8,24 - 3,424 = 4,816 \cdot 0,6 = 2,89 \ \text{to}$$

Gesamterdauflast $\qquad \dfrac{1,8}{3}(2,9^2 + 3,4^2 + 2,9 \cdot 3,4) = 17,90 \ \text{m}^3$

Erdauflast ohne Auftrieb $\quad G_E = (17,90 - 8,24) - 1,188 = 8,472 \cdot 1,6 = 13,56 \ \text{t}$

$$\Sigma G = 2,876 + 8,464 + 2,89 + 13,56 = 27,79 \ \text{t}$$

Standsicherheit $\dfrac{27,79}{18,92} = \sim 1,5$

$$\pm S = \frac{143\,060}{2 \cdot 3,255} = 22\,000 \ \text{kg}$$
$$G/4 \ = \ 3\,080 \ \text{kg}$$
$$\text{Zugkraft} + S \ = 18\,920 \ \text{kg}$$

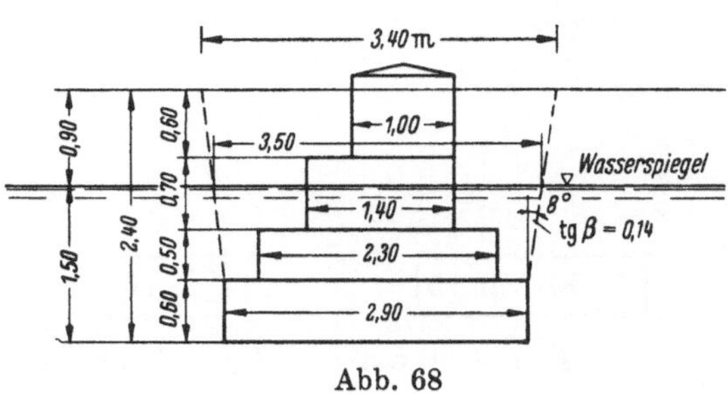

Abb. 68

3. Berechnung der Bohrfundamente für Tragmast T + 0   (s. Abb. 69)

Baugrund gut tragfähig und standfest.

Erdauflastwinkel $\beta \sim 22°$ (tg $\beta = 0,4$); $\quad \gamma_E = 1600 \ \text{kg/m}^3$

Werkstoffe wie für Bohrfundament des 110-kV-Tragmastes (s. Berechnungsbeispiel 5).

Nachweis der Standsicherheit $\qquad t = 3,50 \ \text{m}$
Betoninhalt $\qquad\qquad V_B = 1,975 \ \text{m}^3$
Betongewicht $\qquad\qquad G_B = 1,975 \cdot 2400 = 4740 \ \text{kg}$

Erdgewichte: Für Zugbelastung (Erdauflast mit Erdauflastwinkel β ermittelt)

$$G_{E_Z} = 27\,600 \ \text{kg};$$

die Überdeckung der Erdkeile ist darin berücksichtigt.

Für Druckbelastung (Erdauflast senkrecht über Fundamentsohle)

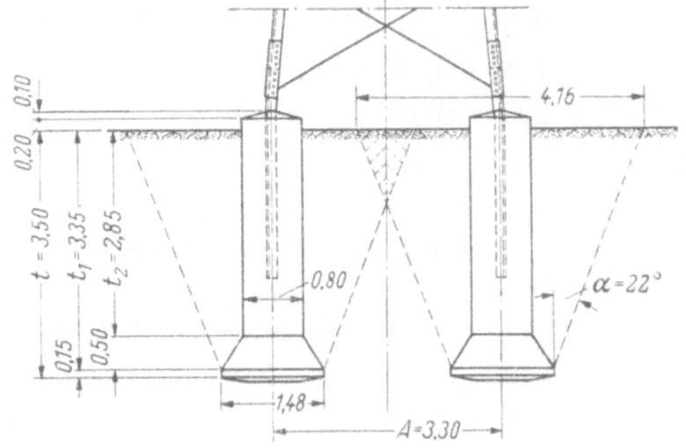

Abb. 69

$$G_{E_D} = 3,38 \cdot 1600 = 5420 \ \text{kg}$$

a) Sicherheit gegen Zugbelastung

$$\frac{G_B + G_{E_Z}}{S_z} = \frac{4740 + 27\,600}{18\,920} = 1,71 > 1,5$$

b) Bodenpressung unter der Fundamentsohle

$$p_d = \frac{(S_d + G_B + G_{E_D}) \cdot 4}{1,48^2 \cdot 3,14} = \frac{(25\,080 + 4740 + 5420) \cdot 4}{1,48^2 \cdot 3,14} = 2,05 \ \text{kg/cm}^2 < p_{d\,\text{zul}}$$

Der Nachweis der Festigkeit der Bohrfundamente ist entsprechend Berechnungsbeispiel 5 zu führen.

8. Berechnungsbeispiel. 220-kV-Doppelleitung, Winkelabspannmast 160—180°

I. Belastungsannahmen

Spannweiten	Windanteil Seilgewichtsanteil		400 500		m m
Leiterseile		1 Erdseil	6 · 2 Leiterseile	6 Leiterseile	
Baustoff		Al/St 170/40	Al/St 240/40	Al/St 310/100	
Durchmesser	d	18,9	21,7	26,6	mm
Querschnitt	F	211,9	$2 \cdot 276,1 = 552,2$	405,2	mm²
Beanspruchung	$\sigma_{-5°+E} \mid \sigma_{+5°}$	8,25 $\mid$ 4,33	7,50 $\mid$ 4,15	7,30 $\mid$ 4,70	kg/mm²
Seilzug	$Z = F\,\sigma$	~1750 $\mid$ ~918	4140 $\mid$ 2292	~2960 $\mid$ ~1905	kg
Wind auf Seile	$W = L \cdot d \cdot \begin{smallmatrix}52,5 < 40\,\text{m}\\67,5 > 40\,\text{m}\end{smallmatrix}$	397 509	912	559	kg
Gewicht der Seile	g_0	0,794	$2 \cdot 0,971 = 1,942$	1,668	kg/m
Eislast	$g_z = 180\,\sqrt{d}$	0,783	$2 \cdot 0,838 = 1,676$	0,928	kg/m
$g_0 + g_z$		1,577	3,618	2,596	kg/m
Seil ohne Eis	$g_0 \cdot L$	397	972	834	kg
Seil mit Eis	$(g_0 + g_z) \cdot L$	789	1810	1298	kg
Ketten				2fach Absp.-Kette	
Gewicht ohne Eis				260	kg
Gewicht mit Eis				280	kg
Wind auf Kette ‖ zur Leitung				40	kg
Wind auf Kette ⊥ zur Leitung				30	kg

Der Mast wird bemessen für eine Belegung mit Zweier-Bündel Al/St 240/40, wahlweise Einfachseil Al/St 310/100.

	Mastart	γ	Horizontalzug	Erdseil	1 Leiterseil
Al/St 240/40	Winkelmast . . . . 160°		$2\,Z \sin\alpha$	608	1440
	Abspannmast . . . . 180°		$2/3\,Z$	1167	2760
	Winkel-Abspannmast . . . . . . 160°		$2/3\,Z\,(\sin\gamma + \cos\gamma)$	1350	3200
Al/St 310/100	Winkelmast . . . . 160°		$2\,Z \sin\alpha$	608	1030
	Abspannmast . . . . 180°		$2/3\,Z$	1167	1973
	Winkel-Abspannmast . . . . . . 160°		$2/3\,Z\,(\sin\gamma + \cos\gamma)$	1350	2280

Wind auf Mast

Erdseilstütze: $l = 8,0$ m

$F_w = 2 \cdot 8,0 \cdot 0,065 + 16,8 \cdot 0,04 + 0,04 = 1,75$ m²

$W = 1,75 \cdot 182 \cong 320$ kg

Schuß 1: $l = 5,52$ m

$F_w = 2 \cdot 5,52 \cdot 0,10 + 16,0 \cdot 0,06 + 1,3 \cdot 0,05 + 1,4 \cdot 0,14 + 0,179 = 2,50$ m²

$W = 2,50 \cdot 182 \cong 460$ kg

Schuß 2: $l = 7,55$ m

$F_w = 2 \cdot 7,55 \cdot 0,15 + 1,7 \cdot 0,06 + 1,8 \cdot 0,18 + 4,8 \cdot 0,07 + 16,8 \cdot 0,065 \cdot 0,17 = 4,30$ m²

$W = 4,3 \cdot 182 \cong 780$ kg

Schuß 3: $l = 6,13$ m

$F_w = 2 \cdot 6,13 \cdot 0,18 + 19,5 \cdot 0,065 = 3,47$ m²

$W = 3,47 \cdot 182 \cong 630$ kg

Schuß 4: $l = 5,70$ m

$F_w = 2 \cdot 5,7 \cdot 0,18 + 2,6 \cdot 0,09 \cdot 24,0 \cdot 0,06 + 0,17 = 3,90$ m²

$W = 3,9 \cdot 182 \cong 710$ kg

Mastgewichte

Erdseilstütze = 410 kg	Schuß 1 = 850 kg	Schuß 3 = 1720 kg
Traverse I = 1100 kg	Schuß 2 = 1800 kg	Schuß 4 = 1900 kg
Traverse II = 2000 kg		

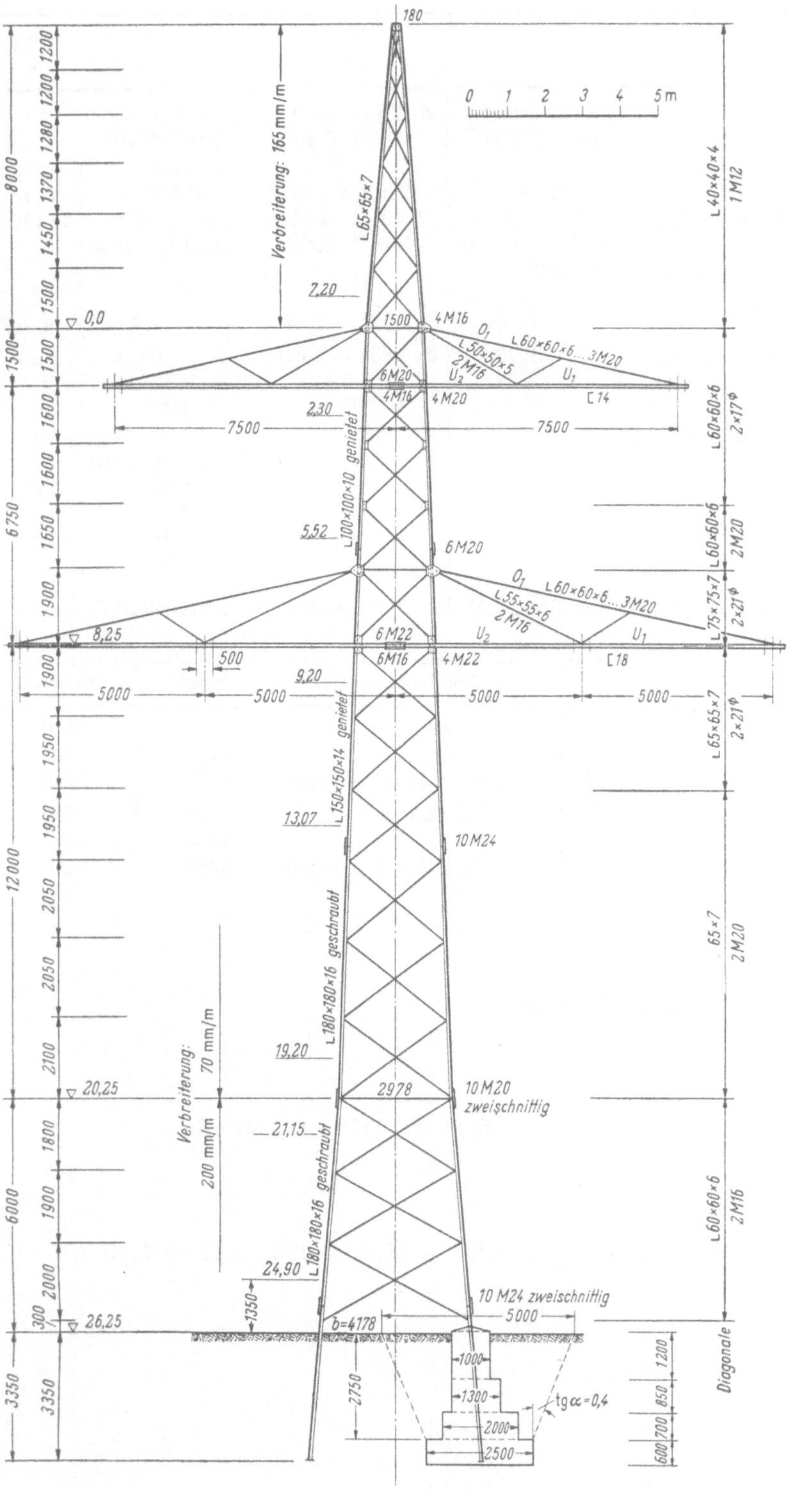

Abb. 70

II. Bemessung

Die im folgenden bezeichneten Punkte der Mastkonstruktion, Mastbreiten b, Systembreiten e usw. sind der Mastskizze (Abb. 70) zu entnehmen.

Bei der Bemessung der Diagonalen sind die Querkräfte und Stabkräfte infolge Ausnahmebelastung nach dem Verhältnis der zulässigen Normalbeanspruchung zur zulässigen Ausnahmebeanspruchung $\frac{1600}{2200}$ umgerechnet.

Bei dieser Berechnungsweise erkennt man sofort, welche Querkräfte und Stabkräfte aus Normal- bzw. Ausnahmebelastung für die Bemessung maßgebend sind.

Erdseilstütze

Punkt 7,20 m;

$b = 1368$ mm;

$e = 1331$ mm

Moment $M = 2030 \cdot 7{,}2 = \sim 14\,600$ kgm

Gewicht

Erdseil = 790 kg

Stütze = 410 kg

1200 kg

$$\pm S = \frac{14\,600}{2 \cdot 1{,}331} = 5480 \text{ kg}$$

$$G/4 = 300 \text{ kg}$$

Eckstieldruckkraft $\quad -S = 5780$ kg

Eckstielzugkraft $\quad +S = 5180$ kg

⌐ 65 · 65 · 7	4 · M 16

$$F = 8,7 \text{ cm}^2; \qquad F_z = 6,32 \text{ cm}^2; \qquad i = 1,26 \text{ cm}; \qquad l_k = 150 \text{ cm}$$

$$\lambda = \frac{150}{1,26} = 119 \qquad \omega = 2,39$$

$$\sigma_d = \frac{5780 \cdot 2,39}{8,7} = 1590 \text{ kg/cm}^2 \qquad \sigma_s = \frac{5780}{4 \cdot 2,01} = 720 \text{ kg/cm}^2$$

$$\sigma_z = \frac{5180}{6,32} = 820 \text{ kg/cm}^2 \qquad \sigma_l = \frac{5780}{4 \cdot 1,6 \cdot 0,7} = 1290 \text{ kg/cm}^2$$

$$Q_D = \frac{1750}{2} - \frac{1750 \cdot 7,2 \cdot 0,165}{2 \cdot 1,337} = 875 - 780 = 95 \text{ kg}$$

$$\cos 49° = 0,655 \qquad D = \frac{95}{2 \cdot 0,655} = 73 \text{ kg}$$

$$\boxed{\llcorner 40 \cdot 40 \cdot 4} \qquad \boxed{\text{M 12}} \qquad l_k = 0,9 \cdot 110 = 99 \text{ cm}$$

Beanspruchung sehr gering.

Traverse II   (s. Abb. 71, 72, S. 94)

Stab	Kraft kg	Profil	F	F_z	l_k	i	λ	ω	σ_d	σ_z	Anschluß	σ_l	σ_s
			cm²		cm				kg/cm²			kg/cm²	
O_1	+ 7400	$\llcorner$ 60 · 60 · 6	6,91	5,65	—	—	—	—	—	1310	3 · M 20	2060	785
V_1	+ 4000	$\llcorner$ 55 · 55 · 6	6,31	5,29	—	—	—	—	—	755	—	2080	990
U_1	− 7200 − 15600 ————— − 22800	$\sqsubset$ 18	28,0	—	500 140	6,95 2,02	72 70	1,44	1172	—	—	—	—
U_2	− 10500 − 23300 ————— − 33800	$\sqsubset$ 18	28,0	—	390 125	6,95 2,02	56 62	1,26 1,32	1600	—	—	—	—
1	± 1400	$\llcorner$ 40 · 60 · 5	4,79	1,95	70	0,86	82	1,58	465	720	1 · M 20	1400	445
2	± 2900	$\llcorner$ 40 · 60 · 6	5,68	2,34	105	0,85	124	2,60	1330	1240	1 · M 20	2415	925
3	± 2100	$\llcorner$ 50 · 50 · 6	5,69	1,98	130	0,96	135	3,08	1135	1060	1 · M 16	2190	1045
4	± 1500	$\llcorner$ 50 · 50 · 5	4,80	1,65	160	0,98	163	4,49	1405	910	1 · M 16	1875	745
5	± 1200	$\llcorner$ 50 · 50 · 5	4,80	1,65	190	0,98	194	6,36	1590	730	1 · M 16	1500	597
6	± 1100	$\llcorner$ 40 · 50 · 4	3,46	1,32	100	0,84	119	2,39	760	835	1 · M 16	1375	547
7	± 3000	$\llcorner$ 40 · 60 · 6	5,68	2,34	100	0,85	118	2,35	1240	1280	1 · M 20	2500	955

Eckstiele

Schuß 1   Punkt 5,52 m; $b = 1886$ mm; $e = 1830$ mm

Aufstellung der Momente

$$M = 1350 \cdot 13,52 = 18250 \text{ kgm}$$
$$320 \cdot 9,52 = 3050 \text{ kgm}$$
$$6520 \cdot 4,02 = 26100 \text{ kgm}$$
$$460 \cdot 2,76 = 1270 \text{ kgm}$$

Querkraft $Q = 8650$ kg $M = 48670$ kgm

Gewichte

$$\left.\begin{array}{l}\text{Erdseilstütze}\\ + \text{Traverse I}\end{array}\right\} = 1510 \text{ kg}$$

$$\begin{array}{ll}\text{Schuß 1} & = 850 \text{ kg}\\ \text{Erdseil} & = 790 \text{ kg}\\ 2 \cdot 2 \text{ Leiterseile} & = 3620 \text{ kg}\\ 4 \text{ Ketten} & = 1120 \text{ kg}\\ \hline G\,I & = 7890 \text{ kg}\end{array}$$

$$\pm S = \frac{48670}{2 \cdot 1,83} = 13300 \text{ kg}$$

$$G/4 = {\sim}1970 \text{ kg}$$

$$\text{Eckstieldruckkraft} - S = 15270 \text{ kg}$$

$$\text{Eckstielzugkraft} \quad + S = 11330 \text{ kg}$$

$$\boxed{\ulcorner\ 100 \cdot 100 \cdot 10} \qquad\qquad \boxed{6 \cdot M\,20}$$

$$F = 19,2 \text{ cm}^2; \qquad F_z = 15,0 \text{ cm}^2; \qquad i = 1,95 \text{ cm}; \qquad l_k = 165 \text{ cm}$$

$$\lambda = \frac{165}{1,95} = 85 \qquad \omega = 1,62 \qquad\qquad \sigma_s = \frac{15\,270}{6 \cdot 3,14} = 810 \text{ kg/cm}^2$$

$$\sigma_d = \frac{15\,270 \cdot 1,62}{19,2} = 1290 \text{ kg/cm}^2 \qquad\qquad \sigma_l = \frac{15\,270}{6 \cdot 2,0 \cdot 1,0} = 1270 \text{ kg/cm}^2$$

$$\sigma_z = \frac{11\,330}{15,0} = 755 \text{ kg/cm}^2$$

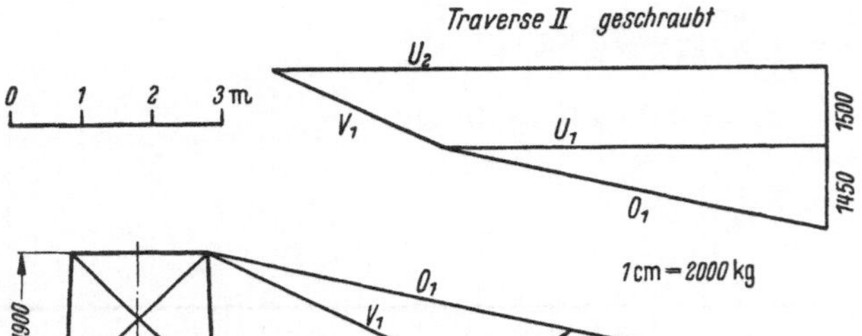

Schuß 3 Punkt 19,2 m; $b = 2904$ mm;
$e = 2804$ mm; $s_l = 6,3$ m

$$
\begin{aligned}
M = 1350 \cdot 27,2 &= 36\,700 \text{ kgm}\\
320 \cdot 23,2 &= 7420 \text{ kgm}\\
6520 \cdot 17,7 &= 115\,300 \text{ kgm}\\
460 \cdot 16,44 &= 7580 \text{ kgm}\\
13\,040 \cdot 10,95 &= 143\,000 \text{ kgm}\\
780 \cdot 9,89 &= 7720 \text{ kgm}\\
630 \cdot 3,05 &= 1920 \text{ kgm}
\end{aligned}
$$

$$Q = \overline{23\,100 \text{ kg}} \qquad M = \overline{319\,640 \text{ kgm}}$$

Gewichte

$$
\begin{array}{ll}
\left.\begin{array}{l}\text{Erdseilstütze}\\ \text{Traverse I und II}\end{array}\right\} & 3510 \text{ kg}\\
\text{Schuß 1, 2, 3 . .} & 4370 \text{ kg}\\
\text{Erdseil . . . . .} & 790 \text{ kg}\\
6 \cdot 2 \text{ Leiterseile .} & 10\,860 \text{ kg}\\
12 \text{ Ketten . . .} & 3360 \text{ kg}\\
\hline
G\,III = & 22\,890 \text{ kg}
\end{array}
$$

$$\pm S = \frac{319\,640}{2 \cdot 2,804} = 57\,100 \text{ kg}$$

$$\frac{G}{4} = 5700 \text{ kg}$$

$$-S = \overline{62\,800 \text{ kg}}$$

$$+S = 51\,400 \text{ kg}$$

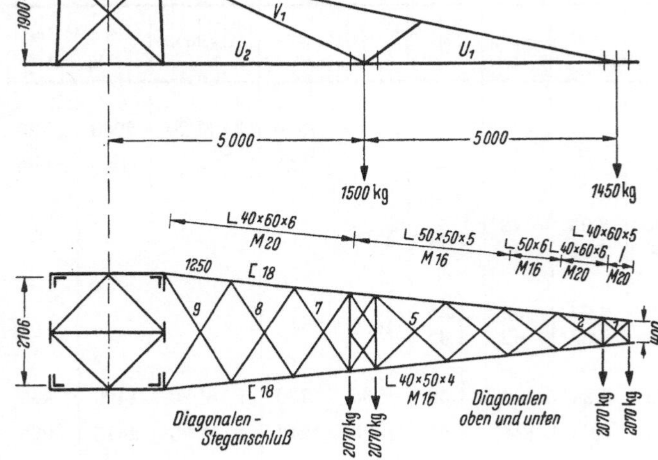

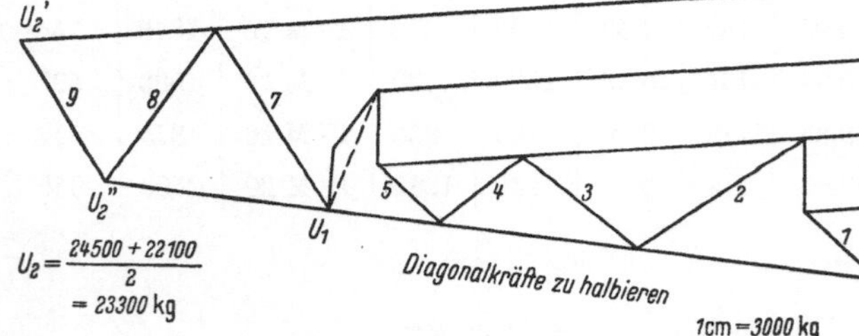

$$U_2 = \frac{24\,500 + 22\,100}{2} = 23\,300 \text{ kg}$$

Abb. 71, 72

$$\lambda = \frac{210}{3,5} = 60 \qquad \omega = 1,30 \qquad\qquad \sigma_d = \frac{62\,800 \cdot 1,3}{55,4} = 1480 \text{ kg/cm}^2$$

$$\sigma_z = \frac{51\,400}{48,68} = 1055 \text{ kg/cm}^2$$

$$\sigma_s = \frac{62\,800}{2 \cdot 10 \cdot 3,14} = 1000 \text{ kg/cm}^2 \qquad\qquad \sigma_l = \frac{62\,800}{10 \cdot 2,0 \cdot 1,6} = 1960 \text{ kg/cm}^2$$

$$\boxed{\ulcorner\ 180 \cdot 180 \cdot 16} \qquad\qquad \boxed{10 \cdot M\,20}$$

zweischnittig

$$F = 55,4 \text{ cm}^2; \qquad F_z = 48,68 \text{ cm}^2;$$
$$i = 3,5 \text{ cm}; \qquad l_k = 210 \text{ cm}$$

Schuß 4

Punkt 24,90 m; $b = 3908$ mm; $e = 3808$ mm; $s_l = 5,7$ m

Gewicht

$$
\begin{aligned}
M \text{ in } 19,2 &= 319\,640 \text{ kgm}\\
+\ 23\,100 \cdot 5,7 &= 131\,600 \text{ kgm}\\
+\ 710 \cdot 2,85 &= 2030 \text{ kgm}\\
\hline
Q = 23\,810 \text{ kg}; M &= 453\,270 \text{ kgm}
\end{aligned}
$$

$$
\begin{array}{ll}
G\,III &= 22\,890 \text{ kg}\\
\text{Schuß 4} &= 1900 \text{ kg}\\
\hline
G\,IV &= 24\,790 \text{ kg}
\end{array}
$$

$$\pm S = \frac{453\,270}{2 \cdot 3,808} = 59\,500 \text{ kg}$$

$$\frac{G}{4} = 6200 \text{ kg}$$

$$-S = \overline{65\,700 \text{ kg}}$$

$$+S = 53\,300 \text{ kg}$$

$$\boxed{\llcorner\ 180 \cdot 180 \cdot 16} \qquad \boxed{10 \cdot M\ 24} \qquad \text{zweischnittig}$$

$$F = 55,4\ \text{cm}^2; \qquad F_z = 47,4\ \text{cm}^2; \qquad i = 3,5\ \text{cm}; \qquad l_k = 200\ \text{cm}$$

$$\lambda = \frac{200}{3,5} = 57 \qquad \omega = 1,27 \qquad\qquad \sigma_s = \frac{65700}{2 \cdot 10 \cdot 4,52} = 720\ \text{kg/cm}^2$$

$$\sigma_d = \frac{65700 \cdot 1,27}{55,4} = 1505\ \text{kg/cm}^2 \qquad\qquad \sigma_l = \frac{65700}{2,4 \cdot 10 \cdot 1,6} = 1715\ \text{kg/cm}^2$$

$$\sigma_z = \frac{53300}{47,4} = 1125\ \text{kg/cm}^2$$

Diagonale

Normalbelastung *Ausnahmebelastung*

$\max A = 180°$

$$\text{Punkt } 2,30\ \text{m}; \qquad b = 1661\ \text{mm}; \qquad e = 1605\ \text{mm}$$

$$
\begin{aligned}
M &= 1167 \cdot 10,3 = 12000\ \text{kgm}\\
&\ 5520 \cdot\ 0,8 =\ 4420\ \text{kgm}\\
Q &= 6687\ \text{kg}\quad M = 16420\ \text{kgm}
\end{aligned}
$$

$$Q_D = \frac{6687}{2} - \frac{16420 \cdot 0,07}{2 \cdot 1,605}$$

$$= 3343 - 358 = 2985\ \text{kg} < Q_T$$

$$M_d = 4140 \cdot 7,5 = 31100\ \text{kgm}$$
$$M_b = 4140 \cdot 0,8 = 3310\ \text{kgm}$$
$$Q_T = \frac{31100}{2 \cdot 1,605} + \frac{4140}{2} - \frac{3310 \cdot 0,07}{2 \cdot 1,605}$$
$$= 9680 + 2070 - 70 = 11680\ \text{kg}$$
$$\cos 43° = 0,731$$
$$D = \frac{11680}{2 \cdot 0,731} = 8000\ \text{kg}$$

$$\boxed{\llcorner\ 60 \cdot 60 \cdot 6} \qquad \boxed{2 \cdot 17\ \varnothing}$$

$$F = 6,91\ \text{cm}^2; \qquad F_z = 5,89\ \text{cm}^2; \qquad i = 1,17\ \text{cm}; \qquad l_k = 0,9 \cdot 115 = 104\ \text{cm}$$

$$\lambda = \frac{104}{1,17} = 89 \qquad \omega = 1,69 \qquad \sigma_d = \frac{8000 \cdot 1,69}{6,91} = 1960\ \text{kg/cm}^2 \qquad \sigma_z = \frac{8000}{5,89} = 1355\ \text{kg/cm}^2$$

$$\text{Punkt } 9,20\ \text{m unter Traverse II}; \qquad b = 2172\ \text{mm}; \qquad e = 2088\ \text{mm}$$

$A - 180°$ *Normalbelastung*

$$
\begin{aligned}
M &= 1167 \cdot 17,20 = 20100\ \text{kgm}\\
&\ 5520 \cdot\ 7,70 = 42500\ \text{kgm}\\
&\ 11040 \cdot\ 0,95 = 10460\ \text{kgm}\\
Q &= 17727\ \text{kg}\quad M = 73060\ \text{kgm}
\end{aligned}
$$

$$Q_D = \frac{17727}{2} - \frac{73060 \cdot 0,07}{2 \cdot 2,088}$$

$$= 8863 - 1223 = 7640\ \text{kg} < Q_T$$

Summe der Querkräfte beim Winkelmast 160°

$$\Sigma Q = \frac{9248 + 360 + 410 + 460 + \sim 260}{2} = 5369\ \text{kg}$$

Ausnahmebelastung $A - 180°$

$$M_d = 4140 \cdot 10,0 = 41400\ \text{kgm}$$
$$M_b = 4140 \cdot 0.95 = 3940\ \text{kgm}$$
$$Q_T = \frac{41400}{2 \cdot 2,088} + \frac{4140}{2} - \frac{3940 \cdot 0,07}{2 \cdot 2,088}$$
$$= 9900 + 2070 - 66 = 11904\ \text{kg}$$

$W - 160°$
$$M_d = 4140 \cdot 10,0 \cdot 0,9848 = 40700\ \text{kgm}$$

$$
\begin{aligned}
M_b &= 608 \cdot 17,20 = 10460\ \text{kgm}\\
&\ 2880 \cdot\ 7,70 = 22200\ \text{kgm}\\
&\ 5040 \cdot\ 0,95 =\ 4790\ \text{kgm}\\
Q &= 8528\ \text{kg}\quad M = 37450\ \text{kgm}
\end{aligned}
$$

$$Q_T = \frac{40700}{2 \cdot 2,088} + \frac{8528}{2} - \frac{37450 \cdot 0,07}{2 \cdot 2,088}$$
$$= 9750 + 4264 - 628 = 13386\ \text{kg}$$

$$\boxed{\llcorner\ 65 \cdot 65 \cdot 7} \qquad F = 8,7\ \text{cm}^2; \qquad F_z = 7,23\ \text{cm}^2; \qquad i = 1,26\ \text{cm} \qquad \boxed{2 \cdot 20\ \varnothing}$$

$$\cos 40° = 0,766 \qquad D = \frac{13386}{2 \cdot 0,766} = 8730\ \text{kg}$$

$$l_k = 0,9 \cdot 145 = 130\ \text{cm}; \qquad \lambda = \frac{130}{1,26} = 103 \qquad \omega = 1,96$$

$$\sigma_d = \frac{8730 \cdot 1,96}{8,7} = 1970\ \text{kg/cm}^2; \qquad \sigma_z = \frac{8730}{7,23} = 1205\ \text{kg/cm}^2$$

Diagonale   Punkt 19,2 m; $e = 2804$ mm

Normalbelastung   A — 180°   *Ausnahmebelastung   W — 160°*

$$
\begin{aligned}
M = \quad 1167 \cdot 27,2 \;&=\; 31\,700 \text{ kgm}\\
5520 \cdot 17,7 \;&=\; 97\,700 \text{ kgm}\\
11040 \cdot 10,95 \;&=\; 121\,000 \text{ kgm}
\end{aligned}
$$

$Q = 17\,727$ kg $M = 250\,400$ kgm

$$
Q_D = \frac{17727}{2} - \frac{250400 \cdot 0,07}{2 \cdot 2,804}
$$

$$
= 8863 - 3123 = 5740 \text{ kg } < Q_T
$$

$$
\begin{aligned}
M_b = \quad 608 \cdot 27,2 \;&=\; 16\,600 \text{ kgm}\\
2880 \cdot 17,7 \;&=\; 51\,000 \text{ kgm}\\
5040 \cdot 10,95 \;&=\; 55\,300 \text{ kgm}
\end{aligned}
$$

$Q = 8528$ kg $M_b = 122\,900$ kgm

$$
Q_T = \frac{40700}{2 \cdot 2,804} + \frac{8528}{2} - \frac{122900 \cdot 0,07}{2 \cdot 2,804}
$$

$$
= 7260 + 4264 - 1530 = 9994 \text{ kg}
$$

$$
\cos 37° = 0,7986
$$

$$
D = \frac{9994}{2 \cdot 0,7986} = 6250 \text{ kg}
$$

$$
\boxed{\llcorner\; 65 \cdot 65 \cdot 7} \qquad \boxed{2 \cdot M\,20}
$$

$F = 8,7$ cm²; $F_z = 7,23$ cm²; $i = 1,26$ cm; $l_k = 0,9 \cdot 180 = 162$ cm

$$
\lambda = \frac{162}{1,26} = 128 \qquad \omega = 2,77
$$

$$
\sigma_d = \frac{6250 \cdot 2,77}{8,7} = {\sim}\, 1990 \text{ kg/cm}^2
$$

$$
\sigma_z = \frac{6250}{7,23} = 865 \text{ kg/cm}^2
$$

Diagonale   Punkt 21,15 m; $e = 3058$ mm

Normalbelastung   A — 180°   *Ausnahmebelastung   A — 180°*

$$
\begin{aligned}
M = \quad 1167 \cdot 29,15 \;&=\; 34\,000 \text{ kgm}\\
5520 \cdot 19,65 \;&=\; 108\,300 \text{ kgm}\\
11040 \cdot 12,90 \;&=\; 142\,700 \text{ kgm}
\end{aligned}
$$

$Q = 17\,727$ kg $M = 285\,000$ kgm

$$
Q_D = \frac{17727}{2} - \frac{285000 \cdot 0,2}{2 \cdot 3,058}
$$

$$
= 8863 - 9340 = 477 \text{ kg } < Q_T
$$

$$
M_d = 41\,400 \text{ kgm}
$$

$$
M_b = 4140 \cdot 12,9 = 53\,500 \text{ kgm}
$$

$$
Q_T = \frac{41400}{2 \cdot 3,058} + \frac{4140}{2} - \frac{53500 \cdot 0,2}{2 \cdot 3,058}
$$

$$
= 6770 + 2070 - 1750 = 7090 \text{ kg}
$$

Ausnahmebelastung W — 160°

$$
M_d = 40\,700 \text{ kgm}
$$

$$
\begin{aligned}
M_b = \quad 608 \cdot 29,15 \;&=\; 17\,750 \text{ kgm}\\
2880 \cdot 19,65 \;&=\; 56\,700 \text{ kgm}\\
5040 \cdot 12,90 \;&=\; 65\,100 \text{ kgm}
\end{aligned}
$$

$Q = 8528$ kg $M_b = 139\,550$ kgm

$$
Q_T = \frac{40700}{2 \cdot 3,058} + \frac{8528}{2} - \frac{139550 \cdot 0,2}{2 \cdot 3,058}
$$

$$
= 6670 + 4264 - 4570 = 6976 \text{ kg} < A\,180°
$$

$$
\cos 30° = 0,866
$$

$$
D = \frac{7090}{2 \cdot 0,866} = 4100 \text{ kg}
$$

$$
\boxed{\llcorner\; 60 \cdot 60 \cdot 6} \qquad \boxed{2 \cdot M\,16}
$$

$F = 6,91$ cm²; $F_z = 5,89$ cm²; $i = 1,17$ cm; $l_k = 0,9 \cdot 190 = 171$ cm

$$
\lambda = \frac{171}{1,17} = 146 \qquad \omega = 3,60
$$

$$
\sigma_d = \frac{4100 \cdot 3,60}{6,91} = 2135 \text{ kg/cm}^2
$$

$$
\sigma_z = \frac{4100}{5,89} = 695 \text{ kg/cm}^2
$$

Diagonale   Punkt 24,90 m; $e = 3808$ mm

Normalbelastung A — 180°   *Ausnahmebelastung A — 180°*

$$M = \quad 1167 \cdot 32,9 \;= \quad 38\,400 \text{ kgm}$$
$$5\,520 \cdot 23,4 \;= 129\,000 \text{ kgm}$$
$$11\,040 \cdot 16,65 = 183\,600 \text{ kgm}$$
$$Q = \overline{17\,727 \text{ kg}} \quad M = \overline{351\,000 \text{ kgm}}$$

$$Q_D = \frac{17\,727}{2} - \frac{351\,000 \cdot 0,2}{2 \cdot 3,808}$$

$$= 8863 - 9223 = 360 \text{ kg} < Q_T$$

$$M_b = 4140 \cdot 16,65 = 69\,000 \text{ kgm}$$

$$Q_T = \frac{41\,400}{2 \cdot 3,808} + \frac{4140}{2} - \frac{69\,000 \cdot 0,2}{2 \cdot 3,808}$$

$$= 5440 + 2070 - 1810 = 5700 \text{ kg}$$

$$\cos 27° = 0,891$$

$$D = \frac{5700}{2 \cdot 0,891} = 3200 \text{ kg}$$

$$\boxed{\llcorner\, 60 \cdot 60 \cdot 6} \qquad\qquad \boxed{2 \cdot \text{M} 16}$$

$$F = 6,91 \text{ cm}^2; \quad F_z = 5,89 \text{ cm}^2; \quad i = 1,17 \text{ cm}; \quad l_k = 0,9 \cdot 215 = 194 \text{ cm}$$

$$\lambda = \frac{194}{1,17} = 166 \qquad \omega = 4,65 \qquad \sigma_d = \frac{3200 \cdot 4,65}{6,91} = 2155 \text{ kg/cm}^2 \qquad \sigma_z = \frac{3200}{5,89} = 545 \text{ kg/cm}^2$$

III. Gründung (s. Abb. 73)

$$s_l = 1,35 \text{ m}; \quad e = 4078 \text{ mm}$$

$$M_F = \text{ in Punkt } 24,90 \text{ m} = 453\,270 \text{ kgm}$$
$$+ 23\,810 \cdot 1,35 \quad = \quad \overline{32\,230 \text{ kgm}}$$
$$485\,500 \text{ kgm}$$

$$\pm S = \frac{485\,500}{2 \cdot 4,078} = 59\,600 \text{ kg}$$
$$G/4 = \quad 6\,200 \text{ kg}$$
$$+ S = \overline{53\,400 \text{ kg}}$$

Beton

$$V_B = 1,0^2 \cdot 0,25 = 0,25 \text{ m}^3$$
$$\left.\begin{array}{l} 1,0^2 \cdot 1,2 \;= 1,20 \text{ m}^3 \\ 1,3^2 \cdot 0,85 = 1,44 \text{ m}^3 \\ 2,0^2 \cdot 0,7 \;= 2,80 \text{ m}^3 \end{array}\right\} 5,44 \text{ m}^3$$
$$2,8^2 \cdot 0,6 \;= 4,71 \text{ m}^3$$
$$\overline{10,40 \text{ m}^3}$$

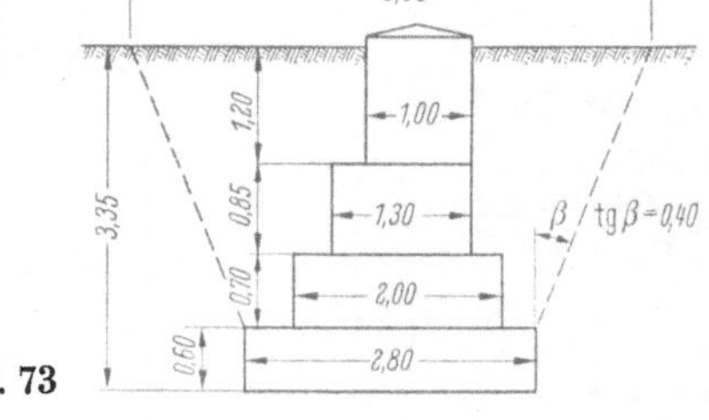

Abb. 73

$$G_B = 2,0 \cdot 10,40 = 20,8 \text{ t}$$

Erde $V_E = \dfrac{2,75}{3}(5,0^2 + 2,8^2 + 5,0 \cdot 2,8) - 5,44 = 0,916 \cdot 46,82 - 5,44 = 37,6 \text{ m}^3$

$$G_E = 1,6 \cdot 37,6 = 60,2 \text{ t}$$

$$\Sigma G = 20,8 + 60,2 = 81,0 \text{ t}$$

$$\frac{\Sigma G}{+ S} = \frac{81,0}{53,4} = 1,52.$$

9. Berechnungsbeispiel. Statische Berechnung
des Rohrgitter-Tragmastes T + O einer 220-kV-Doppelleitung

Bauart

Mannesmann-Werke, Motor-Columbus.

Baubeschreibung

Der Mast besteht aus nahtlosen, warmgewalzten Rohren. Die Konstruktion ist vollkommen zerlegbar. Die Eckstiele sind zur Erhöhung der Tragkraft und Vermeidung von Korrosionsschäden mit Beton gefüllt. Die Streben sind hohl und zur Erreichung einer zuverlässigen Dichtigkeit an beiden Enden zugekümpelt. Der Mastfuß ist so ausgebildet, daß der gesamte Mast aufgekippt werden kann.

Grundlagen

Stahlleichtbau und Stahlrohrbau im Hochbau DIN 4115, Vorschriften für den Bau von Starkstrom-Freileitungen VDE 0210/2.58.

Werte für St 35.29 wie für St 37
Werte für St 55.29 wie für St 52

Das Lieferwerk muß die erforderliche Zulassung für derartige Konstruktions- und Schweißarbeiten besitzen.

Werkstoffe

Rohre   St 55.29 und St 35.29
Profile   St 37
Bleche   St 37
Schrauben   St 38
Betongüte   B 300.

I. Belastungsannahmen (s. Abb. 74)

Leitung: 220 kV
Masttype: Tragmast   (2 Systeme)

		1 Erdseil	6 Leiterseile	—
Leitungen				
Baustoff		St 70²	Zweierbündel 185/32	—
Durchmesser	d	10,5	$2 \cdot 19{,}2$	mm
Querschnitt	F	66	$2 \cdot 215{,}5 = 431$	mm²
Beanspruchung	σ	20	8	kg/mm²
Seilzug	$Z = F \cdot \sigma$	1320	3448	kg
Wind auf Seile	$\dfrac{320 \cdot 1{,}2 \cdot 52{,}5 \cdot 0{,}0105}{320 \cdot (1{,}0+0{,}8) \cdot 0{,}0192 \cdot 1{,}0 \cdot 52{,}5}$	212	581	kg
Einheitsgewicht der Seile	g_0	0,515	$2 \cdot 0{,}769 = 1{,}538$	kg/m
Eislast der Seile	$g_z = 0{,}180 \sqrt{d}$	0,583	$2 \cdot 0{,}789 = 1{,}578$	kg/m
Einheitsgewicht + Eislast	$g_0 + g_z$	1,098	$2 \cdot 1{,}558 = 3{,}116$	kg/m
Seil ohne Eis	$g_0 L_{max}$	214	640	kg
Seil mit Eis	$(g_0 + g_z) L_{max}$	457	1296	kg
Isolatoren		—	Doppelkette	—
Kette ohne Eis		—	290	kg
Kette mit Eis		—	310	kg
Wind auf Ketten		—	40	kg
Regelspannweite	L	320	320	m
max. Seilanteil 130%	$L_{max} = L\, x_{max}$	416	416	m
min. Seilanteil 70%	$L_{min} = L\, x_{min}$	224	224	m
Montagelast	Traversenspitze	500		kg

Vertikallasten

Erdseil $G_E = 214$ kg; $G_{E_Z} = 457$ kg

Leiterseile $G_L = 640 + 290 = 930$ kg; $G_{L_Z} = 1296 + 310 = 1606$ kg

Erdbock: $G_B \approx 200$ kg   Traverse I: $G_{T_I} \approx 520$ kg
Mastkörper: $G_M \approx 5500$ kg (mit Beton)   Traverse II: $G_{T_{II}} \approx 910$ kg

$$q_g = \frac{5{,}500}{32{,}0} \approx 0{,}172 \text{ t/m}$$

Horizontallasten

Für einen Aufhängepunkt

Windlast auf Erdseil

$$H_E = 0{,}212 \text{ t (bis 40 m)};   H_E = 0{,}212 \cdot \frac{67{,}5}{52{,}5} = 0{,}273 \text{ t (über 40 m)}$$

Windlast auf Leiterseil und Hängekette

$$H_{L+J} = 0{,}581 + 0{,}040 = 0{,}621 \text{ t}$$

Windlast auf Erdseilstütze

Windangriffsfläche $F_{ESt} = 0,836$ m²

$$W_{ESt} = 0,836 \cdot 2,0 \cdot 0,07 \approx 0,120 \text{ t}$$

Traverse I: $W_{T_I} \approx 0,120$ t

Traverse II: $W_{T_{II}} \approx 0,150$ t

Mastschaft

Ordinate 5,000—15,500 m

$$F_1 = 3,118 \text{ m}^2;$$
$$W_1 = 3,118 \cdot 2,0 \cdot 0,07 = 0,437 \text{ t};$$
$$q_{W_1} = \frac{0,437}{10,50} = 0,042 \text{ t/m}$$

Ordinate 15,500—25,550 m

$$F_2 = 3,685 \text{ m}^2;$$
$$W_2 = 3,685 \cdot 2,0 \cdot 0,07 = 0,516 \text{ t};$$
$$q_{W_2} = \frac{0,516}{10,05} = 0,051 \text{ t/m};$$

Ordinate 25,550—37,000 m

$$F_3 = 4,662 \text{ m}^2;$$
$$W_3 = 4,662 \cdot 2,0 \cdot 0,07 = 0,653 \text{ t};$$
$$q_{W_3} = \frac{0,653}{11,45} = 0,057 \text{ t/m}.$$

II. Berechnung und Bemessung

1. Die Streben

Torsion

$$\max Q_{T_I} = \frac{3,448 \cdot 8}{8 \cdot 1,944} + \frac{3,448}{8} = 1,773 + 0,431$$
$$= 2,204 \text{ t}$$

$$\max Q_{T_{II}} = \frac{3,448 \cdot 10,5}{8 \cdot 2,496} + \frac{3,448}{8} = 1,813 + 0,431$$
$$= 2,244 \text{ t}$$

Bei einseitiger Belegung

Streben D_1 und D_5

$$H_{O_I} = \frac{(8,0 - 1,944 \cdot 0,5) \cdot (1,606 + 0,500)}{2 \cdot 1,8}$$
$$= 4,111 \text{ t}$$

$$D_{N_1} = 4,111 \cdot \frac{2,597}{1,944} = \pm 5,492 \text{ t}$$

$$H_{O_{II}} = \frac{(10,5 + 5,5 - 2,496) \, 1,606 + 0,50 \cdot 9,252}{2 \cdot 2,2}$$
$$= 5,980 \text{ t}$$

$$\max Q_5 = \frac{3,448 \cdot 8}{8 \cdot 2,32} + 5,980 = \pm 7,466 \text{ t}$$

$$\max D_5 = \frac{3,262}{2,496} \cdot 7,466 = \pm 9,757 \text{ t}$$

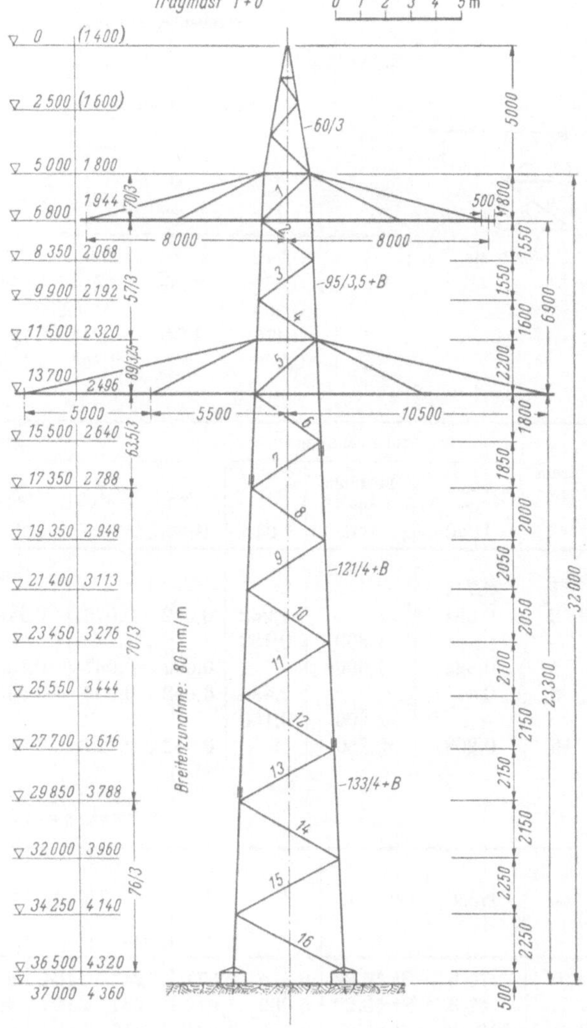

Abb. 74 Systemzeichnung des Tragmastes

Lfd. Nr.	Feldhöhe	Kreuzungs- höhe	Koordi- naten	System- breiten	Streben- längen
	m	m	m	m	m
E	5,000		0		
			5,000	1,800	
1	1,800				2,597
			6,800	1 944	
2	1,550		8,350	2.068	2,535
			11,500	2,320	
5	2,200				3,262
			13,700	2,496	
6	1,800				3,136
			15,500	2,640	
			34,250	4,140	
16	2,250				4,791
			36,500	4,320	
			Breitenzunahme 80 mm/m		

| Strebe | Strebenberechnung: Belastungsart: Torsion | | | | |
	Nr.	$x = \dfrac{l_D}{a_o\,a_u}$ [1/m]	Q [t]	$Q\,Q_n$ [mt]	$\pm D = \Sigma\,(Q\,a_n)\,x$ [t]
	1	0,742	0	0	0	
	2	0,631	2,204	2,204 · 1,944	2,704	} Aus Traverse I
	5	0,563		4,285	2,412	
	6	0,476	2,244	2,244 · 2,496	2,666	} Aus Traverse II
	16	0,268		2,244 · 2,496	1,501	

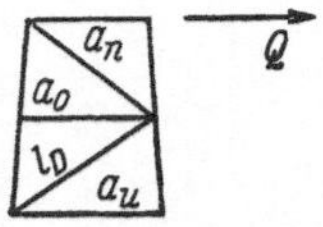

Abb. 75

| Strebe Nr. | Strebenberechnung | | | Belastungsart: Wind senkrecht auf die Leitungen | | | | | | |
	$x = \dfrac{l_D}{a_o \cdot a_u}$ [1/m]	Feldhöhe $h_{n=1}$ [m]	Q [t]	q_w [t/m]	$\dfrac{\Delta Q}{}=h\,q_w$ [t]	$\Delta Q_w\,a_n$ [mt]	$Q\,a_n$ [mt]	$\Delta Q_w\,a_n + Q\,a_n$ [mt]	$\Sigma(\Delta Q_w\,a_n + Q\,a_n)$ $y=$ [mt]	$\pm D = xy\cdot 0,5$ [t]
1	0,742	—	—	—	—	—	—	—	0,574	0,213
2	0,631		1,242	0,042	0,076	0,148	2,648	2,796	3,370	1,063
		1,800	0,120							
5	0,563	1,600		0,042	0,067	0,155		0,155	3,801	1,070
6	0,476		2,484	0,042	0,092	0,230	6,574	6 804	10,605	2,524
		2,200	0,150							
16	0,268	2,250		0,042	0,128	0,530		0,530	14,337	1,921

Spannungsermittlung der Stäbe

| Stab | Profil | Werkst. | F cm² | i cm | $S_k = 0,95 \cdot S$ cm | λ | ω | Belastungsfall I | | | Belastungsfall II | | |
								$\pm$ Stabkraft t	σ_ω kg/cm²	σ_{zul} kg/cm²	$\pm$ Stabkraft t	σ_d kg/cm²	σ_{zul} kg/cm²
D ①	70/3	St 55.29	6,315	2,371	247	104	2,74	5,492	2383	2400	0	—	3300
D ②	57/3	St 55.29	5,089	1,912	241	126	4,02	1,063	839	2400	2,704	2135	3300
D ⑤	89/3,25	St 55.29	8,755	3,034	310	102	2,64	1,070	323	2400	9,757	2942	3300
D ⑥	63,5/3	St 55.29	5,702	2,142	298	139	4,89	2,524	2164	2400	2,666	2286	3300
D ⑯	63,5/3	St 55.29	5,702	2,142	455	176	7,85	1,921	2191	2400	1,501	1712	3300

2. Die Eckstiele

Stab 6—7 (Ordinate: 15,50 m)

$$M_{6-7} = 0,273 \cdot 15,50 + 2 \cdot 0,621 \cdot 8,7 + 0,120 \cdot 8,7 + 4 \cdot 0,621 \cdot 1,8 + 0,150 \cdot 1,8 + 0,120 \cdot 13,00$$

$$+ 0,437 \cdot \frac{10,5}{2} = 24,676 \text{ tm}$$

$$Q_{6-7} = 0,273 + 6 \cdot 0,621 + 0,120 + 0,150 + 0,120 + 0,437 = 4,826 \text{ t}$$

$$G_{6-7} = 0,214 + 6 \cdot 0,930 + 0,200 + 0,520 + 0,910 + 10,5 \cdot 0,172 = 9,230 \text{ t}$$

$$\pm S_{6-7} = \frac{24 \cdot 676}{2 \cdot 2,64} = \pm 4,673 \text{ t} \qquad\qquad -S_{6-7} = -4,673 - \frac{9,230}{4} = -6,981 \text{ t}$$

Stab 6—7 bei einseitiger Belegung mit Eis

$$M_T = 1,606 \cdot (8 + 10,5 + 5,5) = 38,544 \text{ mt}$$

$$G_{6-7} = 0,214 + 1,606 \cdot 3 + 0,200 + 0,520 + 0,910 + 10,5 \cdot 0,172 = 8,468 \text{ t}$$

$$\pm S_{6-7} = \frac{38,544}{2 \cdot 2,64} = \pm 7,300 \text{ t} \qquad\qquad -S_{6-7} = -7,300 - \frac{8,468}{4} = -9,417 \text{ t}$$

Stab 15—16 (T + O) (Ordinate: 34,250 m)

$$M_{15-16} = 75,770 + 5,342 \cdot 8,7 + 0,057 \cdot \frac{8,7^2}{2} = 124,404 \text{ tm}$$

$$Q_{15-16} = 5{,}342 + 8{,}7 \cdot 0{,}057 = 5{,}838 \text{ t} \qquad\qquad G_{15-16} = 10{,}959 + 8{,}7 \cdot 0{,}172 = 12{,}455 \text{ t}$$

$$\pm\, S_{15-16} = \frac{124{,}404}{2 \cdot 4{,}140} = \pm\, 15{,}020 \text{ t} \qquad\qquad - S_{15-16} = -15{,}020 - \frac{12{,}455}{4} = -18{,}134 \text{ t}$$

Dimensionierung der Eckstiele

Bei der Berechnung der *Eckstiele* wurde das Verfahren von Motor-Columbus (Baden in der Schweiz) für ausbetonierte Rohre angewandt. Es wird das ideelle Trägheitsmoment errechnet unter Berücksichtigung der verschiedenen Elastizitätsmodule von Stahl und Beton:

$$n = \frac{E_e}{E_b} = 9$$

F_e = Rohrfläche $\qquad\qquad J_e$ = Rohrträgheitsmoment
F_b = Betonfläche $\qquad\qquad J_b$ = Betonträgheitsmoment
F_{id} = ideelle Fläche $\qquad\quad J_{\mathrm{id}}$ = ideelles Trägheitsmoment

$$F_e = 3{,}1416\,(D - S)\,S = \text{in cm}^2 \qquad\qquad F_{\mathrm{id}} = F_e + \frac{F_b}{9} = \text{in cm}^2$$

$$F_b = 0{,}7854\,d^2 = \text{in cm}^2$$

$$J_{\mathrm{id}} = J_e + \frac{J_b}{9} = 0{,}0491\,(D^4 - 0{,}9\,d^4) = \text{in cm}^4 \qquad\qquad i_{\mathrm{id}} = \sqrt{\frac{J_{\mathrm{id}}}{F_{\mathrm{id}}}} = \text{in cm}$$

Nach Errechnung dieser Werte wird das im Stahlbau übliche ω-Verfahren benutzt.

$$\sigma_\omega = \frac{S \cdot \omega}{F_{\mathrm{id}}} \qquad\qquad\qquad \lambda_{\mathrm{id}} = \frac{S_k}{i_{\mathrm{id}}}$$

Für Zugkräfte darf nur der Rohrquerschnitt in Rechnung gesetzt werden.

Spannungsermittlung der Stäbe

Stab	Profil + Beton	Werkst.	F	i	S_K	λ	ω	Belastungsfall I		
								Stabkraft	σ_ω	σ_{zul}
			cm²	cm	cm			t	kg/cm²	kg/cm²
6—7	95/3,5	St 55.29	16,16	2,89	365	126	4,02	−9,417	2342	2400
15—16	133/4	St 55.29	28,48	4,01	450	112	3,18	−18,134	2026	2400

3. Die Traversen (Abb. 76, 77, 78)

Traverse I

Obergurt

$$O_1 = \frac{(1{,}606 + 0{,}500) \cdot 3{,}5}{2 \cdot 0{,}860} = 4{,}285 \text{ t}$$

$$O_2 = \frac{0{,}260 \cdot 2{,}343}{2 \cdot 1{,}578} = 0{,}193 \text{ t}$$

O_1: Rohr $\varnothing$ 51/3 St 55.29 $F = 4{,}524\,\text{cm}^2$
O_2: Rohr $\varnothing$ 51/3 St 55.29

$$\sigma_{v_1} = \frac{4{,}285}{4{,}524} = 0{,}947 \text{ t/cm}^2 \qquad (< 2{,}4)$$

Untergurt

$$U_V = \frac{7{,}028 \cdot (1{,}606 + 0{,}500) + 0{,}260 \cdot 2{,}37}{2 \cdot 1{,}8 \cdot 0{,}9929}$$

$$= -4{,}31 \text{ t}$$

$$U_H = \frac{3{,}448 \cdot 7{,}028}{4 \cdot 0{,}9929 \cdot 1{,}944} = \pm\, 3{,}139 \text{ t}$$

$$\max U = -4{,}31 - 3{,}139 = -7{,}449 \text{ t}$$

Rohr $\varnothing$ 89/3,25   St 55.29
$$F = 8{,}755 \text{ cm}^2 \qquad i = 3{,}034 \text{ cm}$$

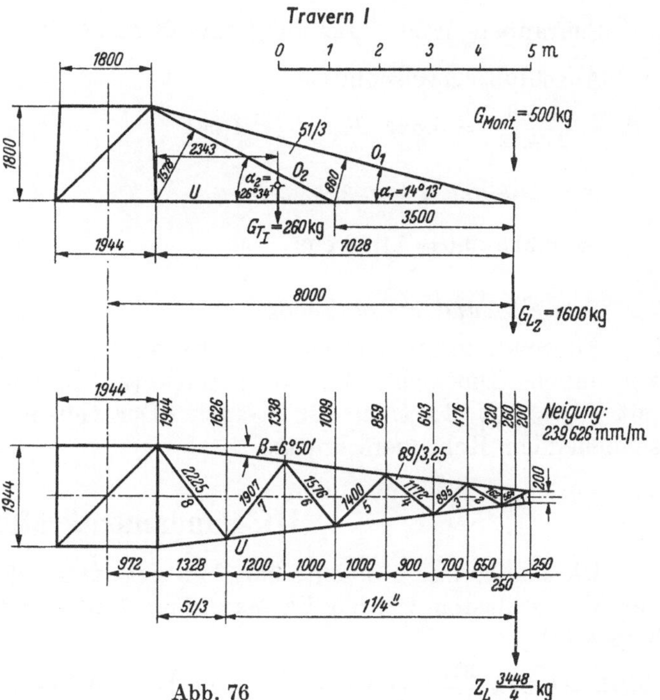

Abb. 76

$$\lambda = \frac{352,8}{3,034} = 116 \qquad \omega = 3,41 \qquad\qquad \sigma_d = \frac{3,41 \cdot 7,449}{8,755} = 2,901 \text{ t/cm}^2 \qquad (< 3,0)$$

Streben

$$D_1 = \frac{0,564}{0,200 \cdot 0,320} \cdot 0,260 \cdot \frac{3,448}{4} = \pm 1,973 \text{ t} \qquad\qquad D_2 = \frac{0,762}{0,320 \cdot 0,476} \cdot 0,224 = \pm 1,120 \text{ t}$$

$$D_3 = \frac{0,895}{0,476 \cdot 0,643} \cdot 0,224 \quad = \pm 0,654 \text{ t} \qquad\qquad D_4 = \frac{1,172}{0,643 \cdot 0,859} \cdot 0,224 = \pm 0,475 \text{ t}$$

$$D_5 = \frac{1,400}{0,859 \cdot 1,099} \cdot 0,224 \quad = \pm 0,332 \text{ t} \qquad\qquad D_6 = \frac{1,576}{1,099 \cdot 1,338} \cdot 0,224 = \pm 0,240 \text{ t}$$

$$D_7 = \frac{1,907}{1,338 \cdot 1,626} \cdot 0,224 \quad = \pm 0,195 \text{ t} \qquad\qquad D_8 = \frac{2,225}{1,626 \cdot 1,944} \cdot 0,224 = \pm 0,157 \text{ t}$$

4. Die wichtigsten Anschlüsse

Traverse I (Abb. 76)

Die Obergurte

$$O_1 = 4,285 \text{ t} \qquad\qquad\qquad O_2 = 0,193 \text{ t} \qquad\qquad \text{(s. Seite 101)}$$

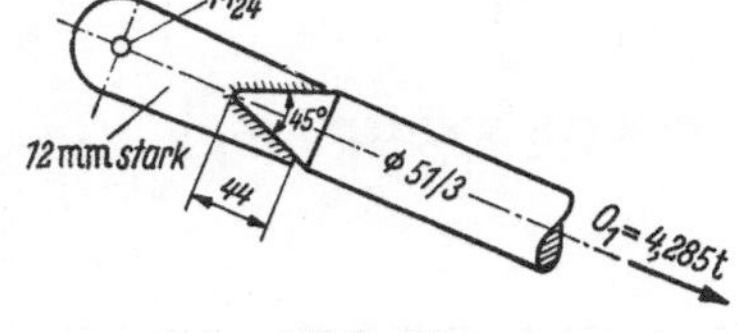

Abb. 77

Schweißnaht a = 0,3 cm

$$F_s = 4 \cdot 4,4 \cdot 0,3 = 5,28 \text{ cm}^2$$

$$\varrho_{\text{zul}} = \frac{4.285}{5,28} = 0,812 \text{ t/cm}^2 \quad (< 1,04)$$

Schraube M 24

Die Obergurte 1 und 2 werden durch eine Schraube verbunden; O_1 zweischnittig und O_2 einschnittig.

$$\sigma_s = \frac{4,289}{2 \cdot 4,52} = 0,474 \text{ t/cm}^2 \quad (< 1,12) \qquad\qquad \sigma_l = \frac{4,289}{1,2 \cdot 2,4} = 1,589 \text{ t/cm}^2 \quad (< 2,5)$$

Wegen der geringfügigen Kraft ist ein Nachweis für O_2 nicht erforderlich.

Untergurte

$$\max U = \pm 7,449 \text{ t} \quad \text{(s. Seite 101)}$$

Schrauben M 24;   Beschlag MW 2022, St 37

Anschluß: Zweischnittig

$$\sigma_s = \frac{7,449}{2 \cdot 4,52} = 0,824 \text{ t/cm}^2 \quad (< 1,54) \qquad\qquad \sigma_l = \frac{7,449}{2 \cdot 1,2 \cdot 2,4} = 1,293 \text{ t/cm}^2 \quad (< 3,4)$$

Schweißnaht a = 0,325 cm

$$F_s = 4 \cdot 0,325 \cdot 9,0 = 11,70 \text{ cm}^2 \qquad\qquad \varrho = \frac{7,449}{11,70} = 0,637 \text{ t/cm}^2 \quad (< 1,43)$$

Schweiß- und Schraubstöße

Ein Spannungsnachweis erübrigt sich, denn die Stöße sind mit den Rohren durch V-Nähte verbunden. Die Schweißnähte können auf Zug mit $\varrho_{\text{zul}} = \sigma_{\text{zul}} \cdot 0,9$ t/cm² und auf Druck mit $\varrho_{\text{zul}} = \sigma_{\text{zul}} \cdot 1,0$ t/cm² übertragen. Der Gewindequerschnitt ist größer als der des anschließenden Rohrquerschnittes.

III. Fundamentkräfte (s. Abb. 79)

Die Lasten und Momente beziehen sich stets auf 0,500 m über Boden. Bei der Berechnung der Vertikallasten werden im Maximum 130% und im Minimum 70% der Regelseillängen eingesetzt.

$$\min G = 0,214 \cdot \frac{224}{416} + \left(0,640 \cdot \frac{224}{416} + 0,290\right) \cdot 6 + 0,200 + 0,520 + 0,910 + 0,172 \cdot 31,5 = 10,973 \text{ t}$$

Spannungsermittlung der Stäbe D_1–D_8

Stab	Profil	Werkstoff	F cm²	i cm	S_K cm	λ	ω	Belastungsfall I Stabkraft t	G_d kg/cm²	G_{zul} kg/cm²	ϱ_{zul} kg/cm²	Belastungsfall II Stabkraft t	σ_ω kg/cm²	σ_{zul} kg/cm²	ϱ_{zul} *) kg/cm²
D_1	$1^1/_4''$	St 35.29	3,81	1,388	56	40	1,14					$\mp 1,973$	590	2200	1630
D_2	$1^1/_4''$	St 35.29	3,81	1,388	76	55	1,25					$\mp 1,120$	367	2200	1788
D_3	$1^1/_4''$	St 35.29	3,81	1,388	90	65	1,35					$\mp 0,654$	232	2200	1931
D_4	$1^1/_4''$	St 35.29	3,81	1,388	117	84	1,61	für die Bemessung nicht maßgebend				$\pm 0,475$	201	2200	2302
D_5	$1^1/_4''$	St 35.29	3,81	1,388	140	101	1,92					$\pm 0,332$	167	2200	2745
D_6	$1^1/_4''$	St 35.29	3,81	1,388	158	114	2,21					$\pm 0,240$	139	2200	3160
D_7	$1^1/_4''$	St 35.29	3,81	1,388	191	138	3,22					$\pm 0,195$	165	2200	4605
D_8	51/3	St 55.29	4,524	1,700	223	131	4,35					$\pm 0,157$	150	3300	8483

Schweißanschluß :

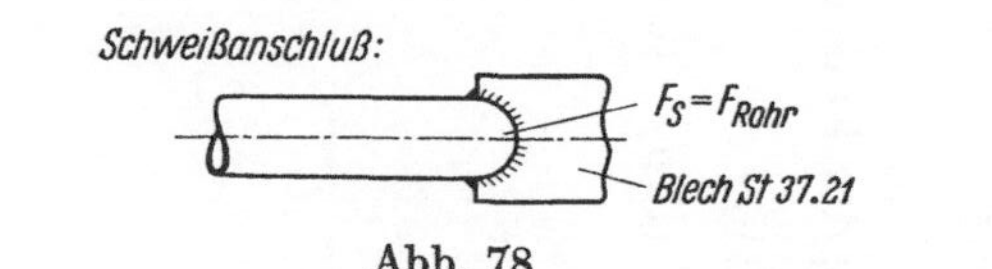

Abb. 78

*) Die Vergleichsschweißspannung für Druckstäbe ist: $\varrho_\omega = \varrho_{zul}\,\omega$. $\quad \varrho_{zul} = \begin{Bmatrix} 2200 \\ 3300 \end{Bmatrix} \cdot 0{,}65 = \begin{cases} 1430\ \text{kg/cm}^2 \\ 2145\ \text{kg/cm}^2 \end{cases}$

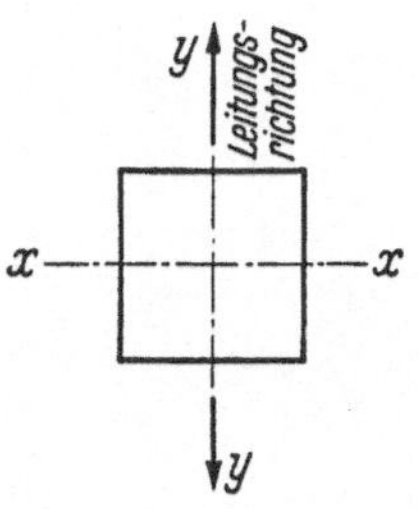

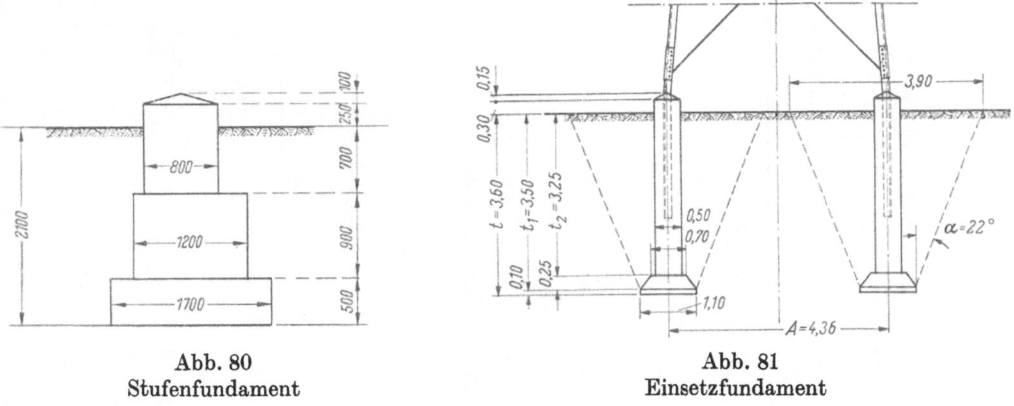

Abb. 79

$$T + O$$

$$\begin{aligned}
Q_{x+y} &= 5{,}966 \text{ t} & M_{x+y} &= 137{,}683 \text{ tm}\\
Q_y &= - & M_x &= -\\
Q_x &= 5{,}966 \text{ t} & M_y &= 137{,}683 \text{ tm}
\end{aligned}$$

$$\pm S_{16-17} = 15{,}930 \text{ t}$$
$$- S_{16-17} = -19{,}141 \text{ t}$$
$$+ S_{16-17} = 15{,}930 - \frac{10{,}973}{4} = +13{,}187 \text{ t}$$

1. Berechnung der Stufenfundamente für Tragmast T + O (s. Abb. 80)

$$\operatorname{tg}\alpha = 0{,}4$$

$$V_B = 0{,}80^2 \cdot 1{,}0 + 1{,}20^2 \cdot 0{,}9 + 1{,}70^2 \cdot 0{,}5 = 3{,}381 \text{ m}^3 \qquad G_B = 3{,}381 \cdot 2{,}2 = 7{,}43 \text{ t}$$

$$V_E' = \frac{1{,}6}{3}\left[1{,}7^2 + (2 \cdot 0{,}4 \cdot 1{,}6 + 1{,}7)^2 + \sqrt{2{,}89 \cdot 8{,}90}\right] = 9{,}0 \text{ m}^3$$

$$V_E = 9{,}0 - (0{,}80^2 \cdot 0{,}70 + 1{,}20^2 \cdot 0{,}90) = 7{,}471 \text{ m}^3 \qquad G_E = 7{,}471 \cdot 1{,}7 = 12{,}7 \text{ t}$$

$$\Sigma G = 7{,}43 + 12{,}7 = 20{,}13 \text{ t} \qquad\qquad s = \frac{20{,}13}{13{,}19} = 1{,}52 > 1{,}5$$

2. Berechnung der Einsetzfundamente für Tragmaste T + O (s. Abb. 81)

Baugrund gut tragfähig

Erdauflastwinkel $\beta \sim 22°$ ($\operatorname{tg}\beta = 0{,}4$) bei Wasserauftrieb bis Erdoberfläche, $\gamma_{EW} = 1100 \text{ kg/m}^3$

Abb. 80
Stufenfundament

Abb. 81
Einsetzfundament

Werkstoffe, wie für Einsetzfundament des 110-kV-Winkelabspannmastes (s. Berechnungsbeispiel 6).

Nachweis der Standsicherheit

Betoninhalte: über Erde $\quad V_0 = \dfrac{0{,}5^2 \cdot 3{,}14}{4}\left(0{,}3 + \dfrac{0{,}15}{3}\right) = 0{,}069 \text{ m}^3$

Betoninhalte: unter Erde $\quad V_u = 0{,}5^2 \cdot 3{,}14\left(\dfrac{3{,}25}{4} + \dfrac{1{,}10^2 + 0{,}7^2 + 1{,}10 \cdot 0{,}7}{12} + 1{,}10^2 \cdot 0{,}10\right) = 0{,}889 \text{ m}^3$

Betongewicht: $G_B = 0{,}069 \cdot 2400 + 0{,}889 \cdot 1400 = 1420 \text{ kg}$

Erdgewicht: Für Zugbelastung (Erdauflast entspricht dem Erdauflastwinkel β)

$$G_{EZ} = \left[\frac{3{,}5 \cdot 3{,}14}{12}(1{,}10^2 + 3{,}90^2 + 1{,}10 \cdot 3{,}90) - 0{,}794\right] \cdot 1100 \cong 20\,000 \text{ kg}$$

Für Druckbelastung (Erdauflast senkrecht über der Sohle)

$$G_{ED} = \left(\frac{1{,}10^2 \cdot 3{,}14 \cdot 3{,}50}{4} - 0{,}794\right) \cdot 1100 = 2790 \text{ kg}$$

a) Sicherheit gegen Zugbelastung

$$\frac{G_B + G_{E_Z}}{S_z} = \frac{1420 + 20\,000}{13\,190} = 1,62 \quad > 1,5$$

b) Bodenpressung unter Fundamentsohle

$$p_d = \frac{(S_d + G_B + G_{E_D}) \cdot 4}{1,10^2 \cdot 3,14} = \frac{(19\,140 + 1420 + 2790) \cdot 4}{1,10^2 \cdot 3,14} = 2,47 \text{ kg/cm}^2 < p_{d\,\text{zul}}$$

Der Nachweis der Festigkeit der Fundamente ist entsprechend Berechnungsbeispiel 6 zu führen.

10. Berechnungsbeispiel. 110/220-kV-Vierfachleitung, Tragmast T + O

I. Belastungsannahmen

Spannweiten Übertragungsspannung	Windanteil Seilgewichts-anteil	300 400 220 kV			110 kV	m m
Leiterseile		1 Erdseil	6·2 Leiterseile	6 Leiterseile	6 Leiterseile	
Baustoff		Al/St 170/40	Al/St 240/40	Al/St 310/100	Al/St 240/40	
Durchmesser	d	18,9	21,7	26,6	21,7	mm
Querschnitt	F	211,9	2·276,1= 552,2	405,2	276,1	mm²
Beanspruchung	$\sigma_{-5°+E}\|\sigma_{+5°}$	8,25	7,50	7,30	7,50	kg/mm²
Seilzug	$Z = F\sigma$	~ 1750	~ 4140	~ 2960	~ 2070	kg
Wind auf Seile . . . . $W=$	$< 40\,\text{m}\|> 40\,\text{m}$	383	684 | 880	419 | 539	342	kg
Gewicht der Seile	g_0	0,794	2·0,971=1,942	1,668	0,971	kg/m
Eislast	$g_z = 180\,\sqrt{d}$	0,783	2·0,838=1,676	0,928	0,838	kg/m
$g_0 + g_z$		1,577	3,618	2,596	1,809	kg/m
Seil ohne Eis	$g_0 L$	318	776	667	388	kg
Seil mit Eis	$(g_0 + g_z)L$	631	1448	1038	724	kg
Ketten (zweifach)						
Gewicht ohne Eis			250		130	kg
Gewicht mit Eis			270		150	kg
Wind auf Kette	$\|$ zur Leitung		40		30	kg
Wind auf Kette	$\perp$ zur Leitung		30		20	kg

Einseitige Belegung ist zu berücksichtigen!

Der Mast wird bemessen für eine Belegung mit Zweierbündel Al/St 240/40, wahlweise Einfachseil Al/St 310/100.

Seilart	Horizontalzug	1 Erdseil	1 Leiterseil 220 kV	1 Leiterseil 110 kV	1 Erdseil 6 Leiterseile 220 kV 6 Leiterseile 110 kV
Al/St 240/40	$w\,L$	383	684	342	6539 ~ 6540
Al/St 310/100	$w\,L$	383	419	342	4949

Wind auf Mast

Erdseilstütze: $l = 5,50$ m

$Fw = 1,10\,\text{m}^2$ $\qquad W = 1,10 \cdot 182 \cong 200\,\text{kg}$ $\qquad W = 1,10 \cdot 234 \cong {\sim}\,260\,\text{kg}$ (Wind über 40 m)

Schuß	1	2	3	4	5	
l	6,23	7,50	9,26	5,89	5,79	m
F_W	2,13	3,0	4,25	2,59	3,18	m²
W	~ 390	~ 550	~ 780	~ 470	~ 580	kg

Mastgewichte

Erdseilstütze	$=$	250 kg
Traverse I .	$=$	800 kg
Traverse II .	$=$	1200 kg
Traverse III .	$=$	1500 kg
Schuß 1 . .	$=$	600 kg
Schuß 2 . .	$=$	1000 kg
Schuß 3 . .	$=$	1400 kg
Schuß 4 . .	$=$	1060 kg
Schuß 5 . .	$=$	1400 kg

Wind auf Leitungen und Isolatoren

Erdseil		383 kg
2 Leiterseile 220 kV $=$ 1368 kg	}	1428 kg
2 Ketten $=$ 60 kg		
4 Leiterseile 220 kV $=$ 2736 kg	}	2856 kg
4 Ketten $=$ 120 kg		
6 Leiterseile 110 kV $=$ 2052 kg	}	2172 kg
6 Ketten $=$ 120 kg		

Ausnahmebelastung

Traverse I

Al/St 310/100 (Einfachseil) $Z/2 = 1480$ kg $\qquad M_d = 1480 \cdot 7,5 = 11\,100$ kgm

Al/St 240/40 (Bündel) $\qquad Z/4 = 1035$ kg < 1480

Traverse II $\qquad M_d = 1480 \cdot 10,0 = 14\,800$ kgm

Traverse III $\qquad M_d = 1035 \cdot 12,0 = 12\,420$ kgm $\qquad$ (Einfachseil 240/40)

II. Bemessung (s. Abb. 82)

Die im folgenden bezeichneten Punkte der Mastkonstruktion, Mastbreiten b, System-breiten e usw. sind der Mastskizze (Abb. 82) zu entnehmen.

Bei der Bemessung der Traversen und Diagonalen sind die Querkräfte und Stabkräfte infolge Ausnahmebelastung nach dem Verhältnis der zulässigen Normalbeanspruchung zur zulässigen Ausnahmebeanspruchung $\frac{1600}{2200}$ umgerechnet.

Bei dieser Berechnungsweise erkennt man sofort, welche Querkräfte und Stabkräfte aus Normal- bzw. Ausnahmebelastung für die Bemessung maßgebend sind.

1. Vollbelegung
Eckpfosten

Schuß 2 Punkt 13,73 m; $\quad l = 7,50$ m; $\quad b = 2229,1$ mm; $\quad e = 2178,3$ mm

Aufstellung der Momente $\qquad\qquad\qquad$ *Gewichte*

$$
\begin{aligned}
M = \quad 383 \cdot 19,23 &= 7360 \text{ kgm} \\
260 \cdot 16,48 &= 4280 \text{ kgm} \\
1428 \cdot 12,23 &= 17480 \text{ kgm} \\
500 \cdot 10,62 &= 5310 \text{ kgm} \\
2856 \cdot 4,98 &= 14250 \text{ kgm} \\
550 \cdot 3,75 &= 2060 \text{ kgm}
\end{aligned}
$$

Querkraft $Q = 5977$ kg $\quad M = 50740$ kgm

Erdseilstütze	}	$= 2250$ kg
Traverse I und II		
Schuß 1 und 2 . .	$=$	1600 kg
Erdseil	$=$	318 kg
6 · 2 Leiterseile . .	$=$	4656 kg
6 Ketten	$=$	1500 kg

$$G\,II = 10324 \text{ kg}$$

$$\pm S = \frac{50740}{2 \cdot 2,1783} = 11650 \text{ kg}$$

$$G/4 = \sim\ 2580 \text{ kg}$$

Eckstieldruckkraft $-S = \overline{14\,230 \text{ kg}}$ $\qquad\qquad$ Eckstielzugkraft $+S = 9070$ kg

$\boxed{\llcorner 90 \cdot 90 \cdot 9}$ $\qquad$ $\boxed{6 \text{ M } 20}$ $\quad$ Schachtelstoß

$$F = 15,50 \text{ cm}^2; \quad F_z = 11,72 \text{ cm}^2 \quad (2 \cdot 21\ \varnothing); \quad i = 1,76 \text{ cm}; \quad l_k = 150 \text{ cm}$$

$$\lambda = \frac{150}{1,76} = 85 \qquad \omega = 1,62$$

$$\sigma_d = \frac{1,62 \cdot 14\,230}{15,50} = 1490 \text{ kg/cm}^2 \qquad\qquad \sigma_z = \frac{9070}{11,72} = 775 \text{ kg/cm}^2$$

$$\sigma_s = \frac{14\,230}{6 \cdot 3,14} = 755 \text{ kg/cm}^2 \qquad\qquad \sigma_l = \frac{14\,230}{6 \cdot 2,0 \cdot 0,9} = 1320 \text{ kg/cm}^2$$

180
Breitenzunahme: ~194 mm/m
L 55×55×6
0 1 2 3 4 5m
L 35×35×4
1 M12
▽ 0,0; b=1250
▽ 0,72; b=1300,4
▽ 1,50; b=1355
L 50×50×5 3 M16
L 50×50×5
1 M16
L 50×50×5
2×17Φ
C 10
105
100
2,16 b=1401,2
500
7500
7500
L 75×75×7
I
L 40×50×5
7×17Φ
115
6,23 b=1686,1
6 M16
1 M16
▽ 7,82; b=1815,4
▽ 8,75
L 50×50×6 3 M16
L 50×50×5
2 M16
L 60×60×6
2×17Φ
C 12
125
125
9,43 b=1928,1
5000
5000
5000
5000
L 90×90×9
II
Δl = 7,50
L 40×50×5
1×17Φ
140
13,73 b=2229,1
6 M20
1 M16
▽ 15,47; b=2372,9
L 50×50×6 3 M16
L 50×50×5
2 M16
L 50×50×6
1 M16
L 50×50×5
1 M16
L 60×60×6
2 M16
C 10
160
17,38 b= 2506,6
400
4000
4000
4000
160
4000
4000
4000
(L 120×120×13)
L 120×120×11
III
Δl = 9,26
L 50×50×5 (L 50×50×6)
1 M16
175
22,99 b=2899,3 (2903,3)
10 M20
L 130×130×12
IV
Δl = 5,89
L 50×50×6
1 M16
195
28,88 b=33 35,6
8 M20 zweischnittig
L 55×55×6
1 M16
▽ 20,90; b=3407
210
30,82 b=3554,2
L 50×50×5
1 M16
L 140×140×13
V
Δl = 5,79
Breitenzunahme: 70 mm/m
160 mm/m
240
1330
34,67 b 4170,2
8 M20 zweischnittig
200
▽ 36,00; b=4383
800 3820 800
α
450 900 450
2150
tgα=0,4
1000
1500
2100
Fundament 4659
4799
(...) Werte für Tn+10 bis Tn+14,0
5500 1250 1000 1050 1100 1150
1500 1500
1350 1350 1350 1400
1800 1400 1400
1500 1500
2000
1800
1850 1900 1925 1950
36 000
19500
1975 2000
1900 1900
2000
300
2600
7250
7750

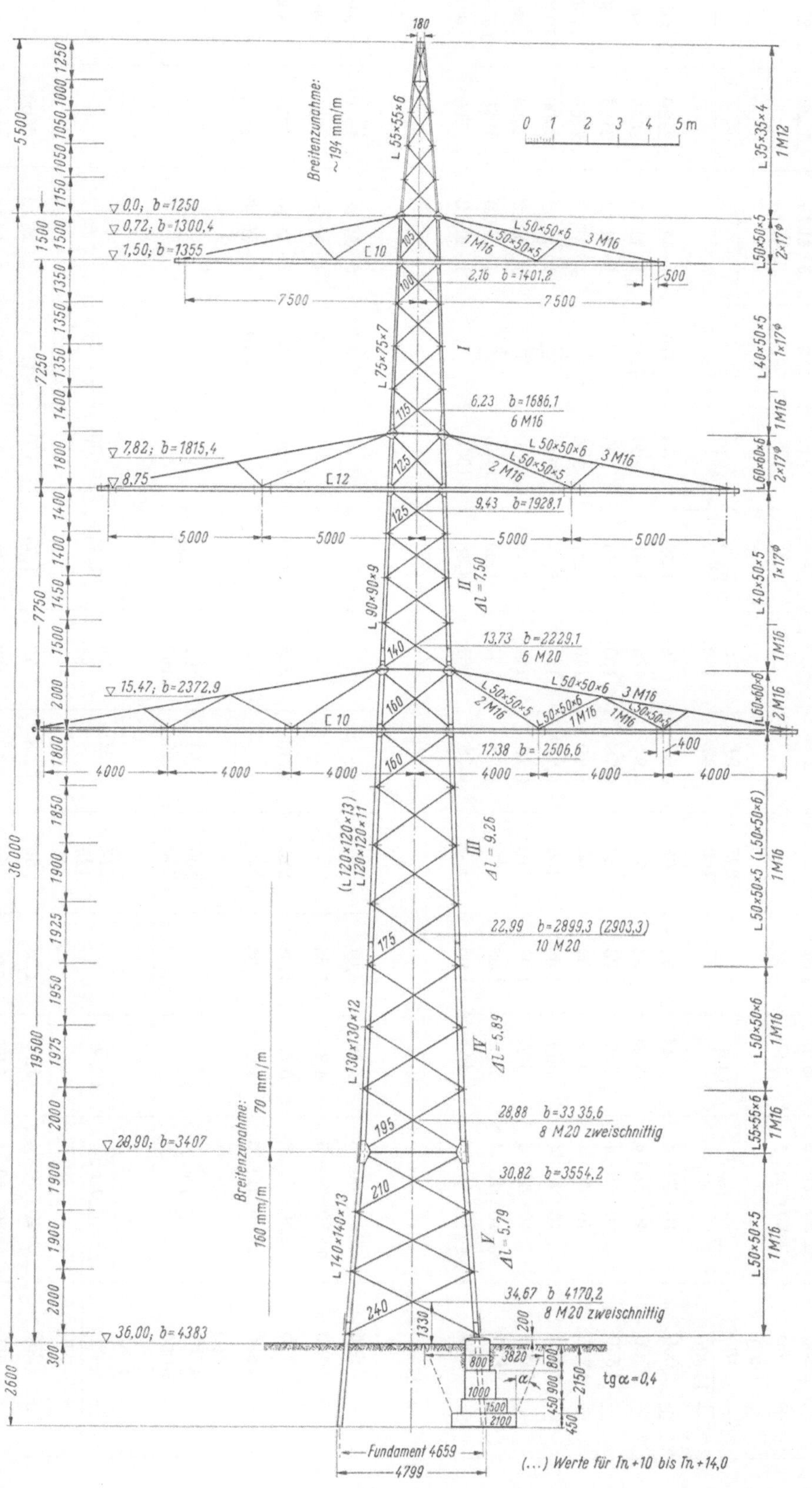

Abb. 82

Traversen (s. Abb. 83—86)

Traverse I (s. Abb. 83, 84)

Stab	Kraft kg	Profil	F cm²	F_z	l_k cm	i	λ	ω	σ_d kg/cm²	σ_z	Anschluß	σ_l kg/cm²	σ_s
O	+ 5250	L 50·50·6	5,69	4,67	—	—	—	—	—	1125	3·M 16	1825	870
D_2	+ 700	L 50·50·5	4,80	1 65	—	—	—	—	—	425	1·M 16	—	—
U_2	− 4800 − 7100 − 11900	⊏ 10	13,5	—	295 160	3,91 1,47	76 109	2,09	1840	—	—	—	—
1	± 2000	L 40·50·4	3,46	1 32	65	0,84	78	1,52	880	1515	1·M 16	3130	995
2	± 1700	L 40·50·4	3,46	1,32	70	0,84	84	1,61	790	1290	1·M 16	2655	845
3	± 1500	L 40·40·4	3,08	1,08	80	0,78	103	1,96	955		1·M 12	3125	1330
4	± 1325	L 40·40·4	3,08	1,08	90	0,78	116	2,27	975	geringer	1·M 12	2760	1175
5	± 1150	L 40·40·4	3,08	1,08	100	0,78	128	2,77	1035		1·M 12	2400	1020
6	± 1000	L 40·40·4	3,08	1,08	110	0,78	141	3,36	1090		1·M 12	2085	885
7	± 875	L 40·40·4	3,08	1,08	120	0,78	154	4,00	1135		1·M 12	1825	775
8	± 750	L 40·40·4	3,08	1,08	125	0,78	161	4,38	1065		1·M 12	1560	665

Traverse III (s. Abb. 85, 86)

Stab	Kraft kg	Profil	F cm²	F_z	l_k cm	i	λ	ω	σ_d kg/cm²	σ_z	Anschluß	σ_l kg/cm²	σ_s
O	+ 5675	L 50·50·6	5,69	4,67	—	—	—	—	—	1215	3·M 16	1970	940
D_1	+ 1400	L 50·50·5	4,80	1,65	—	—	—	—	—	850	1·M 16	1750	700
D_2	− 725	L 50·50·6	5,69	1,98	225	0,96	235	9,33	1190	365	1·M 16	755	360
D_3	+ 1850	L 50·50·5	4,80	3,95	—	—	—	—	—	470	2·M 16	1155	460
U_2	− 4950 − 4100 − 9050	⊏ 10	13,50	—	400 150	3,91 1,47	102 102	1,94	1300	—	—	—	—
U_3	− 7150 − 4480 − 11630	⊏ 10	13,50	—	275 125	3,91 1,47	70 85	1,62	1400	—	—	—	—
1	± 1250	L 40·40·4	3,08	1,08	60	0,78	77	1,50	610	1155	1·M 12	2600	1105
2	± 1350	L 40·40·4	3,08	1,08	80	0,78	103	1,96	860	1250	1·M 12	2810	1195
3	± 975	L 40·40·4	3,08	1,08	100	0,78	128	2,77	875		1·M 12	2030	865
4	± 750	L 40·40·4	3,08	1,08	110	0,78	141	3,36	820	geringer	1·M 12	1560	665
5	± 620	L 40·40·4	3,08	1,08	120	0,78	154	4,00	805		1·M 12	1290	550

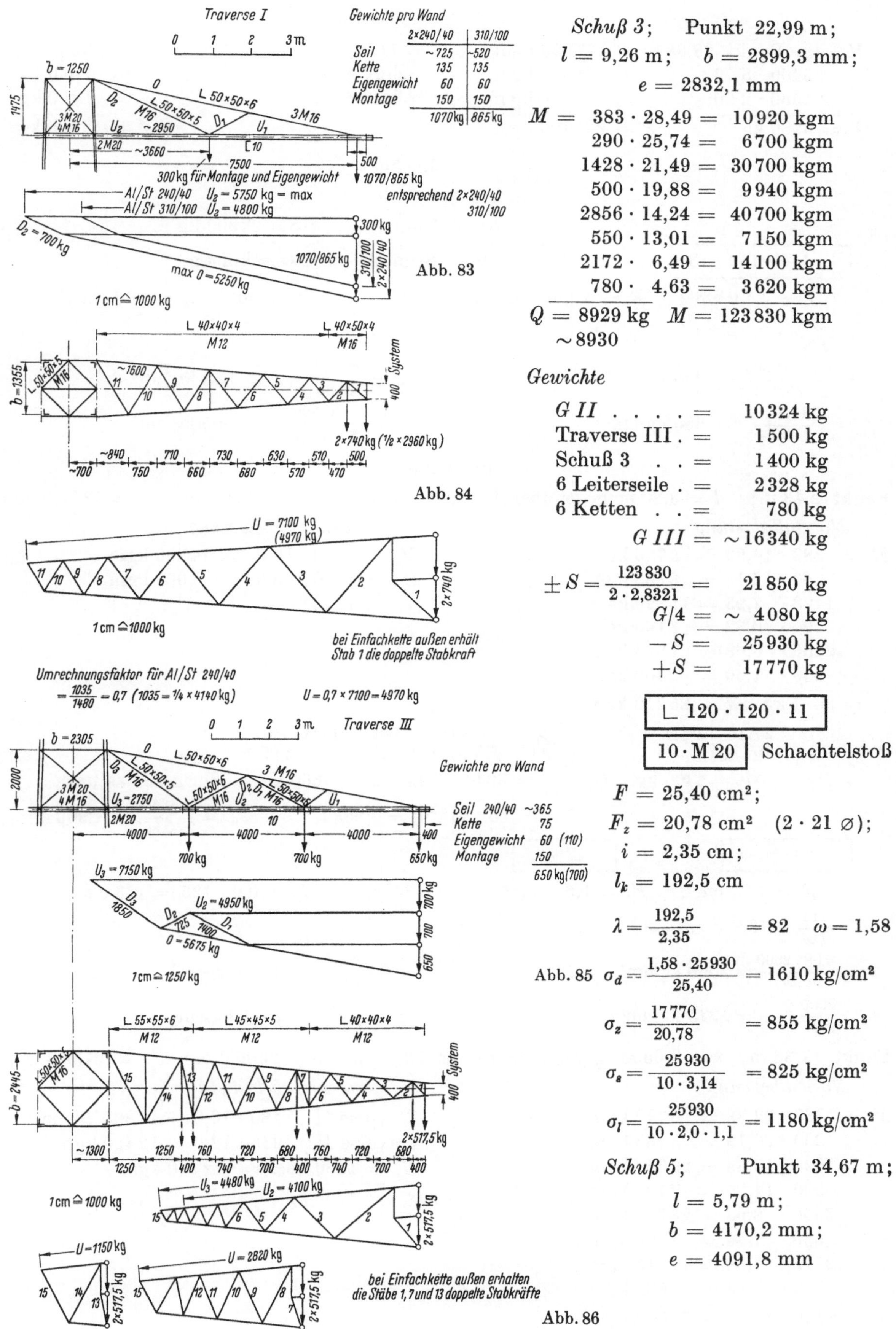

Schuß 3;   Punkt 22,99 m;

$$l = 9,26 \text{ m}; \quad b = 2899,3 \text{ mm};$$
$$e = 2832,1 \text{ mm}$$

$$
\begin{aligned}
M = \quad 383 \cdot 28,49 &= 10\,920 \text{ kgm} \\
290 \cdot 25,74 &= 6\,700 \text{ kgm} \\
1428 \cdot 21,49 &= 30\,700 \text{ kgm} \\
500 \cdot 19,88 &= 9\,940 \text{ kgm} \\
2856 \cdot 14,24 &= 40\,700 \text{ kgm} \\
550 \cdot 13,01 &= 7\,150 \text{ kgm} \\
2172 \cdot 6,49 &= 14\,100 \text{ kgm} \\
780 \cdot 4,63 &= 3\,620 \text{ kgm}
\end{aligned}
$$

$$Q = 8929 \text{ kg} \quad M = 123\,830 \text{ kgm}$$
$$\sim 8930$$

Gewichte

$$
\begin{aligned}
G\,II \ldots &= 10\,324 \text{ kg} \\
\text{Traverse III} &= 1\,500 \text{ kg} \\
\text{Schuß 3} &= 1\,400 \text{ kg} \\
\text{6 Leiterseile} &= 2\,328 \text{ kg} \\
\text{6 Ketten} &= 780 \text{ kg} \\
G\,III &= \sim 16\,340 \text{ kg}
\end{aligned}
$$

$$
\begin{aligned}
\pm S &= \frac{123\,830}{2 \cdot 2,8321} = 21\,850 \text{ kg} \\
G/4 &= \sim 4\,080 \text{ kg} \\
-S &= 25\,930 \text{ kg} \\
+S &= 17\,770 \text{ kg}
\end{aligned}
$$

$$\boxed{\llcorner\; 120 \cdot 120 \cdot 11}$$

$$\boxed{10 \cdot M\,20} \quad \text{Schachtelstoß}$$

$$F = 25,40 \text{ cm}^2;$$
$$F_z = 20,78 \text{ cm}^2 \quad (2 \cdot 21\,\varnothing);$$
$$i = 2,35 \text{ cm};$$
$$l_k = 192,5 \text{ cm}$$

$$\lambda = \frac{192,5}{2,35} = 82 \quad \omega = 1,58$$

$$\sigma_d = \frac{1,58 \cdot 25\,930}{25,40} = 1610 \text{ kg/cm}^2$$

$$\sigma_z = \frac{17\,770}{20,78} = 855 \text{ kg/cm}^2$$

$$\sigma_s = \frac{25\,930}{10 \cdot 3,14} = 825 \text{ kg/cm}^2$$

$$\sigma_l = \frac{25\,930}{10 \cdot 2,0 \cdot 1,1} = 1180 \text{ kg/cm}^2$$

Schuß 5;   Punkt 34,67 m;

$$l = 5,79 \text{ m};$$
$$b = 4170,2 \text{ mm};$$
$$e = 4091,8 \text{ mm}$$

$$Gewichte$$

$M =$ in Punkt $28,88$ m $= 177\,920$ kgm $G\ III$ . . . . $= 16\,340$ kg

$\quad\quad 9400 \cdot 5,79 \quad\quad = 54\,500$ kgm   Schuß 4 . . . . $= 1060$ kg

$\quad\quad580 \cdot 2,90 \quad\quad = 1680$ kgm   Schuß 5 . . . . $= 1400$ kg

$Q = 9980$ kg $\quad\quad\quad M = 234\,100$ kgm $G\ V = 18\,800$ kg

$$\pm S = \frac{234\,100}{2 \cdot 4,0918} = 28\,600 \text{ kg}$$

$$G/4 = 4700 \text{ kg}$$

$$-S = 33\,300 \text{ kg} \quad\quad +S = 23\,900 \text{ kg}$$

$$\boxed{\llcorner\ 140 \cdot 140 \cdot 13} \quad\quad \boxed{8 \cdot \text{M } 20} \quad \text{Stumpfstoß, zweischnittig}$$

$F = 35,0$ cm²; $\quad F_z = 29,54$ cm² $\quad(2 \cdot 21\ \varnothing)$; $\quad i = 2,74$ cm; $\quad l_k = 200$ cm

$$\lambda = \frac{200}{2,74} = 73 \quad\quad \omega = 1,45$$

$$\sigma_d = \frac{1,45 \cdot 33\,300}{35,0} = 1380 \text{ kg/cm}^2 \quad\quad\quad \sigma_z = \frac{23\,900}{29,54} = 810 \text{ kg/cm}^2$$

$$\sigma_s = \frac{33\,300}{2 \cdot 8 \cdot 3,14} = 665 \text{ kg/cm}^2 \quad\quad\quad \sigma_l = \frac{33\,300}{8 \cdot 2,0 \cdot 1,3} = 1605 \text{ kg/cm}^2$$

Diagonalen

Punkt $9,43$ m; $\quad l = 3,20$ m gegenüber Punkt $6,23$ m; $\quad b = 1928,1$ mm; $\quad e = 1877,3$ mm

$\quad$ *Normalbelastung* $\quad\quad\quad\quad\quad\quad\quad\quad\quad$ *Ausnahmebelastung*

$M = 383 \cdot 14,93 = 5720$ kgm $\quad\quad M_d = 1480 \cdot 10,0 = 14\,800$ kgm

$\quad\quad260 \cdot 12,18 = 3165$ kgm $\quad\quad\quad M_b = 1480 \cdot 0,68 = 1005$ kgm

$\quad\quad 1428 \cdot 7,93 = 11\,320$ kgm $\quad\quad\quad Q = 1480$ kg

$\quad\quad500 \cdot 6,32 = 3160$ kgm

$\quad\quad 2856 \cdot 0,68 = 1945$ kgm

$\quad\sim\ 250 \cdot 1,60 = 400$ kgm

$Q = 5677$ kg $\quad M = 25\,710$ kgm

$$Q_D = \frac{5677}{2} - \frac{25\,710 \cdot 0,07}{2 \cdot 1,8773} \quad\quad\quad Q_t = \frac{14\,800}{2 \cdot 1,8773} + \frac{1480}{2} - \frac{1005 \cdot 0,07}{2 \cdot 1,8773}$$

$\quad = 2839 - 479 = 2360$ kg $< Q_t$ $\quad\quad = 3940 + 740 - 20 = 4660$ kg $>$ Normalbelastung

$$\cos 36°\,30' = 0,8039 \quad\quad\quad D = \frac{4660}{2 \cdot 0,8039} = 2900 \text{ kg}$$

$$\boxed{\llcorner\ 40 \cdot 50 \cdot 5} \quad\quad\quad \boxed{17\ \varnothing}$$

$F = 4,27$ cm²; $\quad F_z = 1,65$ cm²; $\quad i = 0,84$ cm; $\quad l_k = 0,9 \cdot 125 = 113$ cm

$$\lambda = \frac{113}{0,84} = 135 \quad\quad \omega = 3,08$$

$$\sigma_d = \frac{3,08 \cdot 2900}{4,27} = 2090 \text{ kg/cm}^2 \quad < 2200 \quad\quad\quad \sigma_z = \frac{2900}{1,65} = 1755 \text{ kg/cm}^2$$

$$\sigma_s = \frac{2900}{2,27} = 1275 \text{ kg/cm}^2 \quad\quad\quad\quad \sigma_l = \frac{2900}{1,7 \cdot 0,5} = 3410 \text{ kg/cm}^2$$

Punkt $17,38$ m; $\quad l = 3,65$ m gegenüber Punkt $13,73$ m; $\quad b = 2506,6$ mm; $\quad e = 2439,4$ mm

$\quad$ *Normalbelastung* $\quad\quad\quad\quad\quad\quad\quad\quad\quad$ *Ausnahmebelastung*

$M = 383 \cdot 22,88 = 8770$ kgm $\quad\quad$ Traverse II $1480 \cdot 10,0 = 14\,800 =$ max

$\quad\quad260 \cdot 20,13 = 5235$ kgm $\quad\quad\quad$ Traverse III $1035 \cdot 12,0 = 12\,420$ kgm

$\quad\quad 1428 \cdot 15,88 = 22\,650$ kgm $\quad\quad\quad M_b = 1480 \cdot 8,63 = 12\,800$ kgm

$\quad\quad500 \cdot 14,25 = 7125$ kgm $\quad\quad\quad Q = 1480$ kg

$\quad\quad 2856 \cdot 8,63 = 24\,650$ kgm

$\quad\quad550 \cdot 7,40 = 4070$ kgm

$\quad\quad 2172 \cdot 0,88 = 1915$ kgm

$\quad\sim\ 320 \cdot 1,83 = 585$ kgm

$Q = 8469$ kg $\quad M = 75\,000$ kgm

$$Q_D = \frac{8469}{2} - \frac{75000 \cdot 0,07}{2 \cdot 2,4394} = 4235 - 1075 = 3160 \text{ kg}$$

$$Q_r = \frac{14800}{2 \cdot 2,4394} + \frac{1480}{2} - \frac{12800 \cdot 0,07}{2 \cdot 2,4294}$$
$$= 3025 + 740 - 185 = 3580 \text{ kg}$$

$$D = \frac{3160}{2 \cdot 0,809} = 1955 \text{ kg}$$

$$\cos 36° = 0,809$$

$$\boxed{\llcorner\ 50 \cdot 50 \cdot 5} \qquad \boxed{M\ 16}$$

$$F = 4,80 \text{ cm}^2; \qquad F_z = 1,65 \text{ cm}^2; \qquad i = 0,98 \text{ cm}; \qquad l_k = 0,9 \cdot 160 = 144 \text{ cm}$$

$$\lambda = \frac{144}{0,98} = 147 \qquad \omega = 3,65$$

$$\sigma_d = \frac{3,65 \cdot 1955}{4,80} = 1485 \text{ kg/cm}^2 \qquad \sigma_z = \frac{1955}{1,65} = 1185 \text{ kg/cm}^2$$

$$\sigma_s = \frac{1955}{2,01} = 970 \text{ kg/cm}^2 \qquad \sigma_l = \frac{1955}{1,6 \cdot 0,5} = 2440 \text{ kg/cm}^2$$

Punkt 30,82 m; $l = 1,94$ m gegenüber Punkt 28,88 m; $b = 3554,2$ mm; $e = 3475,8$ mm

| *Normalbelastung* | | *Ausnahmebelastung* | |

$$
\begin{array}{lr}
M = \text{in Punkt } 28,88 \text{ m} = 177920 \text{ kgm} \\
9400 \cdot 1,94 = 18250 \text{ kgm} \\
\sim 220 \cdot 0,97 = 210 \text{ kgm} \\
\hline
Q = 9620 \text{ kg} \qquad M = 196380 \text{ kgm}
\end{array}
$$

$$M_d = 14800 \text{ kgm}$$
$$M_b = 1480 \cdot 22,07 = 32650 \text{ kgm}$$
$$\overline{Q = 1480 \text{ kg}}$$

$$Q_D = \frac{9620}{2} - \frac{196380 \cdot 0,16}{2 \cdot 3,4758}$$
$$= 4810 - 4520 = 290 \text{ kg}$$

$$Q_r = \frac{14800}{2 \cdot 3,4758} + \frac{1480}{2} - \frac{32650 \cdot 0,16}{2 \cdot 3,4758}$$
$$= 2130 + 740 - 750 = 2120 \text{ kg}$$

$$\cos 28°\,30' = 0,8788$$

$$D = \frac{2120}{2 \cdot 0,8788} \cong 1220 \text{ kg}$$

$$\boxed{\llcorner\ 50 \cdot 50 \cdot 5} \qquad \boxed{M\ 16}$$

$$F = 4,80 \text{ cm}^2; \qquad F_z = 1,65 \text{ cm}^2; \qquad i = 0,98 \text{ cm}; \qquad l_k = 0,9 \cdot 210 = 189 \text{ cm}$$

$$\lambda = \frac{189}{0,98} = 193 \qquad \omega = 6,29$$

$$\sigma_d = \frac{6,29 \cdot 1220}{4,80} = 1600 \text{ kg/cm}^2$$

$$\sigma_z = \frac{1220}{1,65} = 740 \text{ kg/cm}^2$$

$$\sigma_s = \frac{1220}{2,01} = 610 \text{ kg/cm}^2$$

$$\sigma_l = \frac{1220}{1,6 \cdot 0,5} = 1525 \text{ kg/cm}^2$$

2. Einseitige Belegung (Abb. 87)

Eckpfosten

Gewichte ohne Eis

Traverse I und II:

Leiterseil $2 \cdot 240/40$ . .	776 kg
Doppelkette	250 kg
$G_1 =$	1026 kg

Traverse III:

Leiterseil 240/40 . . .	388 kg
Doppelkette	130 kg
$G_2 =$	518 kg

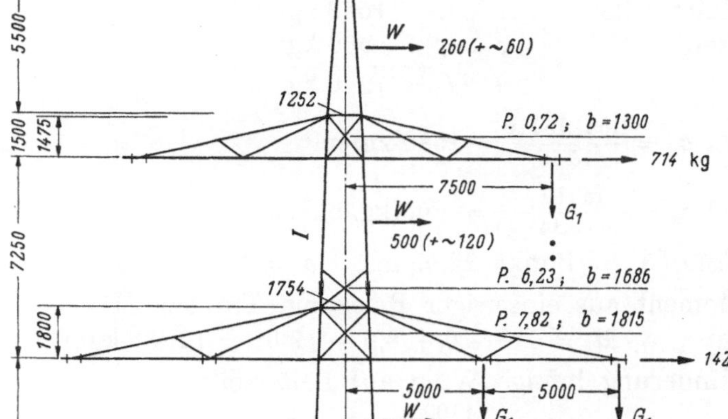

Abb. 87

Schuß 1   Punkt 6,23 m; $b = 1686,1$ mm; $e = 1644,3$ mm

Moment aus einseitiger Belegung   Minderung infolge Wind auf Leiterseile

$$M = 1026 \cdot 7,5 \ \ . \ . \ = 7700 \text{ kgm} \qquad -\Delta M = \frac{6760}{2} \ . \ . \ . \ . \ = 3380 \text{ kgm}$$

$$+\Delta M = \overline{\quad 4320 \text{ kgm}}$$

$$M = 15\,160 + 4320 \ . \ . \ . \ . \ . \ . \ . \ . \ . \ . \ . \ . \ = 19\,480 \text{ kgm}$$

Gewichte

Erdseil	318 kg
Stütze	250 kg
Traverse I	800 kg
Schuß 1	600 kg
1 · 2 Leiterseile	776 kg
1 Kette	250 kg

$$G\,I = 2994 \text{ kg}$$

$$\pm S = \frac{19\,480}{2 \cdot 1,6443} = 5920 \text{ kg}$$
$$G/4 = \sim 750 \text{ kg}$$
$$-S = \overline{\quad 6670 \text{ kg}}$$
$$+S = \quad 5170 \text{ kg}$$

Statische Werte s. S. 106 u. folg.

$$\sigma_d = \frac{1,84 \cdot 6670}{10,1} = 1215 \text{ kg/cm}^2 \qquad \sigma_z = \frac{5170}{7,72} = 670 \text{ kg/cm}^2$$

$$\sigma_s = \frac{6670}{6 \cdot 2,01} = 555 \text{ kg/cm}^2 \qquad \sigma_l = \frac{6670}{6 \cdot 1,6 \cdot 0,7} = 995 \text{ kg/cm}^2$$

Schuß 2   Punkt 13,73 m; $b = 2229,1$ mm; $e = 2178,3$ mm

Moment aus einseitiger Belegung
$$M = 1026\,(7,5 + 5,0 + 10,0) = 23\,100 \text{ kgm}$$

Minderung infolge Wind auf Leiterseile
$$-\Delta M = \frac{17\,480 + 14\,250}{2} = 15\,865 \text{ kgm}$$

$$+\Delta M = \overline{\quad 7235 \text{ kgm}} \qquad M = 50\,740 + 7235 = 57\,975 \text{ kgm}$$

Gewichte

$G\,I$	2994 kg
Traverse II . . . ·	1200 kg
Schuß 2	1000 kg
2 · 2 Leiterseile	1552 kg
2 Ketten	500 kg

$$G\,II = 7246 \text{ kg}$$

$$\pm S = \frac{57\,975}{2 \cdot 2,1783} = 13\,300 \text{ kg}$$
$$G/4 = \sim 1810 \text{ kg}$$
$$-S = \overline{\quad 15\,110 \text{ kg}}$$
$$+S = \quad 11\,490 \text{ kg}$$

$$\sigma_d = \frac{1,62 \cdot 15\,110}{15,50} = 1580 \text{ kg/cm}^2 \qquad \sigma_z = \frac{11\,490}{11,72} = 980 \text{ kg/cm}^2$$

$$\sigma_s = \frac{15\,110}{6 \cdot 3,14} = 805 \text{ kg/cm}^2 \qquad \sigma_l = \frac{15\,110}{6 \cdot 2,0 \cdot 0,9} = 1400 \text{ kg/cm}^2$$

Schuß 3   Punkt 22,99 m; $b = 2899,3$ mm; $e = 2832,1$ mm

Moment aus einseitiger Belegung, Traverse III
$$M = 518\,(4,0 + 8,0 + 12,0) = 12\,430 \text{ kgm}$$

Minderung infolge Wind auf Leiterseile
$$-\Delta M = \frac{14\,100}{2} = 7050 \text{ kgm}$$

$$+\Delta M = \overline{5380 \text{ kgm}} \qquad M = 123\,830 + 5380 = 129\,210 \text{ kgm}$$

Gewichte

$$G = 16\,340 - \frac{2328 + 780}{2} = 14\,786 \text{ kg} \qquad \pm S = \frac{129\,210}{2 \cdot 2,8321} = 22\,800 \text{ kg}$$

$$G/4 = \quad 3700 \text{ kg}$$
$$-S = \overline{26\,500 \text{ kg}}$$
$$+S = 19\,100 \text{ kg}$$

$$\sigma_d = \frac{1,58 \cdot 26\,500}{25,40} = 1648 \text{ kg/cm}^2 \qquad\qquad \sigma_z = \frac{19\,100}{20,78} = 920 \text{ kg/cm}^2$$

$$\sigma_s = \frac{26\,500}{10 \cdot 3,14} = 845 \text{ kg/cm}^2 \qquad\qquad \sigma_l = \frac{26\,500}{2,0 \cdot 10 \cdot 1,1} = 1205 \text{ kg/cm}^2$$

Diagonalen (Traversenfeld I und II)

Gewichte

$$
\left.\begin{array}{ll}
1 \text{ Leiterseil } 2 \cdot 240/40 \quad . = 1448 \text{ kg} \\
1 \text{ Doppelkette } . \ . \ . \ . \ = 270 \text{ kg} \\
\hline
G_1 = 1718 \text{ kg}
\end{array}\right\} \text{ mit Eis}
\qquad
\left.\begin{array}{ll}
= 776 \text{ kg} \\
= 250 \text{ kg} \\
\hline
G_2 = 1026 \text{ kg}
\end{array}\right\} \text{ ohne Eis}
$$

Traversenebene I   Punkt 0,72 m; $b = 1300,4$ mm; $e = 1258,6$ mm

Moment aus einseitiger Belegung mit Eis   Moment aus einseitiger Belegung ohne Eis

$$M = 1718 \cdot \left(7,5 - \frac{1,252}{2}\right) = 11\,820 \text{ kgm} \qquad M = 1026 \cdot \left(7,5 - \frac{1,252}{2}\right) = 7\,050 \text{ kgm}$$

$$Q = \frac{11\,820}{2 \cdot 1,475} = 4010 \text{ kg} = \max Q$$

Moment infolge Wind

$$
\begin{array}{llr}
M = 383 \cdot 6,22 & = & 2380 \text{ kgm} \\
 320 \cdot 3,11 & = & 995 \text{ kgm} \\
\hline
Q' = 703 \text{ kg} & M = & 3375 \text{ kgm}
\end{array}
$$

$$Q = \frac{703}{2} - \frac{3375 \cdot 0,07}{2 \cdot 1,2586} + \frac{7050}{2 \cdot 1,475} = 352 - 94 + 2390 = 2648 \text{ kg} < 4010$$

$$\cos 49° = 0,656; \ D = \frac{4010}{2 \cdot 0,656} = 3055 \text{ kg}$$

$$\boxed{\llcorner 50 \cdot 50 \cdot 5} \qquad\qquad \boxed{2 \cdot 17 \ \varnothing}$$

$$F = 4,80 \text{ cm}^2; \quad F_z = 3,95 \text{ cm}^2; \quad i = 0,98 \text{ cm}; \quad l_k = 0,9 \cdot 105 = 95 \text{ cm}$$

$$\lambda = \frac{95}{0,98} = 97 \qquad \omega = 1,84$$

$$\sigma_d = \frac{1,84 \cdot 3055}{4,80} = 1170 \text{ kg/cm}^2$$

Traversenebene II   Punkt 7,82 m; $b = 1815,4$ mm; $e = 1764,6$ mm

Moment aus einseitiger Belegung mit Eis

$$M = 1718\,(4,123 + 9,123) = 22\,760 \text{ kgm} \qquad\qquad Q = \frac{22\,760}{2 \cdot 1,80} = 6320 \text{ kg} = \max Q$$

Moment aus einseitiger Belegung ohne Eis

$$M = 1026\,(4,123 + 9,123) = 13\,600 \text{ kgm}$$

Moment infolge Wind

$$
\begin{array}{lrll}
M = & 383 \cdot 13,32 & = & 5110 \text{ kgm} \\
& 260 \cdot 10,57 & = & 2755 \text{ kgm} \\
& 714 \cdot 6,32 & = & 4520 \text{ kgm} \\
& 620 \cdot 3,91 & = & 2425 \text{ kgm} \\
\hline
Q' = 1977 \text{ kg} & M = & 14\,810 \text{ kgm}
\end{array}
$$

$$Q = \frac{1977}{2} - \frac{14\,810 \cdot 0,07}{2 \cdot 1,7646} + \frac{13\,600}{2 \cdot 1,80}$$

$$= 988 - 294 + 3780 = 4474 \text{ kg} < 6320$$

$$\cos 45° = 0,707; \ D = \frac{6320}{2 \cdot 0,707} = 4470 \text{ kg}$$

$$\boxed{\llcorner\ 60\cdot60\cdot6} \qquad\qquad \boxed{2\cdot17\ \varnothing}$$

$$F = 6{,}91\ \text{cm}^2; \qquad F_z = 5{,}89\ \text{cm}^2; \qquad i = 1{,}17\ \text{cm}; \qquad l_k = 0{,}9\cdot125 = 112{,}5\ \text{cm}$$

$$\lambda = \frac{112{,}5}{1{,}17} = 96 \qquad \omega = 1{,}82 \qquad\qquad\qquad \sigma_d = \frac{1{,}82\cdot4470}{6{,}91} = 1180\ \text{kg/cm}^2$$

Diagonalen (Traverse III)

Gewichte

$$
\begin{array}{rl}
1\ \text{Leiterseil } 240/40 = 724\ \text{kg} \\
1\ \text{Doppelkette . . } = 150\ \text{kg} \\
\hline
G_2 = 874\ \text{kg}
\end{array}
\ \bigg\}\ \text{mit Eis}
\qquad
\begin{array}{rl}
= 388\ \text{kg} \\
= 130\ \text{kg} \\
\hline
G_2 = 518\ \text{kg}
\end{array}
\ \bigg\}\ \text{ohne Eis}
$$

Traversenebene III   Punkt 15,47 m; $b = 2372{,}9$ mm; $e = 2305{,}7$ mm

Moment aus einseitiger Belegung mit Eis

$$M = 874\,(2{,}848+6{,}848+10{,}848) = 17\,950\ \text{kgm} \qquad\qquad Q = \frac{17\,950}{2\cdot2{,}0} = 4490\ \text{kg}$$

Moment aus einseitiger Belegung ohne Eis

$$M = 518\,(2{,}848+6{,}848+10{,}848) = 10\,650\ \text{kgm}$$

Moment infolge Wind (Traverse I und II beiderseits belegt)

$$
\begin{array}{rl}
M = & 383\cdot20{,}97 = 8030\ \text{kgm} \\
& 260\cdot18{,}22 = 4740\ \text{kgm} \\
& 1428\cdot13{,}97 = 19\,960\ \text{kgm} \\
& 500\cdot12{,}36 = 6180\ \text{kgm} \\
& 2856\cdot6{,}72 = 19\,200\ \text{kgm} \\
& 700\cdot4{,}62 = 3230\ \text{kgm} \\
\end{array}
$$

$$Q_D = \frac{6127}{2} - \frac{61\,340\cdot0{,}07}{2\cdot2{,}3057} + \frac{10\,650}{2\cdot2{,}0}$$

$$= 3064 - 931 + 2662 = 4795\ \text{kg} = \max Q$$

$$Q' = 6127\ \text{kg} \qquad M = 61\,340\ \text{kgm}$$

$$\cos 40^\circ = 0{,}766; \qquad D = \frac{4795}{2\cdot0{,}766} = 3130\ \text{kg}$$

$$\boxed{\llcorner\ 60\cdot60\cdot6} \qquad\qquad \boxed{2\cdot\text{M}\,16}$$

$$F = 6{,}91\ \text{cm}^2; \qquad F_z = 5{,}89\ \text{cm}^2; \qquad i = 1{,}17\ \text{cm}; \qquad l_k = 0{,}9\cdot160 = 144\ \text{cm}$$

$$\lambda = \frac{144}{1{,}17} = 123 \qquad \omega = 2{,}55 \qquad \sigma_d = \frac{2{,}55\cdot3130}{6{,}91} = 1155\ \text{kg/cm}^2$$

III. Gründung (s. Abb. 88)

Punkt 36,0 m; $b = 4383$ mm; $e = 4304{,}6$ mm

$$
\begin{array}{ll}
Mf \text{ in Punkt } 34{,}67\ \text{m} = & 234\,100\ \text{kgm} \\
9980\cdot1{,}33 = & 13\,280\ \text{kgm} \\
\hline
= & 247\,380\ \text{kgm}
\end{array}
$$

Beton

$$
\begin{array}{rl}
Vn = 0{,}8^2\cdot0{,}25 = 0{,}16\ \text{m}^3 \\
0{,}8^2\cdot0{,}80 = 0{,}512\ \text{m}^3 \\
1{,}0^2\cdot0{,}90 = 0{,}90\ \text{m}^3 \\
1{,}5^2\cdot0{,}45 = 1{,}013\ \text{m}^3 \\
2{,}1^2\cdot0{,}45 = 1{,}985\ \text{m}^3 \\
\hline
4{,}57\ \text{m}^3
\end{array}
\bigg\}\ 2{,}425
$$

$$\pm S = \frac{247\,380}{2\cdot4{,}3046} = 28\,750\ \text{kg}$$

$$G/4 = 4\,700\ \text{kg}$$

$$+ S = 24\,050\ \text{kg}$$

$$G_B = 2{,}0\cdot4{,}57 = 9{,}14\ \text{t}$$

Erde

$$V_E = \frac{2{,}15}{3}\,(2{,}1^2 + 3{,}82^2 + 2{,}1\cdot3{,}82) - 2{,}425$$

$$= \frac{2{,}15}{3}\,(4{,}41 + 14{,}59 + 8{,}02) - 2{,}425 = 16{,}93\ \text{m}^3$$

$$G_E = 1{,}60\cdot16{,}93 = 27{,}11\ \text{t}$$

$$\Sigma_G = 9{,}14 + 27{,}11 = 36{,}25\ \text{t}$$

Sicherheitsgrad $\quad \nu = \dfrac{\Sigma_G}{+S} = \dfrac{36{,}25}{24{,}05} = 1{,}52\,\text{fach}$

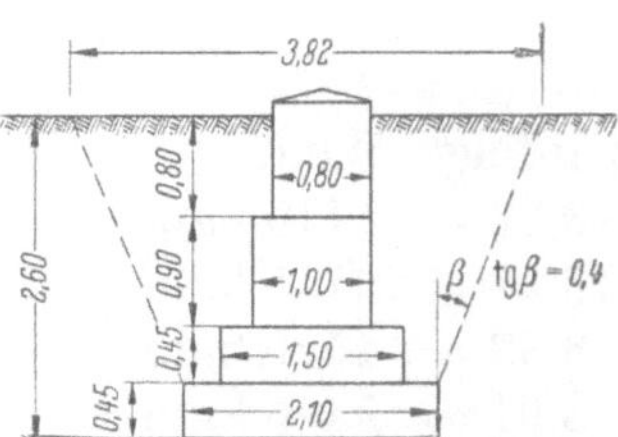

Abb. 88

11. Berechnungsbeispiel. 110/220-kV-Vierfach-Leitung, Winkelabspannmast 160—180°

I. Belastungsannahmen

Spannweiten / Übertragungsspannung	Windanteil Seilgewichts-anteil	400 / 500 / 220 kV			110 kV	
		1 Erdseil	6·2 Leiterseile	6 Leiterseile	6 Leiterseile	
Leiterseile						
Baustoff		Al/St 170/40	Al/St 240/40	Al/St 310/100	Al/St 240/40	
Durchmesser	d	18,9	21,7	26,6	21,7	mm
Querschnitt	F	211,9	$2 \cdot 276{,}1 = 552{,}2$	405,2	276,1	mm²
Beanspruchung	$\sigma_{-5°} + E \mid \sigma_{+5°}$	8,25	7,50	7,30	7,5	kg/mm²
Seilzug	$Z = F\,\sigma$	~1750	~4140	~2960	~2070	kg
Wind auf Seile $W =$	$<40\text{ m} \mid >40\text{ m}$	510	~910 | ~1170	~560	~455	kg
Gewicht der Seile	g_0	0,794	$2 \cdot 0{,}971 = 1{,}942$	1,668	0,971	kg/m
Eislast	$g_z = 180\sqrt{d}$	0,783	$2 \cdot 0{,}838 = 1{,}676$	0,928	0,838	kg/m
$g_0 + g_z$		1,577	3,618	2,596	1,809	kg/m
Seil ohne Eis	$g_0 L$	~400	~970	~835	~485	kg
Seil mit Eis	$(g_0 + g_z) L$	~790	~1810	~1300	~905	kg
Ketten (zweifach)						
Gewicht ohne Eis			260		140	kg
Gewicht mit Eis			280		160	kg
Wind auf Kette	‖ zur Leitung					kg
Wind auf Kette	⊥ zur Leitung		30		20	kg

Einseitige Belegung ist zu berücksichtigen!

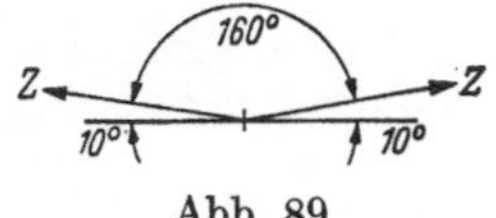

Abb. 89

$$\sin 10° = 0{,}17365$$
$$\cos 10° = 0{,}98481$$
$$\overline{\sin 10° + \cos 10° = 1{,}15846} \qquad 2 \cdot \sin 10° = 0{,}3473$$

Mastart	Horizontalzug	1 Erdseil	1 Leiterseil 220 kV	1 Leiterseil 110 kV
		Al/St 170/40	Al/St 240/40	Al/St 240/40
Winkelmast 160°	$2\,Z \sin 10°$	~610	1440	720
Abspannmast 180°	$2/3\,Z$	~1170	2760	1380
Winkelabspannmast 160°	$2/3\,Z (\sin 10° + \cos 10°)$	1350	3200	1600

Der Mast wird bemessen für eine Belegung mit Zweierbündel Al/St 240/40, wahlweise Einfachseil Al/St 310/100.

Wind auf Mast (s. Abb. 90)

Erdseilstütze: $l = 7{,}50$ m

$F_W = 1{,}68$ m² $W = 1{,}68 \cdot 182 \cong 310$ kg $W = 1{,}68 \cdot 234 \cong 400$ kg (Wind über 40 m)

Schuß	1	2	3	4	5	
l	5,58	6,60	7,52	6,12	5,83	m
F_W	2,65	3,65	4,90	4,87	5,60	m²
W	~485	~670	~900	~900	~1020	kg

Mastgewichte

Erdseilstütze	= 410 kg	Schuß 1	= 1060 kg
Traverse I	= 1100 kg	Schuß 2	= 1720 kg
Traverse II	= 1900 kg	Schuß 3	= 2600 kg
Traverse III	= 1850 kg	Schuß 4	= 2400 kg
		Schuß 5	= 2800 kg

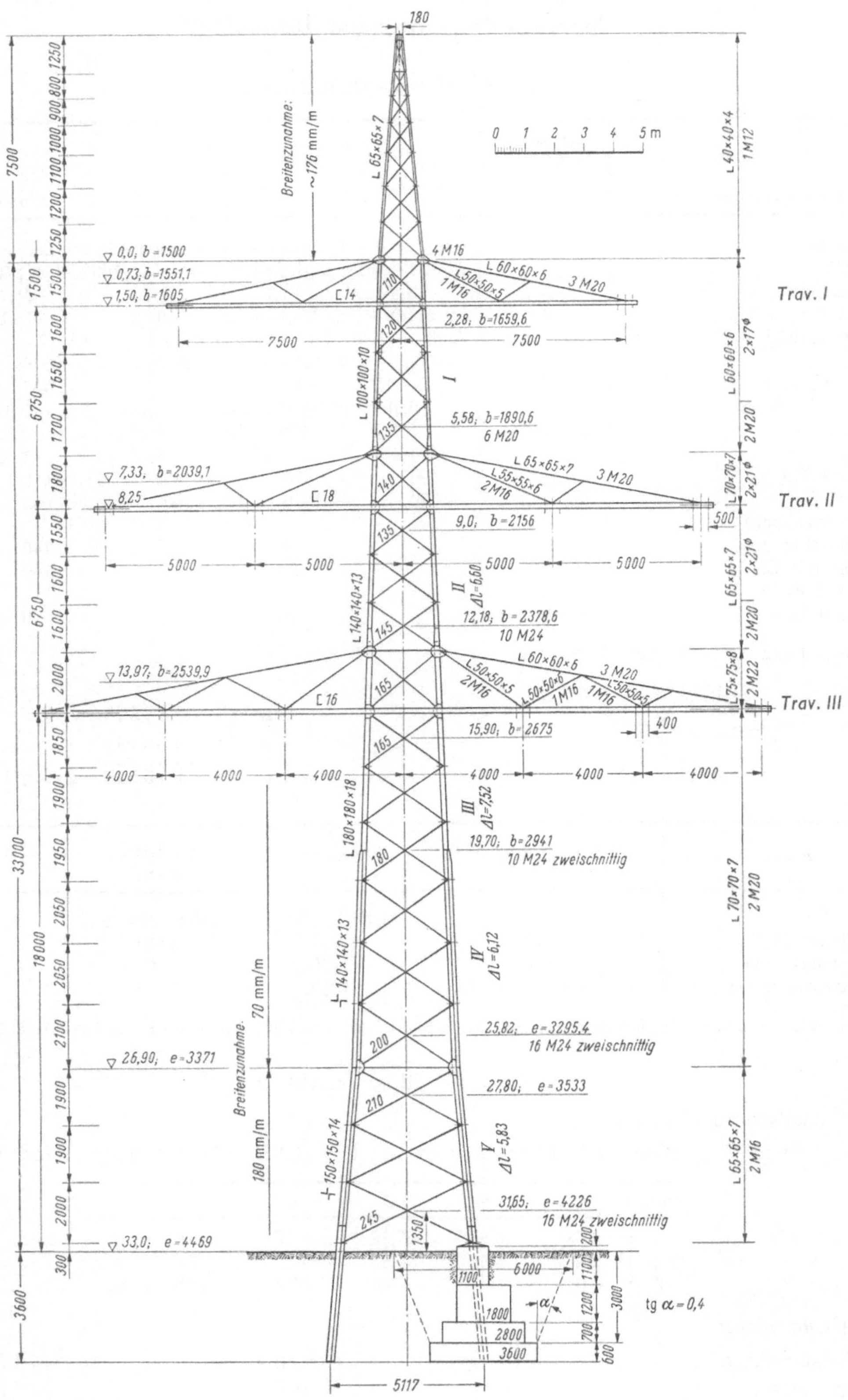

Abb. 90

Belastungsannahmen nach VDE 0210, § 17

Für die Bemessung der Eckpfosten ist der Lastfall $2/3\,Z\,(\sin 10° + \cos 10°)$ plus Wind auf Kopfausrüstung maßgebend.

Angreifende Kräfte

Erdseilstütze . . . . = 1350 kg

Traverse I   2 Leiterseilzüge = 2 · 3200 . . . . = 6400 kg ⎫
4 Ketten   = 4 · 30 . . . . = 120 kg ⎬ 6520 kg

Traverse II   4 Leiterseilzüge = 4 · 3200 . . . . = 12800 kg ⎫
8 Ketten   = 8 · 30 . . . . = 240 kg ⎬ 13040 kg

Traverse III 6 Leiterseilzüge = 6 · 1600 . . . . = 9600 kg ⎫
12 Ketten   = 12 · 20 . . . . = 240 kg ⎬ 9840 kg

1. Normalbelastung

a) *Abspannmast 180° = 2/3 Z in Leitungsrichtung*

Erdseilstütze . . . . = 1170 kg
Traverse I   2 · 2760 . . . . = 5520 kg
Traverse II   4 · 2760 . . . . = 11040 kg
Traverse III 6 · 1380 . . . . = 8280 kg

b) *Winkelmast 160° = 2 Z sin 10° plus Wind auf Kopfausrüstung*

Erdseilstütze . . . . = 610 kg

Traverse I   2 Leiterseilzüge = 2 · 1440 . . . . = 2880 kg ⎫
4 Ketten   = 4 · 30 . . . . = 120 kg ⎬ 3000 kg

Traverse II   4 Leiterseilzüge = 4 · 1440 . . . . = 5760 kg ⎫
8 Ketten   = 8 · 30 . . . . = 240 kg ⎬ 6000 kg

Traverse III 6 Leiterseilzüge = 6 · 720 . . . . = 4320 kg ⎫
12 Ketten   = 12 · 20 . . . . = 240 kg ⎬ 4560 kg

2. Ausnahmebelastung

a) *Abspannmast 180°*

   α) Verdrehungsbelastung aus Traverse I (Fortfall eines Leiterzuges)

   $M_d = 4140 · 7{,}50$ . . . . = 31100 kgm
   Erdseilzug . . . . = —
   Leiterseilzug . . . . = 4140 kg

   β) Verdrehungsbelastung aus Traverse II

   $M_d = 4140 · 10{,}0$ . . . . = 41400 kgm = max
   Erdseilzug . . . . = —
   Leiterseilzug . . . . = 4140 kg

b) *Winkelmast 160°*

   α) Verdrehungsbelastung aus Traverse I (Fortfall eines Leiterzuges)

   $M_d = 4140 · 0{,}9848 · 7{,}50$ . . . . = 30650 kgm
   Erdseilzug . . . . = 610 kg
   Leiterseilzug Traverse I = 3 Z sin 10° = 3 · 720 . . . = 2160 kg

   β) Verdrehungsbelastung aus Traverse II

   $M_d = 4140 · 0{,}9848 · 10{,}0$ . . . . = 40800 kgm = max
   Erdseilzug . . . . = 610 kg
   Leiterseilzug Traverse I   = 2 · 1440 . . . . = 2880 kg
   Leiterseilzug Traverse II = $3^{1}/_{2}$ · 1440 . . . . = 5040 kg
   Leiterseilzug Traverse III = 6 · 720 . . . . = 4320 kg

Bemessung der Traverse III (s. Abb. 91, 92)

Traverse III

Stab	Kraft kg	Profil	F cm²	F_z	l_k cm	i	λ	ω	σ_d kg/cm²	σ_z	Anschluß	σ_l kg/cm²	σ_s
O	+ 7350	∟ 60 · 60 · 6	6,91	5,65	—	—	—	—	—	1300	3 · M 20	2040	780
D_1	+ 1850	∟ 50 · 50 · 5	4,80	1,65	—	—	—	—	—	1120	1 · M 16	2315	920
D_2	− 950	∟ 50 · 50 · 6	5,69	—	225	0,96	235	9,33	1560	—	1 · M 16	990	475
D_3	+ 2400	∟ 50 · 50 · 5	4,80	3,95	—	—	—	—	—	610	2 · M 16	1500	600
U_2	− 6400 − 10875 ───── − 17275	⊏ 16	24,0	—	400 130	6,21 1,89	65 69	1,40	1010	—	—	—	—
U_3	− 9200 − 14650 ───── − 23850	⊏ 16	24,0	—	265 125	6,21 1,89	43 66	1,36	1350	—	—	—	—
1	± 1200	∟ 40 · 50 · 4	3,46	1 32	60	0,84	72	1,44	500	910	1 · M 16	1875	600
2	± 1325	∟ 40 · 50 · 4	3,46	1,32	95	0,84	113	2,18	835		1 · M 16	2070	660
3	± 975	∟ 40 · 50 · 4	3,46	1,32	115	0,84	137	3,17	895		1 · M 16	1525	485
4	± 750	∟ 40 · 50 · 4	3,46	1,32	135	0,84	161	4,38	950		1 · M 16	1170	375
5	± 600	∟ 40 · 50 · 4	3,46	1,32	155	0,84	185	5,78	1005		1 · M 16	940	300

II. Bemessung (s. Abb. 90)

Die im folgenden bezeichneten Punkte der Mastkonstruktion, Mastbreiten b, Systembreiten e usw. sind der Mastskizze (Abb. 90) zu entnehmen.

Bei der Bemessung der Diagonalen sind die Querkräfte und Stabkräfte infolge Ausnahmebelastung nach dem Verhältnis der zulässigen Normalbeanspruchung zur zulässigen Ausnahmebeanspruchung $\frac{1600}{2200}$ umgerechnet. (Vgl. Traversenbemessung S. 118.)

Bei dieser Berechnungsweise erkennt man sofort, welche Querkräfte und Stabkräfte aus Normal- bzw. Ausnahmebelastung für die Bemessung maßgebend sind.

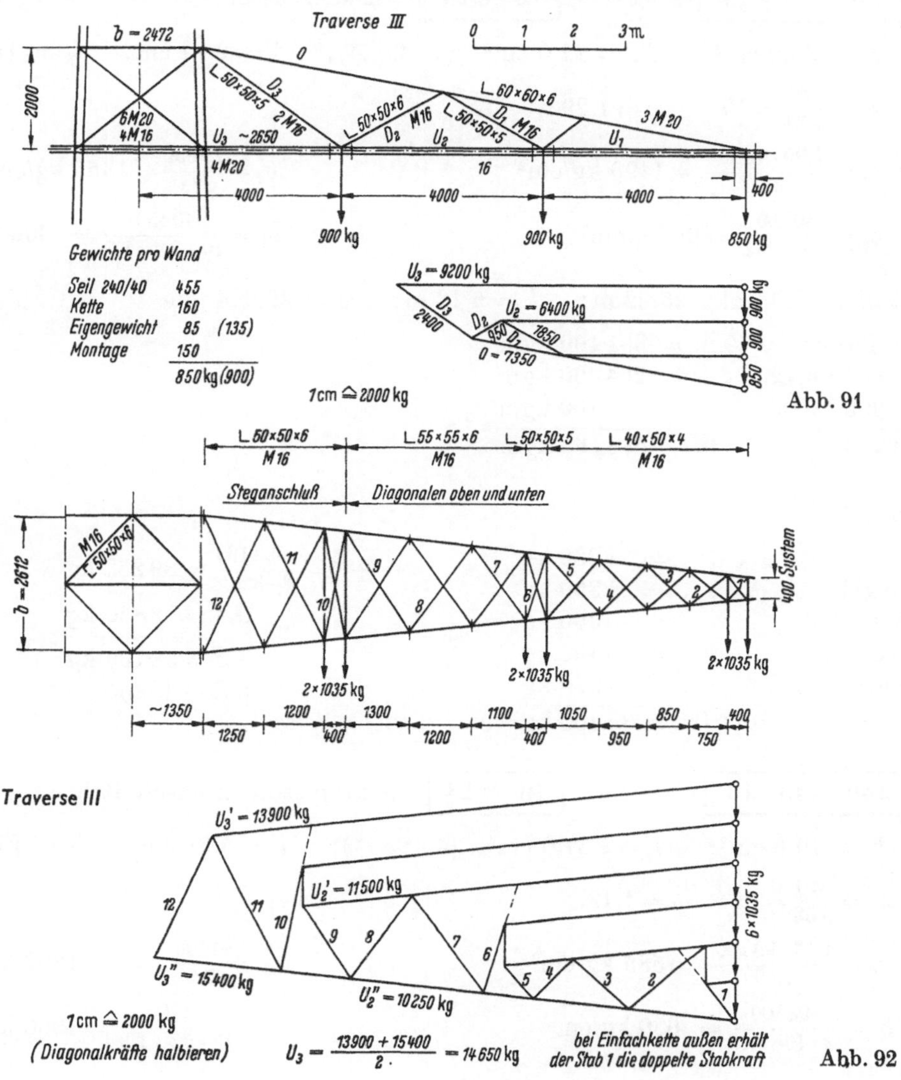

1. Vollbelegung
Eckpfosten

Schuß 2   Punkt 12,18 m; $l = 6{,}60$ m; $b = 2378{,}6$ mm; $e = 2300{,}2$ mm

Aufstellung der Momente

$$
\begin{aligned}
M = \quad 1350 \cdot 19{,}68 &= 26\,550 \text{ kgm}\\
400 \cdot 15{,}93 &= 6\,370 \text{ kgm}\\
6520 \cdot 10{,}68 &= 69\,700 \text{ kgm}\\
620 \cdot 9{,}39 &= 5\,830 \text{ kgm}\\
13040 \cdot 3{,}93 &= 51\,200 \text{ kgm}\\
670 \cdot 3{,}30 &= 2\,210 \text{ kgm}
\end{aligned}
$$

Querkraft $Q = 22\,600$ kg $\mathfrak{M}$II $= 161\,860$ kgm

Gewichte

Erdseilstütze und Traverse I und II = 3410 kg
Schuß 1 und 2 . . . . = 2780 kg
Erdseil . . . . = 790 kg
6 · 2 Leiterseile . . . . = 10860 kg
12 Ketten . . . . = 3360 kg
$G\,II$ = 21200 kg

$$\pm S = \frac{161860}{2 \cdot 2,30} = 35150 \text{ kg}$$

$$G/4 = 5300 \text{ kg}$$

Eckstieldruckkraft $- S$ = 40450 kg

Eckstielzugkraft $+ S$ = 29850 kg

$$\boxed{\llcorner \ 140 \cdot 140 \cdot 13} \qquad \boxed{10 \cdot M\,24} \qquad \text{Schachtelstoß}$$

$$F = 35,0 \text{ cm}^2; \qquad F_z = 22,0 \text{ cm}^2 \ (4 \cdot 25 \ \varnothing); \qquad i = 2,74 \text{ cm}; \qquad l_k = 160 \text{ cm}$$

$$\lambda = \frac{160}{2,74} = 59 \qquad \omega = 1,29$$

$$\sigma_d = \frac{1,29 \cdot 40450}{35,0} = 1490 \text{ kg/cm}^2 \qquad\qquad \sigma_z = \frac{29850}{22,0} = 1355 \text{ kg/cm}^2$$

$$\sigma_s = \frac{40450}{10 \cdot 4,52} = 895 \text{ kg/cm}^2 \qquad\qquad \sigma_l = \frac{40450}{10 \cdot 2,4 \cdot 1,3} = 1300 \text{ kg/cm}^2$$

Schuß 4 　　Punkt 25,82 m; 　　$l = 6,12$ m; 　　$e = 3295,4$ mm

M = in Punkt 19,70 m = 381400 kgm
　　33330 · 6,12 　　 = 204000 kgm
　　　900 · 3,06 　　 = 2760 kgm
Q = 34230 kg 　　　M = 588160 kgm

Gewichte

$G\,II$ . . . . = 21200 kg
Traverse III . . . . . . = 1850 kg
Schuß 3 und 4 . . . . = 5000 kg
6 Leiterseile . . . . . . = 5430 kg
12 Ketten . . . . . . = 1920 kg
$G\,IV$ = 35400 kg

$$\pm S = \frac{588160}{2 \cdot 3,295} = 89250 \text{ kg}$$

$$G/4 = 8850 \text{ kg}$$

$$- S = 98100 \text{ kg}$$

$$+ S = 80400 \text{ kg}$$

$$\boxed{\top \ 140 \cdot 140 \cdot 13} \qquad \boxed{16 \cdot M\,24} \qquad \text{Stumpfstoß, zweischnittig}$$

$$F = 70,0 \text{ cm}^2; \qquad F_z = 67,0 \text{ cm}^2 \ (4 \cdot 25 \ \varnothing); \qquad i = 5,38 \text{ cm}; \qquad l_k = 210 \text{ cm}$$

$$\lambda = \frac{210}{5,38} = 39; \qquad \omega = 1,13$$

$$\sigma_d = \frac{1,13 \cdot 98100}{70,0} = 1585 \text{ kg/cm}^2 \qquad\qquad \sigma_z = \frac{80400}{67,0} = 1200 \text{ kg/cm}^2$$

$$\sigma_s = \frac{98100}{2 \cdot 16 \cdot 4,52} = 680 \text{ kg/cm}^2 \qquad\qquad \sigma_l = \frac{98100}{16 \cdot 2,4 \cdot 1,3} = 1960 \text{ kg/cm}^2$$

Schuß 5 　　Punkt 31,65 m; 　　$l = 5,83$ m; 　　$e = 4226$ mm

M = in Punkt 25,82 m = 588160 kgm 　　　　*Gewichte*
　　34230 · 5,83 　　 = 200000 kgm 　　　$G\,IV$ = 35400 kg
　　　1020 · 2,92 　　 = 2980 kgm 　　　Schuß 5 = 2800 kg
Q = 35250 kg 　　　M = 791140 kgm 　　　$G\,V$ = 38200 kg

$$\pm S = \frac{791140}{2 \cdot 4,226} = 93550 \text{ kg}$$

$$G/4 = 9550 \text{ kg}$$

$$- S = 103100 \text{ kg} \qquad + S = 84000 \text{ kg}$$

$$\boxed{\dashv\vdash 150 \cdot 150 \cdot 14} \qquad \boxed{16 \cdot M\,24} \quad \text{Stumpfstoß, zweischnittig}$$

$$F = 80{,}6\ \text{cm}^2; \qquad F_z = 66{,}6\ \text{cm}^2; \quad (4 \cdot 25\ \varnothing); \quad i = 5{,}77\ \text{cm}; \qquad l_k = 200\ \text{cm}$$

$$\lambda = \frac{200}{5{,}77} = 35 \qquad \omega = 1{,}11$$

$$\sigma_d = \frac{1{,}11 \cdot 103\,100}{80{,}6} = 1420\ \text{kg/cm}^2 \qquad\qquad \sigma_z = \frac{84\,000}{66{,}6} = 1260\ \text{kg/cm}^2$$

$$\sigma_s = \frac{103\,100}{2 \cdot 16 \cdot 4{,}52} = 715\ \text{kg/cm}^2 \qquad\qquad \sigma_l = \frac{103\,100}{16 \cdot 2{,}4 \cdot 1{,}4} = 1920\ \text{kg/cm}^2$$

Diagonalen

Punkt 15,90 m;　　$l = 3{,}72$ m gegenüber Punkt 12,18 m;　　$b = 2675$ mm;　　$e = 2573$ mm

Normalbelastung A 180° = max　　　　　　*Ausnahmebelastung A 180°*

$$
\begin{aligned}
M =\ & 1170 \cdot 23{,}40 = 27\,400\ \text{kgm}\\
& 5520 \cdot 14{,}40 = 79\,500\ \text{kgm}\\
& 11\,040 \cdot\ 7{,}65 = 84\,400\ \text{kgm}\\
& 8280 \cdot\ 0{,}90 =\ 7460\ \text{kgm}
\end{aligned}
$$

$$Q = 26\,010\ \text{kg} \quad M = 198\,760\ \text{kgm}$$

$$
\begin{aligned}
M_d =\ & \text{Traverse}\ \ \text{II}\ 4140 \cdot 10{,}0 = 41\,400\ \text{kgm}\\
& \text{Traverse III}\ 2070 \cdot 12{,}0 = 24\,840\ \text{kgm}
\end{aligned}
$$

$$M_b = 4140 \cdot 7{,}65 = 31\,700\ \text{kgm}$$

$$Q = 4140\ \text{kg} \qquad\qquad M = 31\,700\ \text{kgm}$$

$$Q_D = \frac{26\,010}{2} - \frac{198\,760 \cdot 0{,}07}{2 \cdot 2{,}573}$$

$$= 13\,005 - 2705 = 10\,300\ \text{kg}$$

$$Q_r = \frac{41\,400}{2 \cdot 2{,}573} + \frac{4140}{2} - \frac{31\,700 \cdot 0{,}07}{2 \cdot 2{,}573}$$

$$= 8060 + 2070 - {\sim}\,430 = 9700\ \text{kg}$$

$$D = \frac{10\,300}{2 \cdot 0{,}819} = 6280\ \text{kg} \qquad\qquad \cos 35° = 0{,}819$$

$$\boxed{\llcorner 70 \cdot 70 \cdot 7} \qquad\qquad \boxed{2 \cdot M\,20}$$

$$F = 9{,}40\ \text{cm}^2; \qquad F_z = 7{,}93\ \text{cm}^2; \quad i = 1{,}37\ \text{cm}; \qquad l_k = 0{,}9 \cdot 165 = 149\ \text{cm}$$

$$\lambda = \frac{149}{1{,}37} = 109 \qquad \omega = 2{,}09$$

$$\sigma_d = \frac{2{,}09 \cdot 6280}{9{,}40} = 1400\ \text{kg/cm}^2 \qquad\qquad \sigma_z = \frac{6280}{7{,}93} = 795\ \text{kg/cm}^2$$

$$\sigma_s = \frac{6280}{2 \cdot 3{,}14} = 1000\ \text{kg/cm}^2 \qquad\qquad \sigma_l = \frac{6280}{2 \cdot 2{,}0 \cdot 0{,}7} = 2240\ \text{kg/cm}^2$$

Punkt 25,82 m;　　$l = 6{,}12$ m;　　$e = 3295{,}4$ mm

Normalbelastung A 180° = max　　　　　　*Ausnahmebelastung W 160° = max*

$$M = \text{in Punkt}\ 19{,}70\ \text{m} = 297\,400\ \text{kgm}$$

$$26\,010 \cdot 6{,}12 = 159\,100\ \text{kgm}$$

$$Q = 26\,010\ \text{kg} \qquad M = 456\,500\ \text{kgm}$$

$$M_d = 40\,800\ \text{kgm}$$

$$M_b = \text{in Punkt}\ 19{,}70\ \text{m} = 147\,100\ \text{kgm}$$

$$12\,850 \cdot 6{,}12 = 78\,700\ \text{kgm}$$

$$Q = 12\,850\ \text{kg} \qquad M = 225\,800\ \text{kgm}$$

$$Q_D = \frac{26\,010}{2} - \frac{456\,500 \cdot 0{,}07}{2 \cdot 3{,}295}$$

$$= 13\,005 - 4855 = 8150\ \text{kg} \qquad > Q_t$$

$$Q_r = \frac{40\,800}{2 \cdot 3{,}295} + \frac{12\,850}{2} - \frac{225\,800 \cdot 0{,}07}{2 \cdot 3{,}295}$$

$$= 6200 + 6425 - 2395 = 10\,230\ \text{kg}$$

$$D = \frac{8150}{2 \cdot 0{,}843} = 4830\ \text{kg} \qquad\qquad \cos 32°30' = 0{,}843$$

$$\boxed{\llcorner 70 \cdot 70 \cdot 7} \qquad\qquad \boxed{2 \cdot M\,20}$$

$$F = 9{,}40\ \text{cm}^2; \qquad F_z = 7{,}93\ \text{cm}^2; \quad i = 1{,}37\ \text{cm}; \qquad l_k = 0{,}9 \cdot 200 = 180\ \text{cm}$$

$$\lambda = \frac{180}{1{,}37} = 132 \qquad \omega = 2{,}94$$

$$\sigma_d = \frac{2{,}94 \cdot 4830}{9{,}40} = 1510\ \text{kg/cm}^2 \qquad\qquad \sigma_z = \frac{4830}{7{,}93} = 610\ \text{kg/cm}^2$$

$$\sigma_s = \frac{4830}{2 \cdot 3{,}14} = 770\ \text{kg/cm}^2 \qquad\qquad \sigma_l = \frac{4830}{2 \cdot 2{,}0 \cdot 0{,}7} = 1725\ \text{kg/cm}^2$$

Punkt 27,80 m; $\quad l = 1,98$ m; gegenüber Punkt 25,82 m; $\quad e = 3533$ mm

Normalbelastung A 180° = max $\qquad\qquad$ *Ausnahmebelastung W 160° = max*

$M =$ in Punkt 25,82 m $= 456\,500$ kgm $\qquad M_d = 40\,800$ kgm

$\quad\; 26\,010 \cdot 1,98 \qquad\quad = 51\,500$ kgm $\qquad M_b =$ in Punkt 25,82 m $= 225\,800$ kgm

$Q = 26\,010$ kg $\qquad M = 508\,000$ kgm $\qquad\quad 12\,850 \cdot 1,98 \qquad = 25\,450$ kgm

$\qquad\qquad\qquad\qquad\qquad\qquad\qquad\qquad\quad Q = 12\,850$ kg $\qquad M = 251\,250$ kgm

$$Q_D = \frac{26\,010}{2} - \frac{508\,000 \cdot 0,18}{2 \cdot 3,533} \qquad\qquad Q_r = \frac{40\,800}{2 \cdot 3,533} + \frac{12\,850}{2} - \frac{251\,250 \cdot 0,18}{2 \cdot 3,533}$$

$$= 13\,005 - 12\,955 = 50 \text{ kg} \quad < Q_t \qquad\qquad = 5775 + 6425 - 6400 = 5800 \text{ kg}$$

$$\cos 28° = 0,883 \qquad\qquad D = \frac{5800}{2 \cdot 0,883} = 3280 \text{ kg}$$

$\boxed{\llcorner\; 65 \cdot 65 \cdot 7} \qquad \boxed{2 \cdot M\,16}$

$F = 8,70$ cm²;

$F_z = 7,51$ cm²;

$i = 1,26$ cm;

$l_k = 0,9 \cdot 210 = 189$ cm

$\lambda = \dfrac{189}{1,26} = 150 \qquad \omega = 3,80$

$\sigma_d = \dfrac{3,80 \cdot 3280}{8,70} = 1435$ kg/cm²

$\sigma_z = \dfrac{3280}{7,51} = {\sim}\,440$ kg/cm²

$\sigma_s = \dfrac{3280}{2 \cdot 2,01} = 815$ kg/cm²

$\sigma_l = \dfrac{3280}{2 \cdot 1,6 \cdot 0,7} = 1465$ kg/cm²

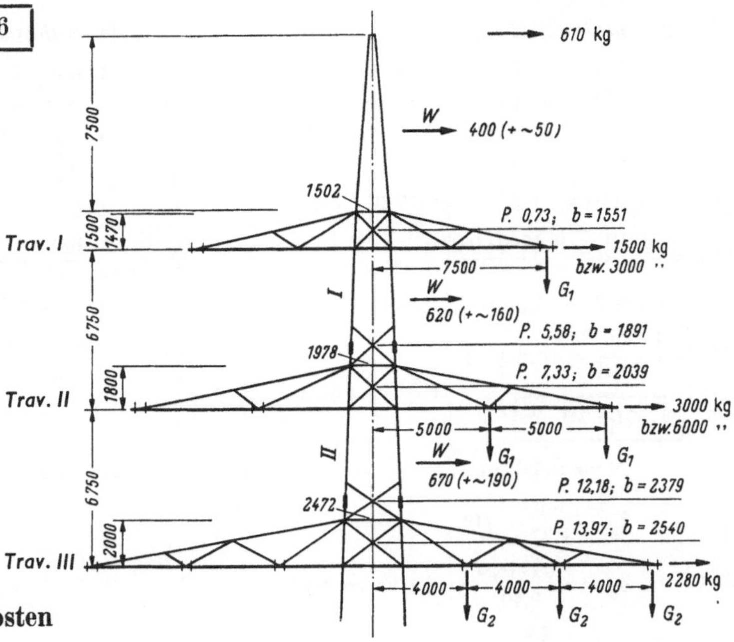

2. Einseitige Belegung (s. Abb. 93)

Eckpfosten

Abb. 93

Gewichte mit Eis

Traverse I und II Leiterseil $2 \cdot 240/40$ . . . . $= 1810$ kg

$\qquad\qquad\qquad\qquad$ Doppelketten . . . . $= 560$ kg

$\qquad\qquad\qquad\qquad\qquad\qquad\qquad\qquad\qquad G_1 = 2370$ kg

Traverse III $\qquad$ Leiterseil $240/40$ . . . . $= 905$ kg

$\qquad\qquad\qquad\qquad$ Doppelketten . . . . $= 320$ kg

$\qquad\qquad\qquad\qquad\qquad\qquad\qquad\qquad\qquad G_2 = 1225$ kg

Schuß 1 Punkt 5,58 m; $\quad b = 1890,6$ mm; $\quad e = 1834,2$ mm

Moment aus einseitiger Belegung $\qquad\qquad$ *Gewichte*

$\qquad M = 2370 \cdot 7,5 = 17\,775$ kgm $\qquad$ Erdseil . . . . $= 790$ kg

Minderung infolge Leiterzug $\qquad\qquad\qquad$ Erdseilstütze . . . . . . $= 410$ kg

$\qquad\qquad\qquad\qquad\qquad\qquad\qquad\qquad$ Traverse I . . . . $= 1100$ kg

$\qquad -\Delta M = \dfrac{26\,600}{2} = 13\,300$ kgm $\qquad$ Schuß 1 . . . . $= 1060$ kg

$\qquad\qquad\qquad +\Delta M = 4475$ kgm $\qquad$ $1 \cdot 2$ Leiterseile . . . . . $= 1810$ kg

$\qquad M = 49\,720 + 4475 = 54\,195$ kgm $\qquad$ 2 Ketten . . . . $= 560$ kg

$\qquad\qquad\qquad\qquad\qquad\qquad\qquad\qquad\qquad\qquad\qquad 5730$ kg

$$\pm S = \frac{54\,195}{2 \cdot 1,834} = 14\,750 \text{ kg}$$

$$G/4 = 1430 \text{ kg}$$

$$-S = 16\,180 \text{ kg} \qquad +S = 13\,320 \text{ kg}$$

$$\sigma_d = \frac{1{,}66 \cdot 16\,180}{19{,}2} = 1400 \text{ kg/cm}^2 \qquad\qquad \sigma_z = \frac{13\,320}{15{,}0} = 890 \text{ kg/cm}^2$$

$$\sigma_s = \frac{16\,180}{6 \cdot 3{,}14} = 860 \text{ kg/cm}^2 \qquad\qquad \sigma_l = \frac{16\,180}{6 \cdot 2{,}0 \cdot 1{,}0} = 1350 \text{ kg/cm}^2$$

Schuß 2   Punkt 12,18 m; $b = 2378{,}6$ mm; $e = 2300{,}2$ mm

Moment aus einseitiger Belegung

$$M = 2370\,(7{,}5 + 5{,}0 + 10{,}0) \ldots\ldots\ldots\ldots = 53\,325 \text{ kgm}$$

Minderung infolge Leiterzug

$$-\Delta M = \frac{69\,700 + 51\,200}{2} \ldots\ldots\ldots\ldots = 60\,450 \text{ kgm}$$
$$\overline{-\Delta M = \ \ 7\,125 \text{ kgm}}$$

Einseitige Belegung ist günstiger als Vollbelegung.

Diagonalen (Traversenfeld I und II)

Traversenebene I   Punkt 0,73 m; $b = 1551{,}1$ mm; $e = 1494{,}7$ mm

M aus einseitiger Belegung

$$M = 2370\left(7{,}5 - \frac{1{,}502}{2}\right) \ldots\ldots\ldots\ldots = 16\,000 \text{ kgm}$$

M aus Leiterzügen und Wind auf Mast

$$M = \ \ 610 \cdot 8{,}23 \ldots\ldots\ldots\ldots\ldots = 5020 \text{ kgm}$$
$$450 \cdot 4{,}11 \ldots\ldots\ldots\ldots\ldots = 1850 \text{ kgm}$$
$$\overline{Q' = 1060 \text{ kg}} \qquad\qquad \overline{M = 6870 \text{ kgm}}$$

$$Q_D = \frac{1060}{2} - \frac{6870 \cdot 0{,}07}{2 \cdot 1{,}495} + \frac{16\,000}{2 \cdot 1{,}47} = 530 - {\sim}\,160 + 5450 \ \ \ = 5820 \text{ kg}$$

$$\cos 44° = 0{,}7193; \ D = \frac{5820}{2 \cdot 0{,}7193} \ldots\ldots\ldots\ldots = 4050 \text{ kg}$$

$\llcorner 60 \cdot 60 \cdot 6$		$2 \cdot 17 \oslash$

$$F = 6{,}91 \text{ cm}^2; \qquad F_z = 5{,}89 \text{ cm}^2; \qquad i = 1{,}17 \text{ cm}; \qquad l_k = 0{,}9 \cdot 110 = 99 \text{ cm}$$

$$\lambda = \frac{99}{1{,}17} = 85 \qquad \omega = 1{,}62 \qquad\qquad \sigma_d = \frac{1{,}62 \cdot 4050}{6{,}91} = 950 \text{ kg/cm}^2$$

Traversenebene II   Punkt 7,33 m; $b = 2039{,}1$ mm; $e = 1960{,}7$ mm

M aus einseitiger Belegung

$$M = 2370\left(5{,}0 - \frac{1{,}978}{2} + 10{,}0 - \frac{1{,}978}{2}\right) = {\sim}\,30\,850 \text{ kgm}$$

M aus Normalbelastung

M aus Leiterzügen und Wind auf Mast und Kopfausrüstung

$$M = \ \ 610 \cdot 14{,}83 \ldots\ldots\ldots\ldots\ldots = 9050 \text{ kgm}$$
$$400 \cdot 11{,}08 \ldots\ldots\ldots\ldots\ldots = 4430 \text{ kgm}$$
$$1500 \cdot \ \ 5{,}83 \ldots\ldots\ldots\ldots\ldots = 8750 \text{ kgm}$$
$$780 \cdot \ \ 3{,}66 \ldots\ldots\ldots\ldots\ldots = 2860 \text{ kgm}$$
$$\overline{Q' = 3290 \text{ kg}} \qquad\qquad \overline{M = 25\,090 \text{ kgm}}$$

$$Q_D = \frac{3290}{2} - \frac{25\,090 \cdot 0{,}07}{2 \cdot 1{,}96} + \frac{30\,850}{2 \cdot 1{,}80} = 1645 - 450 + 8575 = 9770 \text{ kg} \ \ \ < Q_T$$

Ausnahmebelastung (Verdrehungsbelastung aus Traverse I W 160°)

$$M_d = 4140 \cdot 7{,}5 \cdot 0{,}9848 \ldots\ldots\ldots\ldots = 30\,650 \text{ kgm}$$

M aus Leiterzügen ohne Wind $\left(\text{Restzug aus Traverse I} = \frac{1440}{2} = \ \ 720 \text{ kg}\right)$

$$M = \ \ 610 \cdot 14{,}83 \ldots\ldots\ldots\ldots\ldots = 9050 \text{ kgm}$$
$$720 \cdot 5{,}83 \ldots\ldots\ldots\ldots\ldots = 4200 \text{ kgm}$$
$$\overline{Q' = 1330 \text{ kg}} \qquad\qquad \overline{M = 13\,250 \text{ kgm}}$$

$$Q_D = \frac{1330}{2} - \frac{13\,250 \cdot 0{,}07}{2 \cdot 1{,}96} + \frac{30\,850}{2 \cdot 1{,}80} + \frac{30\,650}{2 \cdot 1{,}96} = 665 - \sim 240 + 8575 + 7800 = 16\,800 \text{ kg}$$

$$\cos 41^\circ 30' = 0{,}749; \quad D = \frac{16\,800}{2 \cdot 0{,}749} = 11\,210 \text{ kg}$$

$$\boxed{\llcorner 70 \cdot 70 \cdot 7} \qquad\qquad \boxed{2 \cdot 21 \,\varnothing}$$

$$F = 9{,}40 \text{ cm}^2; \quad F_z = 7{,}93 \text{ cm}^2; \quad i = 1{,}37 \text{ cm}; \quad l_k = 0{,}9 \cdot 140 = 126 \text{ cm}$$

$$\lambda = \frac{126}{1{,}37} = 92 \qquad \omega = 1{,}74 \qquad\qquad \sigma_d = \frac{1{,}74 \cdot 11\,210}{9{,}40} = 2075 \text{ kg/cm}^2$$

Traversenebene III   Punkt 13,97 m; $b = 2539{,}9$ mm; $e = 2437{,}9$ mm

M aus einseitiger Belegung

$$M = 1225 \left(4{,}0 - \frac{2{,}472}{2} + 6{,}764 + 10{,}764\right) = 24\,880 \text{ kgm}$$

Normalbelastung

M aus Leiterzügen und Wind auf Mast und Kopfausrüstung (Traverse I und II beiderseits belegt)

$$
\begin{array}{rclr}
M = & 610 \cdot 21{,}47 & \dots\dots\dots\dots\dots\dots & = 13\,100 \text{ kgm} \\
& 400 \cdot 17{,}72 & \dots\dots\dots\dots\dots\dots & = 7\,090 \text{ kgm} \\
& 3\,000 \cdot 12{,}47 & \dots\dots\dots\dots\dots\dots & = 37\,410 \text{ kgm} \\
& 620 \cdot 11{,}18 & \dots\dots\dots\dots\dots\dots & = 6\,930 \text{ kgm} \\
& 6\,000 \cdot 5{,}72 & \dots\dots\dots\dots\dots\dots & = 34\,320 \text{ kgm} \\
& 860 \cdot 4{,}20 & \dots\dots\dots\dots\dots\dots & = 3\,610 \text{ kgm} \\
\end{array}
$$

$Q' = 11\,490$ kg $\qquad\qquad\qquad\qquad\qquad\qquad M = 102\,460$ kgm

$$Q_D = \frac{11\,490}{2} - \frac{102\,460 \cdot 0{,}07}{2 \cdot 2{,}438} + \frac{24\,880}{2 \cdot 2{,}0} = 5745 - 1470 + 6220 = 10\,495 \text{ kg} \quad < Q_T$$

Ausnahmebelastung (Verdrehungsbelastung aus Traverse II W 160°)

$$M_d = 4140 \cdot 10{,}0 \cdot 0{,}9848 \quad \dots\dots\dots\dots\dots\dots = 40\,800 \text{ kgm}$$

M aus Leiterzügen ohne Wind (Restzug aus Traverse II = 5040 kg)

$$
\begin{array}{rcl}
M = & 610 \cdot 21{,}47 & = 13\,100 \text{ kgm} \\
& 2880 \cdot 12{,}47 & = 35\,900 \text{ kgm} \\
& 5040 \cdot 5{,}72 & = 28\,800 \text{ kgm} \\
\end{array}
$$

$Q' = 8530$ kg $\quad M = 77\,800$ kgm

$$Q_D = \frac{8530}{2} - \frac{77\,800 \cdot 0{,}07}{2 \cdot 2{,}438} + \frac{24\,880}{2 \cdot 2{,}0} + \frac{40\,800}{2 \cdot 2{,}438}$$

$$= 4265 - 1115 + 6220 + 8375 = 17\,745 \text{ kg}$$

$$\cos 39^\circ = 0{,}777; \quad D = \frac{17\,745}{2 \cdot 0{,}777} = 11\,420 \text{ kg}$$

$$\boxed{\llcorner 75 \cdot 75 \cdot 8} \qquad\qquad \boxed{2 \cdot M\,22}$$

$$F = 11{,}5 \text{ cm}^2; \quad F_z = 9{,}66 \text{ cm}^2; \quad i = 1{,}45 \text{ cm}; \quad l_k = 0{,}9 \cdot 165 = 149 \text{ cm}$$

$$\lambda = \frac{149}{1{,}45} = 103 \qquad \omega = 1{,}96$$

$$\sigma_d = \frac{1{,}96 \cdot 11\,420}{11{,}5} = 1950 \text{ kg/cm}^2$$

III. Gründung (s. Abb. 94)

$$P = 33{,}0 \text{ m}; \quad l = 1{,}35 \text{ m}; \quad e = 4469 \text{ mm}$$

$$
\begin{array}{rl}
Mf = & \text{in Punkt } 31{,}65 \text{ m} = 791\,140 \text{ kgm} \\
& 35\,250 \cdot 1{,}35 \qquad\quad = 47\,660 \text{ kgm} \\
\hline
& \qquad\qquad\qquad\quad 838\,800 \text{ kgm}
\end{array}
$$

Beton

$$V_B = 1{,}1^2 \cdot 0{,}25 = 0{,}302 \ \mathrm{m^3}$$

$$\left.\begin{array}{rll} 1{,}1^2 \cdot 1{,}1 &= 1{,}331 \ \mathrm{m^3} \\ 1{,}8^2 \cdot 1{,}2 &= 3{,}888 \ \mathrm{m^3} \\ 2{,}8^2 \cdot 0{,}7 &= 5{,}488 \ \mathrm{m^3} \\ 3{,}6^2 \cdot 0{,}6 &= 7{,}776 \ \mathrm{m^3} \end{array}\right\} \ 10{,}707$$

$$18{,}785 \ \mathrm{m^3} \qquad G_B = 2{,}0 \cdot 18{,}78 = 37{,}56 \ \mathrm{t}$$

$$\pm S = \frac{838\,800}{2 \cdot 4{,}469} = 93\,850 \ \mathrm{kg}$$

$$G/4 = \underline{\ 9\,550 \ \mathrm{kg}}$$

$$+ S = 84\,300 \ \mathrm{kg}$$

Erde $(\mathrm{tg}\,\beta = 0{,}4)$

$$V_E = \frac{3{,}0}{3} (\ 3{,}6^2 + 6{,}0^2 \ + \ 3{,}6 \cdot 6{,}0) - 10{,}707 =$$

$$\frac{3{,}0}{3} (12{,}96 + 36{,}0 + 21{,}6)$$

$$- 10{,}707 = 59{,}85 \ \mathrm{m^3} \quad G_E = 1{,}60 \cdot 59{,}85 = 95{,}6 \ \mathrm{t}$$

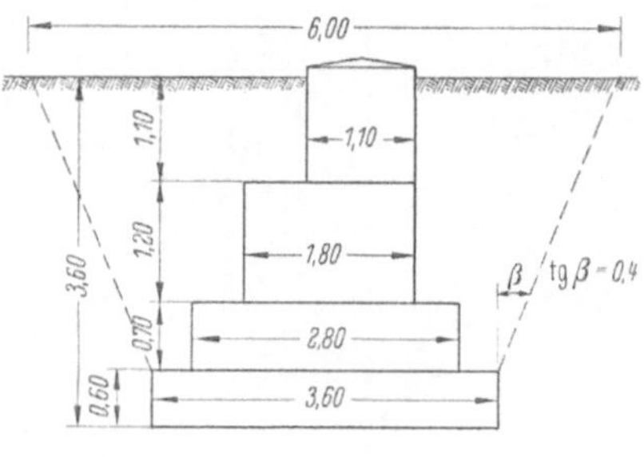

Abb. 94

$$\Sigma_G = 37{,}56 + 95{,}6 = 133{,}16 \ \mathrm{t}$$

$$\text{Standsicherheit} : \frac{133{,}16}{84{,}3} = 1{,}58\,\text{fach}$$

12. Berechnungsbeispiel. 220/380-kV-Leitung, Tragmast T + O

Beseilung wahlweise: 220-kV-Vierfachleitung mit Zweierbündelleiter
380-kV-Doppelleitung mit Viererbündelleiter
220-kV-Doppelleitung und 380 kV-Einfachleitung (s. Abb. 95, 96)

I. Belastungsannahmen

Spannweiten / Übertragungsspannung	Windanteil Seilgewichtsanteil	350 / 450 / 220 kV		380 kV	m / m
Leiterseil		1 Erdseil	12 · 2 Leiterseile	6 · 4 Leiterseile	
Baustoff		Al/St 240/40	Al/St 240/40	Al/St 240/40	
Durchmesser	d	21,7	21,7	21,7	mm
Querschnitt	F	276,1	$2 \cdot 276{,}1 = 552{,}2$	$4 \cdot 276{,}1 = 1104{,}4$	mm²
Beanspruchung	$\sigma_{-5°+E} \mid \sigma + 5°$	7,5	7,5	7,5	kg/mm²
Seilzug	$Z = F\,\sigma$	2070	4140	8280	kg
Wind auf Seile $\quad W =$	$<40\,\mathrm{m} \mid >40\,\mathrm{m}$	400 $\mid$ 515	800 $\mid$ 1030	1440 $\mid$ 1850	kg
Gewicht der Seile	g_0	0,971	$2 \cdot 0{,}971 = 1{,}942$	$4 \cdot 0{,}971 = 3{,}884$	kg/m
Eislast	$g_z = 180\,\sqrt{\bar d}$	0,838	$2 \cdot 0{,}838 = 1{,}676$	$4 \cdot 0{,}838 = 3{,}352$	kg/m
$g_0 + g_z$		1,809	3,618	7,236	kg/m
Seil ohne Eis	$g_0 L$	~440	880	1760	kg
Seil mit Eis	$(g_0 + g_z)\,L$	~815	1630	3260	kg
Isolatorenketten			Zweifachkette	Zweifachkette	
Gewicht ohne Eis			210	300	kg
Gewicht mit Eis			250	350	kg
Wind auf Kette	$\parallel$ zur Leitung		40	100	kg
Wind auf Kette	$\perp$ zur Leitung		30	80	kg

Mastart	Horizontalzug	1 Erdseil kg	1 Leiterseil 220 kV kg	1 Leiterseil 380 kV kg	Erdseil und Leiterseile kg
$T_n - 2{,}5$ bis $T_n + 2{,}5$					
4 · 220 kV	$w\,L$	515	800	—	10115 = maxW
2 · 380 kV	$w\,L$	515	—	1440	9155
2 · 220 kV + 1 · 380 kV	$w\,L$	515	800	1440	9635

Wind auf Leiter und Isolatoren

a) 220 kV-Leitung, vgl. Bild 95.

1. Wind auf Erdseil . . . . = 515 kg

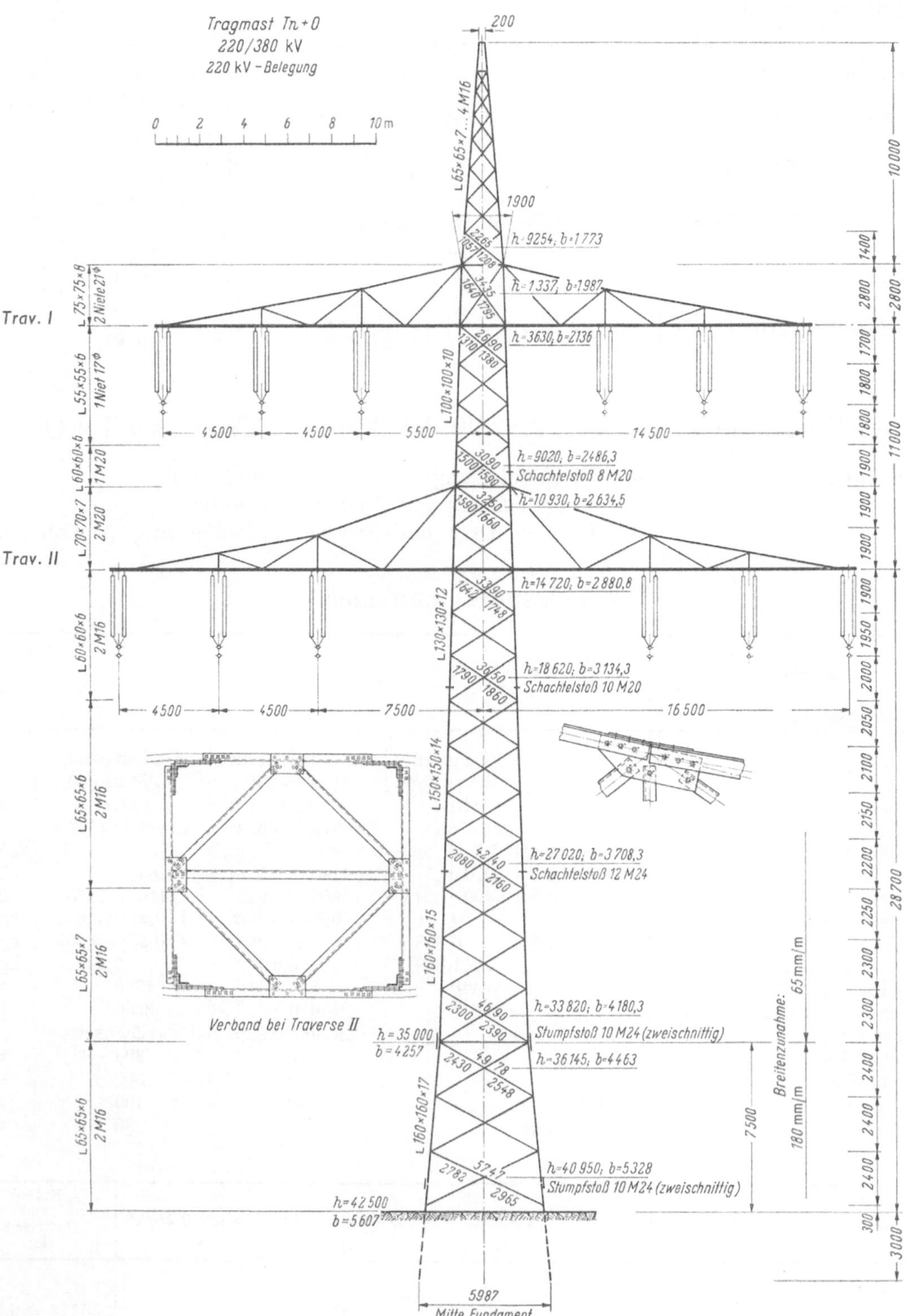

Abb. 95

2. Traverse I

$$\text{Wind auf Leiterseile} = 6 \cdot 2 \cdot 240/40 = 6 \cdot 800 \quad \ldots \quad = 4800 \text{ kg}$$
$$\text{Wind auf Isolatoren} = 6 \cdot 30 \ldots \ldots \ldots \ldots \ldots = 180 \text{ kg}$$
$$\varSigma W = 4980 \text{ kg}$$

3. Traverse II wie Trav. I

b) 380 kV-Leitung, vgl. Bild 96.

1. Wind auf Erdseil . . . . = 515 kg

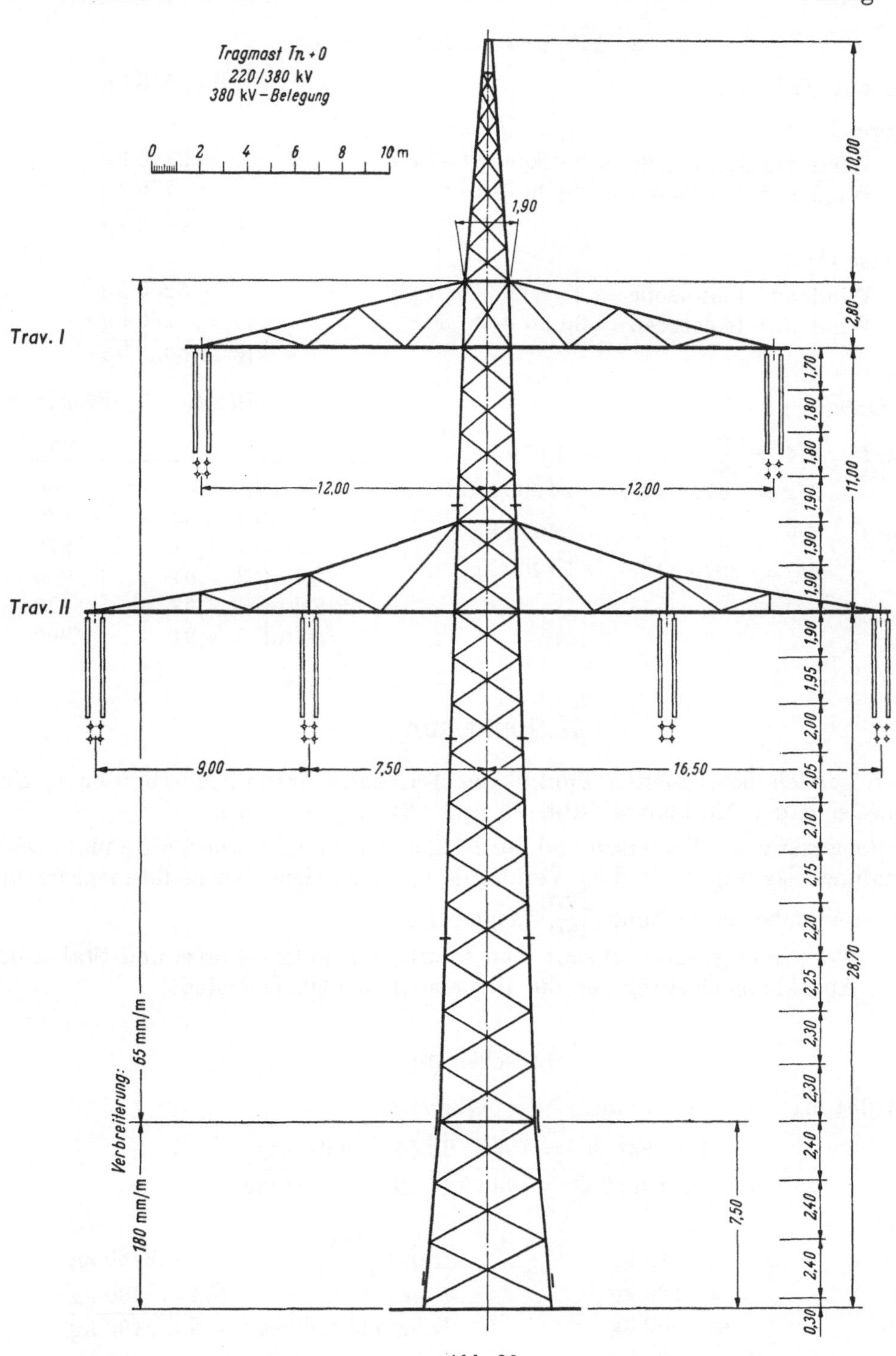

Abb. 96

2. Traverse I

    Wind auf Leiterseile $= 2 \cdot 4 \cdot 240/40 = 2 \cdot 1440 \ldots = 2880$ kg
    Wind auf Isolatoren $= 2 \cdot 80 \ldots\ldots\ldots\ldots = 160$ kg
$$\Sigma W = 3040 \text{ kg}$$

3. Traverse II

    Wind auf Leiterseile $= 4 \cdot 4 \cdot 240/40 = 4 \cdot 1440 \ldots = 5760$ kg
    Wind auf Isolatoren $= 4 \cdot 80 \ldots\ldots\ldots\ldots = 320$ kg
$$\Sigma W = 6080 \text{ kg}$$

2 · 220 kV- und 1 · 380 kV-Leitung

1. Wind auf Erdseil $\ldots\ldots\ldots\ldots\ldots\ldots = 515$ kg

2. Traverse I

    Wind auf Leiterseile $= 3 \cdot 800 + 1 \cdot 1440 \ldots\ldots = 3840$ kg
    Wind auf Isolatoren $= 3 \cdot 30 + 1 \cdot 80 \ldots\ldots = 170$ kg
$$W = 4010 \text{ kg}$$

3. Traverse II

    Wind auf Leiterseile $= 3 \cdot 800 + 2 \cdot 1440 \ldots\ldots = 5280$ kg
    Wind auf Isolatoren $= 3 \cdot 30 + 2 \cdot 80 \ldots\ldots = 250$ kg
$$W = 5530 \text{ kg}$$

380 kV-Leitung

Traverse I: $Z/4 = \dfrac{8280}{4} \ldots = 2070$ kg
           $M_d = 2070 \cdot 12{,}0 = 24\,900$ kgm
Traverse II: $Z/4 = \dfrac{8280}{4} \ldots = 2070$ kg
           $M_d = 2070 \cdot 16{,}5 = 34\,200$ kgm

	Windfläche m²	*Windkraft* kg
Erdseil	2,39	560
Schuß 1	3,63	850
Schuß 2	4,81	875
Schuß 3	4,94	900
Schuß 4	4,23	770
Schuß 5	4,94	900

II. Bemessung

Die im folgenden bezeichneten Punkte der Mastkonstruktion, Mastbreiten b, Systembreiten e usw. sind der Mastskizze (Abb. 95 und 96) zu entnehmen.

Bei der Bemessung der Traversen und der Diagonalen sind die Querkräfte und Stabkräfte infolge Ausnahmebelastung nach dem Verhältnis der zulässigen Normalbeanspruchung zur zulässigen Ausnahmebeanspruchung $\dfrac{1600}{2200}$ umgerechnet.

Bei dieser Berechnungsweise erkennt man sofort, welche Querkräfte und Stabkräfte aus Normal- bzw. Ausnahmebelastung für die Bemessung maßgebend sind.

Erdseilstütze

Punkt 9,254 m; $b = 1773$ mm; $e = 1736$ mm

$$\text{Moment } M = 1035 \cdot 9{,}254 = 9600 \text{ kgm}$$
$$\text{Querkraft } Q = 1035 \text{ kg} \quad M = 9600 \text{ kgm}$$

Gewichte

Seil und Eis $\ldots\ldots = 815$ kg $\pm S = \dfrac{9600}{2 \cdot 1{,}73} = 2780$ kg
Montagelast $\ldots\ldots = 185$ kg $G/4 = 400$ kg
Eigengewicht $\ldots\ldots = 600$ kg   Eckstieldruckkraft $- S = 3180$ kg
$G = 1600$ kg   Eckstielzugkraft $+ S = 2380$ kg

$$\boxed{\llcorner 65 \cdot 65 \cdot 7} \qquad\qquad \boxed{4 \cdot \text{M } 16}$$

$$F = 8{,}70 \text{ cm}^2; \qquad F_z = 6{,}32 \text{ cm}^2 \quad (2 \cdot 1{,}7 \, \varnothing); \qquad i = 1{,}26 \text{ cm}; \qquad l_k = 140 \text{ cm}$$

$$\lambda = \frac{140}{1{,}26} \;=\; 111 \qquad \omega = 2{,}14$$

$$\sigma_d = \frac{2{,}14 \cdot 3180}{8{,}70} = \sim 780 \text{ kg/cm}^2 \qquad\qquad \sigma_z = \frac{2380}{6{,}32} = 375 \text{ kg/cm}^2$$

$$\sigma_s = \frac{3180}{4 \cdot 2{,}01} = 395 \text{ kg/cm}^2 \qquad\qquad \sigma_l = \frac{3180}{4 \cdot 1{,}6 \cdot 0{,}7} = 710 \text{ kg/cm}^2$$

Traverse II

a) Vertikale Belastung für 220-kV-Leitung

Seil mit Eis . . . . = 1630 kg
Isolatoren . . . . . . = 250 kg
Montagelast . . . . . . = 180 kg
$\overline{ 2060 \text{ kg}}$

Eigengewicht . . . . . . $\sim$ 90 kg/m

$$P_1 = \frac{2060}{2} + \frac{90}{2} \cdot \frac{4{,}5}{2} = 1030 + 100 = 1130 \text{ kg}$$

$$P_2 = \frac{2060}{2} + \frac{90}{2} \cdot 4{,}5 = 1030 + 200 = 1230 \text{ kg}$$

$$P_3 = \frac{2060}{2} + \frac{90}{2}\left(\frac{4{,}5}{2} + \frac{3{,}0}{2}\right) = 1030 + 170 = 1200 \text{ kg}$$

$$P_4 = \frac{90}{2} \cdot 3{,}0 + 185 = 135 + 185 = 320 \text{ kg}$$

b) Vertikale Belastung für 380-kV-Leitung

Seil mit Eis . . . . . . = 3260 kg
Isolatoren . . . . . . = 350 kg
Montagelast . . . . . . = 180 kg
$\overline{ 3790 \text{ kg}}$

Eigengewicht . . . . . . $\sim$ 90 kg/m

1. Vollbeseilung

$$P_1 = \frac{3790}{2} + \frac{90}{2} \cdot \frac{4{,}5}{2} = 1895 + 100 = 1995 \text{ kg}$$

$$P_2 = \frac{90}{2} \cdot 4{,}5 + 180 = 200 + 180 = 380 \text{ kg}$$

$$P_3 = \frac{3790}{2} + \frac{90}{2}\left(\frac{4{,}5}{2} + \frac{3{,}0}{2}\right) = 1895 + 170 = 2065 \text{ kg}$$

$$P_4 = = 135 + 185 = 320 \text{ kg}$$

2. 380-kV-Leitung nur außen

$$P_1 = = 1995 \text{ kg}$$

$$P_2 = \frac{90}{2} \cdot 4{,}5 = 200 \text{ kg}$$

$$P_3 = \frac{90}{2}\left(\frac{4{,}5}{2} + \frac{3{,}0}{2}\right) = 170 \text{ kg}$$

$$P_4 = \frac{90}{2} \cdot 3{,}0 = 135 \text{ kg}$$

3. 380-kV-Leitung nur innen

$$P_1 = \frac{90}{2} \cdot \frac{4{,}5}{2} = 100 \text{ kg}$$

$$P_2 = = 200 \text{ kg}$$

$$P_3 = = 2065 \text{ kg}$$

$$P_4 = = 135 \text{ kg}$$

Eckpfosten

Schuß 1 $\quad$ Punkt 9,02 m; $\quad$ b = 2486,3 mm; $\quad$ e = 2429,9 mm

Aufstellung der Momente

$$M = 515 \cdot 19{,}02 = 9800 \text{ kgm}$$
$$560 \cdot 14{,}02 = 7850 \text{ kgm}$$
$$4980 + 220 \qquad 5200 \cdot 6{,}22 = 32350 \text{ kgm}$$
$$\downarrow$$
$$(\text{Wind auf Traverse I}) \quad 850 \cdot 4{,}51 = 3840 \text{ kgm}$$

$$\text{Querkraft } Q = 7125 \text{ kg} \quad M = 53840 \text{ kgm}$$

Gewichte

Erdseil . . . . = 440 kg
Erdseilstütze . . . . = $\sim$ 600 kg
6 · 2 Leiterseile . . . = 5280 kg
6 Doppelketten . . . . = 1260 kg
Traverse I . . . . . = $\sim$ 2200 kg
Schuß 1 . . . . = $\sim$ 1220 kg
$\overline{ G\,I = 11000 \text{ kg}}$

$$\pm S = \frac{53840}{2 \cdot 2{,}43} = 11050 \text{ kg}$$

$$G/4 = \sim 2750 \text{ kg}$$

$$\text{Eckstieldruckkraft} - S 13800 \text{ kg}$$

$$\text{Eckstielzugkraft} + S 8300 \text{ kg}$$

Bemessung der Traverse II (s. Abb. 97—100)

Traverse II

Stab	Kraft kg	Profil	F cm²	F_z	l_k cm	i	λ	ω	σ_d kg/cm²	σ_z	Anschluß	Bemerkung
U	-12850 -10800 -23650	$\sqsubset$ 14	20,4	—	150	1,75	86	1,64	1900	—	$8 \cdot$ M 16	Ausnahmebelastung
D_1	$+12400$	⅃Γ $50 \cdot 65 \cdot 5$	11,08	8,98	—	—	—	—	—	1380	$3 \cdot$ M 20	(10 mm Blech)
D_2	$+13300$	⅃Γ $50 \cdot 65 \cdot 7$	15,2	12,26	—	—	—	—	—	1085	$3 \cdot$ M 20	(10 mm Blech)
D_3	-2400	L $65 \cdot 65 \cdot 7$	8,70	—	225	1,26	179	5,41	1490	—	$1 \cdot$ M 20	
D_3'	$+1500$	L $50 \cdot 50 \cdot 5$	4,80	1,65	—	—	—	—	—	910	$1 \cdot$ M 16	
D_4	∓ 2500	L $90 \cdot 90 \cdot 9$	15,5	6,21	345	1,76	196	6,49	1050	402	$1 \cdot$ M 20	
D_5	$+1700$ -1300	L $75 \cdot 75 \cdot 8$	11,5	8,11	490	2,26	217	7,95	900	210	$2 \cdot$ M 16	
d_2	∓ 2500	L $50 \cdot 50 \cdot 5$	4,80	1,65	90	0,98	92	1,74	910	1515	$1 \cdot$ M 16	} 380-kV- Leitung Außen
d_6	∓ 1300	L $50 \cdot 50 \cdot 5$	4,80	1,65	140	0,98	143	3,45	935	790	$1 \cdot$ M 16	
d_8	∓ 1200	L $50 \cdot 50 \cdot 5$	4,80	1,65	160	0,98	163	4,49	1120	730	$1 \cdot$ M 16	} 220-kV- Leitung Mitte
d_{11}	∓ 900	L $50 \cdot 50 \cdot 5$	4,80	1,65	200	0,98	204	7,03	1320	545	$1 \cdot$ M 16	
d_{13}	∓ 2300	L $65 \cdot 65 \cdot 7$	8,70	3,36	250	1,26	199	6,69	1770	685	$1 \cdot$ M 16	} 380-kV- Leitung Innen
d_{16}	∓ 1600	L $65 \cdot 65 \cdot 7$	8,70	3,36	310	1,26	246	10,22	1875	475	$1 \cdot$ M 16	

(Ausnahmebelastung — applies to d_8 through d_{16} group)

∟ 100 · 100 · 10	8 · M 20

$F = 19{,}20\ \text{cm}^2;\quad F_z = 15{,}0\ \text{cm}^2\quad (2\cdot 2{,}1\ \varnothing);\quad i = 1{,}95\ \text{cm};\quad l_k = 190\ \text{cm}$

$\lambda = \frac{190}{1{,}95} = 98 \qquad \omega = 1{,}86$

$\sigma_d = \frac{1{,}86\cdot 13\,800}{19{,}20} = 1340\ \text{kg/cm}^2 \qquad \sigma_z = \frac{8300}{15{,}0} = 553\ \text{kg/cm}^2$

$\sigma_s = \frac{13\,800}{8\cdot 3{,}14} = 550\ \text{kg/cm}^2 \qquad \sigma_l = \frac{13\,800}{8\cdot 2{,}0\cdot 1{,}0} = 865\ \text{kg/cm}^2$

Schuß 2 Punkt 18,62 m; $l = 9{,}60$ m; $b = 3134{,}3$ mm; $e = 3061{,}5$ mm

$M = 515\cdot 28{,}62 = \sim 14\,700$ kgm
$560\cdot 23{,}62 = 13\,250$ kgm
$5200\cdot 15{,}82 = \sim 82\,150$ kgm (4980 + 220 ↓ Wind auf Traverse I)
$850\cdot 14{,}11 = 12\,000$ kgm
$5300\cdot 4{,}82 = \sim 25\,400$ kgm (4980 + 320 ↓ Wind auf Traverse II)
$875\cdot 4{,}80 = 4\,200$ kgm

$Q = 13\,300$ kg $\quad M = 151\,700$ kgm

Gewichte

G I	=	11 000 kg
6 · 2 Leiterseile	=	5 280 kg
6 Doppelketten	=	1 260 kg
Traverse II	= ~	3 100 kg
Schuß 2	= ~	1 760 kg
G II	=	22 400 kg

$\pm S = \frac{151\,700}{2\cdot 3{,}06} = 24\,750$ kg

$G/4 = 5\,600$ kg

$-S = 30\,350$ kg

$+S = 19\,150$ kg

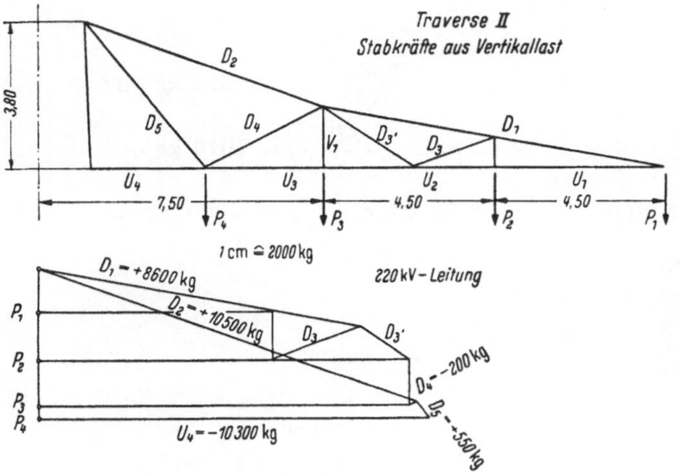
Traverse II
Stabkräfte aus Vertikallast
1 cm ≙ 2000 kg
220 kV-Leitung
$D_1 = +8600$ kg
$D_2 = +10500$ kg
$U_4 = -10300$ kg

Abb. 97

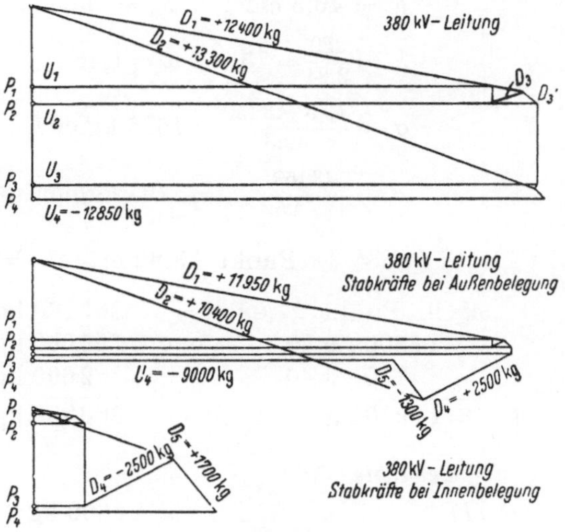
380 kV-Leitung
$D_1 = -12400$ kg
$D_2 = +13300$ kg
$U_4 = -12850$ kg
380 kV-Leitung
Stabkräfte bei Außenbelegung
$D_1 = +11950$ kg
$D_2 = +10400$ kg
$U_4 = -9000$ kg
380 kV-Leitung
Stabkräfte bei Innenbelegung

Abb. 98

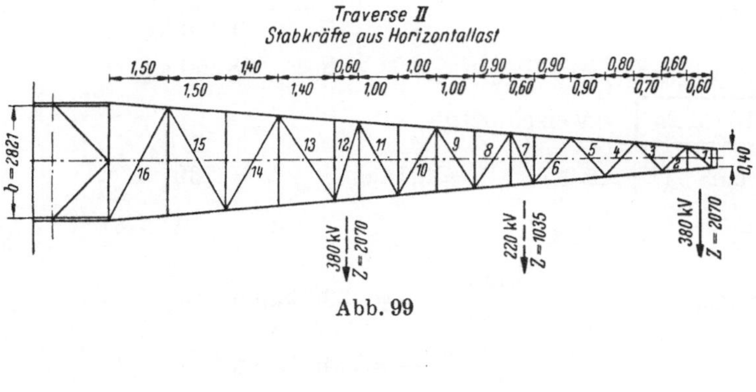
Traverse II
Stabkräfte aus Horizontallast
380 kV Z = 2070
220 kV Z = 1035
380 kV Z = 2070

Abb. 99

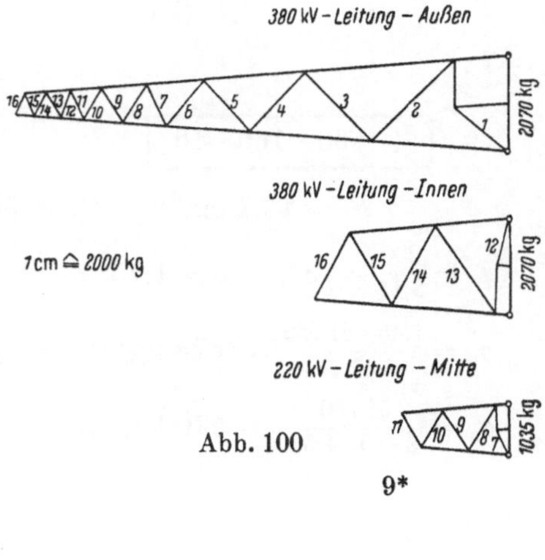
380 kV-Leitung – Außen
2070 kg
380 kV-Leitung – Innen
1 cm ≙ 2000 kg
2070 kg
220 kV-Leitung – Mitte
1035 kg

Abb. 100

$$\boxed{\llcorner 130 \cdot 130 \cdot 12} \qquad\qquad \boxed{10 \cdot M\,20}$$

$$F = 30{,}0 \text{ cm}^2; \qquad F_z = 24{,}96 \text{ cm}^2 \quad (2 \cdot 2{,}1\ \varnothing); \qquad i = 2{,}54 \text{ cm}; \qquad l_k = 200 \text{ cm}$$

$$\lambda = \frac{200}{2{,}54} = 79 \qquad \omega = 1{,}53$$

$$\sigma_d = \frac{1{,}53 \cdot 30350}{30{,}0} = 1550 \text{ kg/cm}^2 \qquad\qquad \sigma_z = \frac{19150}{24{,}96} = {\sim}\,770 \text{ kg/cm}^2$$

$$\sigma_s = \frac{30350}{10 \cdot 3{,}14} = 965 \text{ kg/cm}^2 \qquad\qquad \sigma_l = \frac{30350}{10 \cdot 2{,}0 \cdot 1{,}2} = 1265 \text{ kg/cm}^2$$

Schuß 3   Punkt 27,02 m; $l = 8{,}40$ m; $b = 3708{,}3$ mm; $e = 3624{,}1$ mm

$$
\begin{aligned}
M \text{ in Punkt } 18{,}62 \text{ m} &= 151700 \text{ kgm}\\
13300 \cdot 8{,}40 &= {\sim}111600 \text{ kgm}\\
{\sim}\ 900 \cdot 4{,}20 &= {\sim}3800 \text{ kgm}\\
\hline
Q = 14200 \text{ kg} \qquad M &= 267100 \text{ kgm}
\end{aligned}
$$

Gewichte

$$
\begin{aligned}
G\,II \ldots\ldots\ldots &= 22400 \text{ kg} \qquad &\pm S = \frac{267100}{2 \cdot 3{,}62} &= 37000 \text{ kg}\\
\text{Schuß 3} \ldots\ldots &= 2200 \text{ kg} \qquad & G/4 &= 6150 \text{ kg}\\
\cline{1-2}
G\,III &= 24600 \text{ kg} \qquad & -S &= 43150 \text{ kg}\\
& & +S &= 30850 \text{ kg}
\end{aligned}
$$

$$\boxed{\llcorner 150 \cdot 150 \cdot 14} \qquad\qquad \boxed{12 \cdot M\,24}$$

$$F = 40{,}3 \text{ cm}^2; \qquad F_z = 33{,}3 \text{ cm}^2 \quad (2 \cdot 2{,}5\ \varnothing); \qquad i = 2{,}94 \text{ cm}; \qquad l_k = 220 \text{ cm}$$

$$\lambda = \frac{220}{2{,}94} = 75 \qquad \omega = 1{,}48$$

$$\sigma_d = \frac{1{,}48 \cdot 43150}{40{,}3} = 1585 \text{ kg/cm}^2 \qquad\qquad \sigma_z = \frac{30850}{33{,}3} = 925 \text{ kg/cm}^2$$

$$\sigma_s = \frac{43150}{12 \cdot 4{,}52} = 795 \text{ kg/cm}^2 \qquad\qquad \sigma_l = \frac{43150}{12 \cdot 2{,}4 \cdot 1{,}4} = 1070 \text{ kg/cm}^2$$

Schuß 4   Punkt 33,82 m; $l = 6{,}80$ m; $b = 4180{,}3$ mm; $e = 4090{,}5$ mm

$$
\begin{aligned}
M \text{ in Punkt } 27{,}02 \text{ m} &= 267100 \text{ kgm}\\
14200 \cdot 6{,}80 &= 96600 \text{ kgm}\\
770 \cdot 3{,}40 &= {\sim}2600 \text{ kgm}\\
\hline
Q = 14970 \text{ kg} \qquad M &= 366300 \text{ kgm}
\end{aligned}
$$

Gewichte

$$
\begin{aligned}
G\,III \ldots\ldots\ldots &= 24600 \text{ kg} \qquad &\pm S = \frac{366300}{2 \cdot 4{,}09} &= {\sim}\,45000 \text{ kg}\\
\text{Schuß 4} \ldots\ldots &= 2400 \text{ kg} \qquad & G/4 &= 6750 \text{ kg}\\
\cline{1-2}
G\,IV &= 27000 \text{ kg} \qquad & -S &= 51750 \text{ kg}\\
& & +S &= 38250 \text{ kg}
\end{aligned}
$$

$$\boxed{\llcorner 160 \cdot 160 \cdot 15} \qquad\qquad \boxed{10 \cdot M\,24} \qquad \text{zweischnittig}$$

$$F = 46{,}1 \text{ cm}^2; \qquad F_z = 38{,}6 \text{ cm}^2 \quad (2 \cdot 2{,}5\ \varnothing); \qquad i = 3{,}14 \text{ cm}; \qquad l_k = 230 \text{ cm}$$

$$\lambda = \frac{230}{3{,}14} = 73 \qquad \omega = 1{,}45$$

$$\sigma_d = \frac{1{,}45 \cdot 51750}{46{,}1} = 1628 \text{ kg/cm}^2 \sim 2\% > \sigma_{\text{zul}} \qquad\qquad \sigma_z = \frac{38250}{38{,}6} = 990 \text{ kg/cm}^2$$

$$\sigma_s = \frac{51750}{2 \cdot 10 \cdot 4{,}52} = 570 \text{ kg/cm}^2 \qquad\qquad \sigma_l = \frac{51750}{10 \cdot 2{,}4 \cdot 1{,}5} = 1440 \text{ kg/cm}^2$$

Schuß 5   Punkt 40,95 m; $l = 7,13$ m; $b = 5328$ mm; $e = 5236,6$ mm

$$M \text{ in Punkt } 33,82 \text{ m} = 366\,300 \text{ kgm}$$
$$14\,970 \cdot 7,13 \quad\quad = 106\,800 \text{ kgm}$$
$$900 \cdot 3,57 \quad\quad = 3\,200 \text{ kgm}$$
$$Q = 15\,870 \text{ kg} \quad\quad M = 476\,300 \text{ kgm}$$

Gewichte

$$G\,IV \dots\dots\dots = \quad 27\,000 \text{ kg} \qquad\qquad \pm S = \frac{476\,300}{2 \cdot 5,23} \quad = 45\,500 \text{ kg}$$
$$\text{Schuß 5} \dots\dots\dots = \sim 3\,000 \text{ kg}$$
$$G\,V = \quad 30\,000 \text{ kg} \qquad\qquad G/4 = \quad 7\,500 \text{ kg}$$
$$-S = 53\,000 \text{ kg}$$
$$+S = 38\,000 \text{ kg}$$

$$\boxed{\llcorner\ 160 \cdot 160 \cdot 17} \qquad\qquad \boxed{10 \cdot M\,24} \quad \text{zweischnittig}$$

$$F = 51,8 \text{ cm}^2; \quad F_z = 43,3 \text{ cm}^2 \ (2 \cdot 2,5 \ \varnothing); \quad i = 3,13 \text{ cm}; \quad l_k = 240 \text{ cm}$$

$$\lambda = \frac{240}{3,13} = 77 \qquad \omega = 1,50$$

$$\sigma_d = \frac{1,50 \cdot 53\,000}{51,8} = 1535 \text{ kg/cm}^2 \qquad\qquad \sigma_z = \frac{38\,000}{43,3} \quad = 880 \text{ kg/cm}^2$$

$$\sigma_s = \frac{53\,000}{2 \cdot 10 \cdot 4,52} = 585 \text{ kg/cm}^2 \qquad\qquad \sigma_l = \frac{53\,000}{10 \cdot 2,4 \cdot 1,7} = 1300 \text{ kg/cm}^2$$

Diagonalen

Punkt 3,63 m; $b = 2136$ mm; $e = 2079,6$ mm

Normalbelastung $<$ *Ausnahmebelastung*   *Ausnahmebelastung* 380 kV

$$M_d = \quad\quad 24\,900 \text{ kgm}$$
$$M_b = 2070 \cdot 0,83 \quad = 1\,720 \text{ kgm}$$
$$Q = 2070 \text{ kg} \quad\quad M = 1\,720 \text{ kgm}$$

$$Q_r = \frac{24\,900}{2 \cdot 2,08} + \frac{2070}{2} - \frac{1720 \cdot 0,065}{2 \cdot 2,08}$$
$$= 6000 + 1035 - 27 = 7008 \text{ kg}$$

Diagonallänge $d = 2690$ mm; $\cos 38° 30' = 0,7826$

$$Q_N = 7008 \cdot \frac{1600}{2200} = 5100 \text{ kg} \qquad\qquad D = \frac{5100}{2 \cdot 0,7826} = 3260 \text{ kg}$$

$$\boxed{\llcorner\ 55 \cdot 55 \cdot 6} \qquad\qquad \boxed{1 \text{ Niet } 17 \ \varnothing}$$

$$F = 6,31 \text{ cm}^2; \quad F_z = 2,28 \text{ cm}^2; \quad i = 1,07 \text{ cm}; \quad l_k = 0,9 \cdot 138 = 124 \text{ cm}$$

$$\lambda = \frac{124}{1,07} = 116 \qquad \omega = 2,27$$

$$\sigma_d = \frac{2,27 \cdot 3260}{6,31} = 1170 \text{ kg/cm}^2 \qquad\qquad \sigma_z = \frac{3260}{2,28} \quad = 1430 \text{ kg/cm}^2$$

$$\sigma_s = \frac{3260}{2,27} \quad = 1435 \text{ kg/cm}^2 \qquad\qquad \sigma_l = \frac{3260}{1,7 \cdot 0,6} \quad = 3200 \text{ kg/cm}^2$$

Punkt 14,72 m; $b = 2880,8$ mm; $e = 2808$ mm

Normalbelastung 220 kV   *Ausnahmebelastung* 380 kV

$$M = \quad 515 \cdot 24,72 = \quad 12\,700 \text{ kgm} \qquad M_d = \quad\quad 34\,200 \text{ kgm}$$
$$560 \cdot 19,72 = \quad 11\,050 \text{ kgm} \qquad M_b = 2070 \cdot 0,92 \quad = 1\,900 \text{ kgm}$$
$$5\,200 \cdot 11,92 = \quad 62\,000 \text{ kgm} \qquad Q = 2070 \text{ kg} \quad M = 1\,900 \text{ kgm}$$
$$850 \cdot 10,21 = \quad 8\,680 \text{ kgm}$$
$$5\,300 \cdot 0,92 = \quad 4\,880 \text{ kgm}$$
$$525 \cdot 2,85 = \quad 1\,490 \text{ kgm}$$
$$Q = 12\,950 \text{ kg} \quad M = 100\,800 \text{ kgm}$$

$$Q_D = \frac{12\,950}{2} - \frac{100\,800 \cdot 0,065}{2 \cdot 2,81}$$
$$= 6475 - 1165 = 5310 \text{ kg}$$

$$Q_r = \frac{34\,200}{2 \cdot 2,81} + \frac{2070}{2} - \frac{1900 \cdot 0,065}{2 \cdot 2,81}$$
$$= 6090 + 1035 - 22 = 7103 \text{ kg}$$

$$Q_N = 7103 \cdot \frac{1600}{2200} < 5310 \text{ kg}$$

$$d = 3390 \text{ mm} \qquad \cos 33°30' = 0,8383$$

$$D = \frac{5310}{2 \cdot 0,8338} = 3180 \text{ kg}$$

$$\boxed{\llcorner 60 \cdot 60 \cdot 6} \qquad \boxed{2 \cdot M\,16}$$

$$F = 6,91 \text{ cm}^2; \qquad F_z = 4,71 \text{ cm}^2; \qquad i = 1,17 \text{ cm}; \qquad l_k = 0,9 \cdot 175 = 158 \text{ cm}$$

$$\lambda = \frac{158}{1,17} = 135 \qquad \omega = 3,08$$

$$\sigma_d = \frac{3,08 \cdot 3180}{6,91} = 1420 \text{ kg/cm}^2 \qquad\qquad \sigma_z = \frac{3180}{4,71} = 675 \text{ kg/cm}^2$$

$$\sigma_s = \frac{3180}{2 \cdot 2,01} = 790 \text{ kg/cm}^2 \qquad\qquad \sigma_l = \frac{3180}{2 \cdot 1,6 \cdot 0,6} = 1660 \text{ kg/cm}^2$$

Punkt 33,82 m; $l = 6,80$ m; $b = 4180,3$ mm; $e = 4090,5$ mm

Normalbelastung 220 kV   *Ausnahmebelastung* 380 kV

$$Q = 14\,970 \text{ kg} \qquad M = 366\,300 \text{ kgm}$$

$$M_d = 34\,200 \text{ kgm}$$
$$M_b = 27\,350 \text{ kgm}$$
$$2070 \cdot 6,8 = \sim 14\,050 \text{ kgm}$$
$$\overline{Q = 2070 \text{ kg} \qquad M = 41\,400 \text{ kgm}}$$

$$Q_D = \frac{14\,970}{2} - \frac{366\,300 \cdot 0,065}{2 \cdot 4,09}$$
$$= 7485 - 2915 = 4570 \text{ kg}$$

$$Q_r = \frac{34\,200}{2 \cdot 4,09} + \frac{2070}{2} - \frac{41\,400 \cdot 0,065}{2 \cdot 4,09}$$
$$= 4180 + 1035 - 330 = 4885 \text{ kg}$$

$$\text{Normallast } Q_N = 4885 \cdot \frac{1600}{2200} < 4570 \text{ kg}$$

$$d = 4690 \text{ mm} \qquad \cos 29° = 0,8746 \qquad\qquad D = \frac{4570}{2 \cdot 0,87} = \sim 2630 \text{ kg}$$

$$\boxed{\llcorner 65 \cdot 65 \cdot 7} \qquad \boxed{2 \cdot M\,16}$$

$$F = 8,70 \text{ cm}^2; \qquad F_z = 6,01 \text{ cm}^2; \qquad i = 1,26 \text{ cm}; \qquad l_k = 0,9 \cdot 239 = 215 \text{ cm}$$

$$\lambda = \frac{215}{1,26} = 171 \qquad \omega = 4,94$$

$$\sigma_d = \frac{4,94 \cdot 2630}{8,70} = 1495 \text{ kg/cm}^2 \qquad\qquad \sigma_z = \frac{2630}{6,01} = 440 \text{ kg/cm}^2$$

$$\sigma_s = \frac{2630}{2 \cdot 2,01} = 655 \text{ kg/cm}^2 \qquad\qquad \sigma_l = \frac{2630}{2 \cdot 1,6 \cdot 0,7} = 1175 \text{ kg/cm}^2$$

Punkt 40,95 m; $l = 7,13$ m bis Punkt 33,82 m; $b = 5328$ mm; $e = 5236,6$ mm

Normalbelastung $<$ Ausnahmebelastung   *Ausnahmebelastung*

$$Q = 15\,870 \text{ kg} \qquad M = 476\,300 \text{ kgm}$$

$$M_d = 34\,200 \text{ kgm}$$
$$M_b = 41\,400 \text{ kgm}$$
$$2070 \cdot 7,13 = 14\,700 \text{ kgm}$$
$$\overline{Q = 2070 \text{ kg} \qquad M = 56\,100 \text{ kgm}}$$

$$Q_D = \frac{15\,870}{2} - \frac{476\,300 \cdot 0,18}{2 \cdot 5,237}$$
$$= 7935 - 8200 = 265 \text{ kg}$$

$$Q_r = \frac{34\,200}{2 \cdot 5,237} + \frac{2070}{2} - \frac{56\,100 \cdot 0,18}{2 \cdot 5,237}$$
$$= 3270 + 1035 - 970 = 3335 \text{ kg}$$

$$\text{Normallast: } 3335 \cdot \frac{1600}{2200} = 2430 \text{ kg}$$

$$d = 5760 \text{ mm} \qquad \cos 24°20' = 0,911 \qquad\qquad D = \frac{2430}{2 \cdot 0,911} = \sim 1340 \text{ kg}$$

$$\boxed{\llcorner 65 \cdot 65 \cdot 6} \qquad \boxed{2 \cdot M\,16}$$

$$F = 7,53 \text{ cm}^2; \qquad F_z = 5,21 \text{ cm}^2; \qquad i = 1,27 \text{ cm}; \qquad l_k = 0,9 \cdot 300 = 270 \text{ cm}$$

$$\lambda = \frac{270}{1,27} = 213 \qquad \omega = 7,66$$

$$\sigma_d = \frac{7,66 \cdot 1340}{7,53} = 1365 \text{ kg/cm}^2 \qquad\qquad \sigma_z = \frac{1340}{5,21} = \sim 260 \text{ kg/cm}^2$$

$$\sigma_s = \frac{1340}{2 \cdot 2,01} = 335 \text{ kg/cm}^2 \qquad\qquad \sigma_l = \frac{1340}{2 \cdot 1,6 \cdot 0,6} = 700 \text{ kg/cm}^2$$

III. Gründung

1. Gründung mit Stufenfundament (s. Abb. 101)

$$\text{Punkt } 42,50 \text{ m}; \qquad l = 1,55 \text{ m}; \qquad b = 5607 \text{ mm}; \qquad e = 5515,6 \text{ mm}$$

$$
\begin{aligned}
M\,f \text{ in Punkt } 40,95 \text{ m} &= 476\,300 \text{ kgm} \\
+\,15\,870 \cdot 1,55 &= \underline{24\,600 \text{ kgm}} \\
&= 500\,900 \text{ kgm}
\end{aligned}
$$

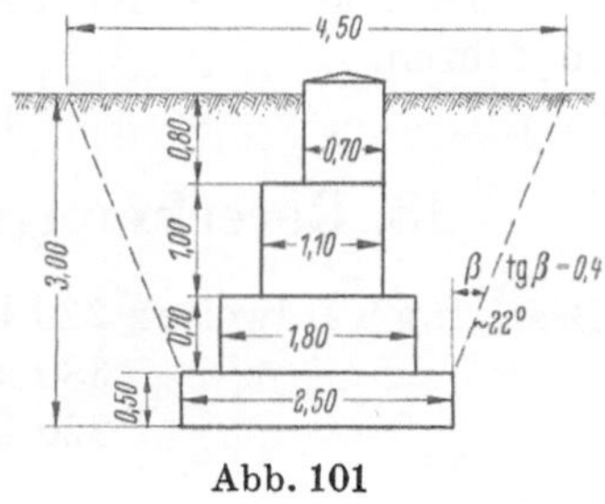

Abb. 101

Beton

$$
\begin{aligned}
V_B = 0,7^2 \cdot 0,182 &= 0,090 \text{ m}^3 \\
0,7^2 \cdot 0,8 &= 0,392 \text{ m}^3 \\
1,1^2 \cdot 1,0 &= 1,210 \text{ m}^3 \\
1,8^2 \cdot 0,7 &= 2,268 \text{ m}^3 \\
2,5^2 \cdot 0,5 &= 3,125 \text{ m}^3 \\
\hline
&= 7,085 \text{ m}^3
\end{aligned}
$$

$$\left.\begin{aligned} \end{aligned}\right\} 3,87 \text{ m}^3$$

$$\pm S = \frac{500\,900}{2 \cdot 5,52} = 45\,400 \text{ kg}$$
$$G/4 = \underline{7\,500 \text{ kg}}$$
$$+ S = 37\,900 \text{ kg}$$

$$G_B = 2,2 \cdot 7,085 = 15,58 \text{ t}$$

Erde

$$V_E = \frac{2,5}{3}(6,25 + 20,25 + 11,25) - 3,87 = 27,56 \text{ m}^3 \qquad\qquad G_E = 1,60 \cdot 27,56 = 44,10 \text{ t}$$

$$\Sigma_G = 15,58 + 44,10 = 59,68 \text{ t} \qquad\qquad \textit{Sicherheitsgrad} \quad v = \frac{\Sigma_G}{+S} = \frac{59,68}{37,9} = 1,575 \text{ fach}$$

2. Berechnung der Einsetzfundamente für Tragmast T + O (s. Abb. 102)

Baugrund gut tragfähiger Kiessand, Erdauflastwinkel $\beta \sim 22°$ (tg $\beta = 0,4$), Wasserauftrieb bis 1,2 m unter Erdoberfläche.

$$\gamma_E = 1600 \text{ kg/m}^3; \qquad \gamma_{EW} = 1100 \text{ kg/m}^3$$

Werkstoffe wie für Einsetzfundament des 110kV-Winkelabspannmastes (s. Berechnungsbeispiel 6)

Nachweis der Standsicherheit:
Betoninhalte über Grundwasserspiegel:

$$V_o = \frac{1,1^2 \cdot 3,14}{4}(0,35 + 1,0) + \frac{0,6^2 \cdot 3,14}{4}$$
$$\cdot 0,2 = 1,34 \text{ m}^3$$

unter Grundwasserspiegel:

$$V_u = 0,6^2 \cdot 3,14\left(\frac{2,85}{4} + \frac{1,5^2 + 0,8^2 + 1,5 \cdot 0,8}{6}\right.$$
$$\left. + 1,5^2 \cdot 0,15\right) = 1,764 \text{ m}^3$$

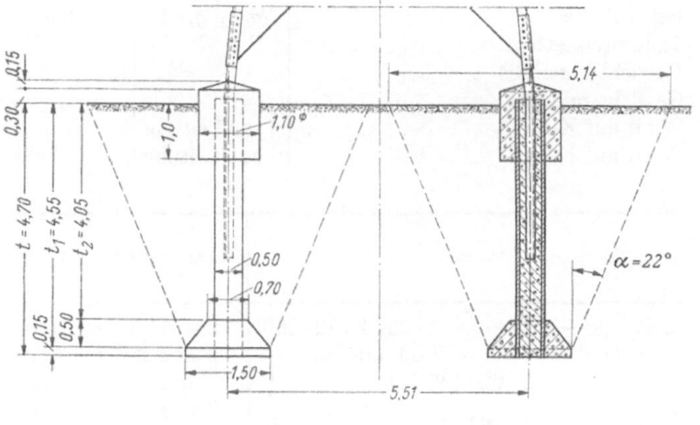

Abb. 102

Betongewicht: $1{,}34 \cdot 2400 + 1{,}764 \cdot 1400 = 5690 \text{ kg}$

Erdgewicht: für Zugbelastung (Erdauflast mit dem Erdauflastwinkel β ermittelt)

$$G_{E_Z} = \left[\frac{1{,}2 \cdot 3{,}14}{12}(5{,}14^2 + 4{,}18^2 + 5{,}14 \cdot 4{,}18) - 1{,}01\right] 1600 +$$

$$\left[\frac{3{,}35 \cdot 3{,}14}{12}(1{,}5^2 + 4{,}18^2 + 1{,}5 \cdot 4{,}18) - 1{,}5\right] 1100 = 55\,900 \text{ kg}$$

für Druckbelastung (Erdauflast senkrecht über der Fundamentsohle)

$$G_{E_D} = \left[\frac{1{,}5^2 \cdot 3{,}14}{4} \cdot 1{,}2 - 1{,}01\right] 1600 + \left[\frac{1{,}5^2 \cdot 3{,}14}{4} \cdot 3{,}35 - 1{,}5\right] 1100 = 6640 \text{ kg}$$

a) Sicherheit gegen Zugbelastung:

$$\frac{G_B + G_{E_Z}}{S_z} = \frac{5690 + 55\,900}{37\,900} = 1{,}62 > 1{,}5$$

b) Bodenpressung unter der Fundamentsohle:

$$p_d = \frac{(S_d + G_B + G_{E_D})}{1{,}5^2 \cdot 3{,}14} \cdot 4 = \frac{(52\,900 + 5690 + 6640) \cdot 4}{1{,}5^2 \cdot 3{,}14} = 3{,}7 \text{ kg/cm}^2 < p_{d\,\text{zul}}.$$

Der Nachweis der Festigkeit der Fundamente ist entsprechend Berechnungsbeispiel 6 zu führen.

13. Berechnungsbeispiel. 220/380-kV-Leitung, Winkelmast 165°

Beseilung wahlweise: 220 kV-Vierfachleitung mit Zweierbündelleiter
380 kV-Doppelleitung mit Viererbündelleiter
220 kV-Doppelleitung und 380 kV-Einfachleitung

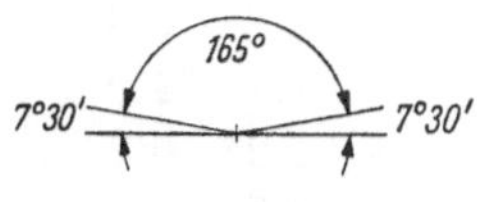

Abb. 103

I. Belastungsannahmen

Spannweiten Übertragungsspannung	Windanteil Seilgewichts- anteil	400 525 220 kV		380 kV	m m
Leiterseile		1 Erdseil	12 · 2 Leiterseile	6 · 4 Leiterseile	
Baustoff		Al/St 240/40	Al/St 240/40	Al/St 240/40	
Durchmesser	d	21,7	21,7	21,7	mm
Querschnitt	F	276,1	$2 \cdot 276{,}1 = 552{,}2$	$4 \cdot 276{,}1 = 1104{,}4$	mm²
Beanspruchung	$\sigma_{-5°} + E\,\vert\,\sigma + 5°$	7,5 | 4,25	7,5 | 4,25	7,5 | 4,25	kg/mm²
Seilzug	$Z = F\,\sigma$	2070 | 1175	4140 | 2350	8280 | 4700	kg
Wind auf Seile . . . . . $W =$	$<40\text{ m}\,\vert\,>40\text{ m}$	455 | 585	910 | 1170	1640 | 2110	kg
Gewicht der Seile	g_0	0,971	$2 \cdot 0{,}971 = 1{,}942$	$4 \cdot 0{,}971 = 3{,}884$	kg/m
Eislast	$g_z = 180\,\sqrt{d}$	0,838	$2 \cdot 0{,}838 = 1{,}676$	$4 \cdot 0{,}838 = 3{,}352$	kg/m
$g_0 + g_z$		1,809	3,618	7,236	kg/m
Seil ohne Eis	$g_0\,L$	510	1020	2040	kg
Seil mit Eis	$(g_0 + g_z)\,L$	950	1900	3800	kg
Isolatorenketten			Zweifachkette	Dreifachkette	
Gewicht ohne Eis			260	600	kg
Gewicht mit Eis			300	700	kg
Wind auf Kette	|| zur Leitung		—	—	kg
Wind auf Kette	⊥ zur Leitung		40	120	kg

Mastart	Horizontalzug	Erdseil	Leiterseil 220 kV	Leiterseil 380 kV	1 Erdseil 12 Leiterseile 220 kV (6) Leiterseile 380 kV
α) Seilzug $-5°$ C + Eis 4 · 220 kV (2 · 380)	$2\sin\alpha\,Z$	540	1080	(2160)	13500
β) Seilzug $+5\,°C$ + Wind auf Seile $\{$	$2\sin\alpha\,Z$	310	620	—	7750 } 19255
4 · 220 kV . . . . . . $\{$	$W\,L$	585	910	—	11505 } = max
2 · 380 kV . . . . . . $\{$	$2\sin\alpha\,Z$	310	—	1240	7750 } 18175
	$W\,L$	585	—	1640	10425 }

Winkelmast – W 1 + 0
220/380 kV
220 kV – Belegung
0 2 4 6 8 10 m
U – Eisen – Stoß
L 80×80×8
2200
h = 11 020; b = 2045,6
L 40×40×4
(1 Niet 13°) 1 M12
L 90×90×9
3 M22
L 130×130×12
h = 3 680; b = 2 457,6
5000 5000 5500 15 500
L 80×80×8
3 M22
h = 9 080; b = 2 835,6
Stumpfstoß … 8 M24 einschnittig
L 90×90×11
3 M27
600 600
L 160×160×15
h = 14 850; b = 3 239,5
L 150
5000 5000 7500 17 500
h = 17 050; b = 3 393,5
Stumpfstoß … 12 M24 einschnittig
L 90×90×9
3 M22
L 180×180×16
h = 24 000; b = 3 880
Stumpfstoß. 10 M24 zweischnittig
L 90×90×9
3 M20
Breitenzunahme.
70 mm/m
Stoß
L 200×200×16
h = 28 950; b = 4 226,5
h = 30 250; b = 4 317,5
Stumpfstoß … 10 M24 zweischnittig
h = 31 480; b = 4 563,5
200 mm/m
L 90×90×11
2 M20
L 200×200×18
h = 36 790; b = 5 625,5
Stumpfstoß … 10 M24 zweischnittig
h = 38 500; b = 5 967,5
6427,5
Mitte Fundament
1700
2800
2800
1800
1800
1800
1800
1800
1900
1900
1900
2150
2250
2300
2350
2350
2500
2550
2600
2650
2700
300
12000
11000
24700
8250
3300

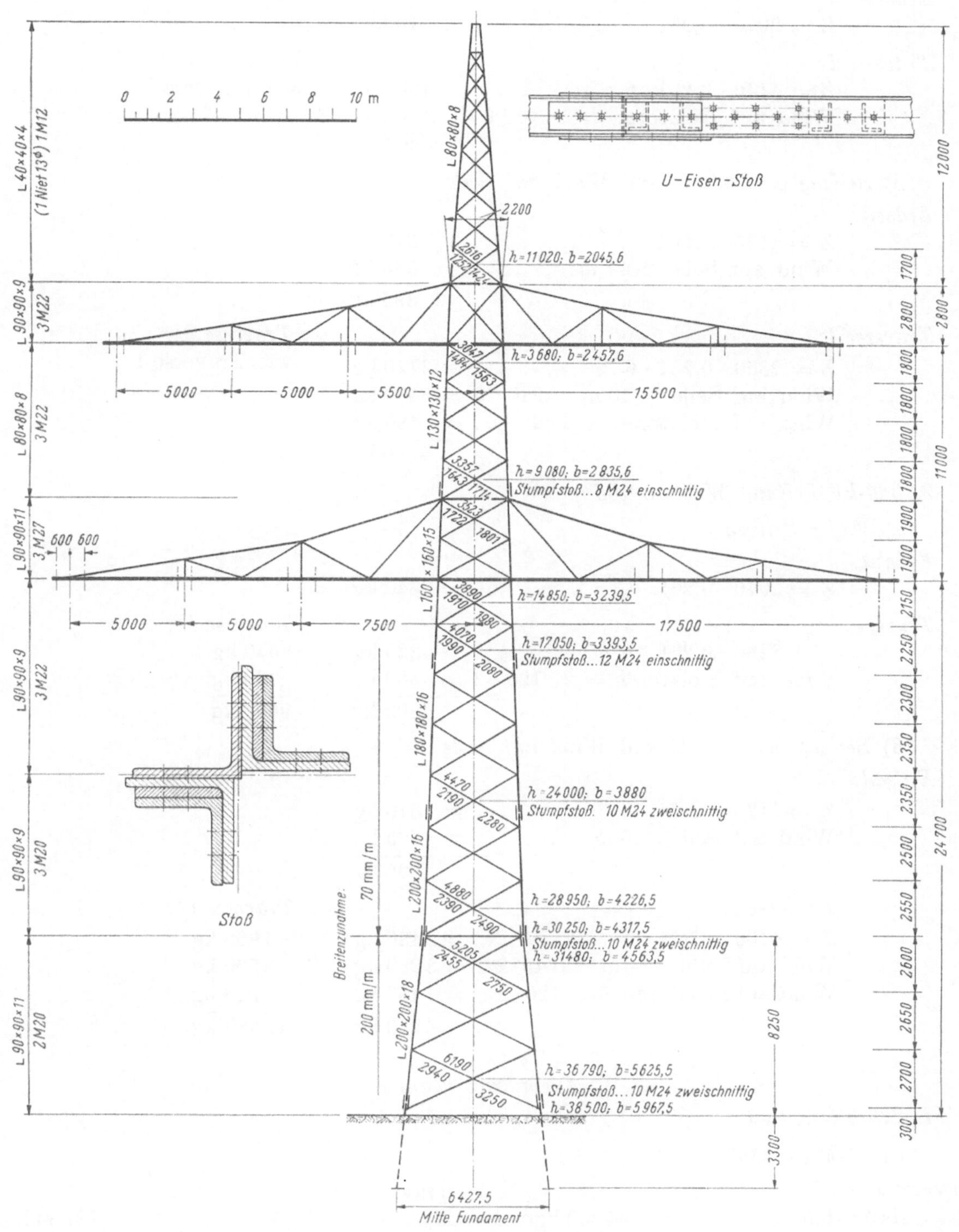

Abb. 104

Seilzüge

1. 220-kV-Leitung W-Mast 165°

$$2\sin 7° 30' = 0{,}261$$

 α) *Voller Seilzug*

Erdseil:

$$Z = 2070 \cdot 0{,}261 \ \ldots\ldots\ldots\ = \ 540 \ \text{kg}$$

Traverse I: *Traverse II:*

$$Z = 4140 \cdot 0{,}261 \cdot 6 \ \ldots\ldots\ = 6480 \ \text{kg}$$
$$\text{Wind auf Isolatoren} = 2 \cdot 40 \cdot 6 = \ \ 480 \ \text{kg}$$
$$\underline{} $$
$$6960 \ \text{kg}$$

wie Traverse I

 β) *Seilzug bei +5 °C und Wind auf Seile*

Erdseil:

$$Z = 1175 \cdot 0{,}261 \ \ldots\ldots\ldots \cong \ \ 310 \ \text{kg}$$
$$\text{Wind auf Seile} > 40 \ \text{m} \ \ldots\ldots = \ \ 585 \ \text{kg}$$
$$895 \ \text{kg}$$

Traverse I: *Traverse II:*

$$Z = 2350 \cdot 0{,}261 \cdot 6 \ \ldots\ldots \cong 3720 \ \text{kg}$$
$$\text{Wind auf Seile} < 40 \ \text{m} = 910 \cdot 6 = 5460 \ \text{kg}$$
$$\text{Wind auf Isolatoren} = 2 \cdot 40 \cdot 6 \ . \ = \ \ 480 \ \text{kg}$$
$$9660 \ \text{kg}$$

wie Traverse I

2. 380-kV-Leitung W-Mast 165°

 α) *Voller Seilzug*

Erdseil:

$$Z = 2070 \cdot 0{,}261 \ \ldots\ldots\ldots = \ 540 \ \text{kg}$$

Traverse I: *Traverse II:*

$$Z = 8280 \cdot 0{,}261 \cdot 2 \ \ldots\ldots\ = 4320 \ \text{kg} \qquad 8640 \ \text{kg}$$
$$\text{Wind auf Isolatoren} = 2 \cdot 120 \cdot 2 = \ \ 480 \ \text{kg} \qquad \ \ 960 \ \text{kg}$$
$$4800 \ \text{kg} \qquad 9600 \ \text{kg}$$

 β) *Seilzug bei +5 °C und Wind auf Seile*

Erdseil:

$$Z = 1175 \cdot 0{,}261 \ \ldots\ldots\ldots \cong \ \ 310 \ \text{kg}$$
$$\text{Wind auf Seil} > 40 \ \text{m} \ \ldots\ldots \cong \ \ 585 \ \text{kg}$$
$$895 \ \text{kg}$$

Traverse I: *Traverse II:*

$$Z = 4700 \cdot 0{,}261 \cdot 2 \ \ldots\ldots \cong 2480 \ \text{kg} \qquad 4960 \ \text{kg}$$
$$\text{Wind auf Seile} < 40 \ \text{m} = 1640 \cdot 2 \ . \ = 3280 \ \text{kg} \qquad 6560 \ \text{kg}$$
$$\text{Wind auf Isolatoren} = 2 \cdot 120 \cdot 2 \ . \ = \ \ 480 \ \text{kg} \qquad \ \ 960 \ \text{kg}$$
$$6240 \ \text{kg} \qquad 12480 \ \text{kg}$$

Ausnahmebelastung

1. 220-kV-Leitung

 a) *W-Mast 180°*

Traverse I: Traverse II:

$$M_d = 4140 \cdot 15{,}5 \ \ldots\ldots = 64\,200 \ \text{kgm} \qquad M_d = 4140 \cdot 17{,}5 \ \ldots\ldots = 72\,500 \ \text{kgm}$$

 b) *W-Mast 165°*

Traverse I: Traverse II:

$$M_d = 4105 \cdot 15{,}5 \ \ldots\ldots = 63\,600 \ \text{kgm} \qquad M_d = 4105 \cdot 17{,}5 \ \ldots\ldots = 71\,800 \ \text{kgm}$$

2. 380-kV-Leitung

a) W-Mast 180°

Traverse I:

$M_d = 8280 \cdot 12{,}5 \ldots \ldots = 103\,500$ kgm

Traverse II:

$M_d = 8280 \cdot 17{,}5 \ldots \ldots = 144\,900$ kgm

b) W-Mast 165°

Traverse I:

$M_d = 8210 \cdot 12{,}5 \ldots \ldots = 102\,500$ kgm

Traverse II:

$M_d = 8210 \cdot 17{,}5 \ldots \ldots = 143\,600$ kgm

Windflächen und Windkräfte

Erdseilstütze		$W = 650$ kg
Schuß 1	$F_W = 5{,}22$ m²;	$W = 950$ kg
Schuß 2	$F_W = 5{,}50$ m²;	$W = 1000$ kg
Schuß 3	$F_W = 5{,}22$ m²;	$W = 950$ kg
Schuß 4	$F_W = 4{,}12$ m²;	$W = 750$ kg
Schuß 5	$F_W = 6{,}32$ m²;	$W = 1150$ kg

II. Bemessung (s. Abb. 104, 105)

Die im folgenden bezeichneten Punkte der Mastkonstruktion, Mastbreiten b, Systembreiten e usw. sind der Mastskizze (Abb. 104 und 105) zu entnehmen.

Bei der Bemessung der Diagonalen sind die Querkräfte und Stabkräfte infolge Ausnahmebelastung nach dem Verhältnis der zulässigen Normalbeanspruchung zur zulässigen Ausnahmebeanspruchung $\frac{1600}{2200}$ umgerechnet.

Bei dieser Berechnungsweise erkennt man sofort, welche Querkräfte und Stabkräfte aus Normal- bzw. Ausnahmebelastung für die Bemessung maßgebend sind.

Erdseilstütze

$$l = 11{,}092 \text{ m}; \quad b = 2048{,}6 \text{ mm}; \quad e = 2003{,}4 \text{ mm}$$

Moment $M = 2400 \cdot 11{,}092 = 26\,600$ kgm

$\phantom{\text{Moment } M = {}} 650 \cdot 5{,}092 = 3\,310$ kgm

Querkraft $Q = 3050$ kg $\quad M = 29\,910$ kgm

Gewichte

Seil mit Eis $\ldots \ldots =$	1080 kg	$\pm S = \dfrac{29\,910}{2 \cdot 2{,}00}$	$= 7480$ kg
Mastspitze $\ldots \ldots = \sim$	600 kg		
Montagelast $\ldots \ldots =$	180 kg	$G/4 = 465$ kg	
$G =$	1860 kg	$-S = 7945$ kg	$+S = 7025$ kg

$$\boxed{\llcorner\, 80 \cdot 80 \cdot 8} \qquad \boxed{4 \cdot \text{M} 16}$$

$$F = 12{,}3 \text{ cm}^2; \quad F_z = 9{,}58 \text{ cm}^2 \quad (2 \cdot 1{,}7 \oslash); \quad i = 1{,}55 \text{ cm}; \quad l_k = 170 \text{ cm}$$

$$\lambda = \frac{170}{1{,}55} = 110 \qquad \omega = 2{,}11$$

$$\sigma_d = \frac{2{,}11 \cdot 794{,}5}{12{,}3} = 1360 \text{ kg/cm}^2 \qquad \sigma_z = \frac{7025}{9{,}58} = 734 \text{ kg/cm}^2$$

$$\sigma_s = \frac{7945}{4 \cdot 2{,}01} = 985 \text{ kg/cm}^2 \qquad \sigma_l = \frac{7945}{4 \cdot 1{,}6 \cdot 0{,}8} = 1550 \text{ kg/cm}^2$$

Diagonale $\llcorner\, 40 \cdot 40 \cdot 4$; $1 \cdot$ M 12. Nachweis nicht erforderlich.

Traverse II

a) Vertikale Belastung für 220-kV-Leitung

Seil mit Eis $\ldots\ldots\ldots\ldots\ldots\ldots\ldots\ldots\ldots =$	2165 kg
Kette mit Eis $\ldots\ldots\ldots\ldots\ldots\ldots\ldots\ldots =$	600 kg
Montagelast $\ldots\ldots\ldots\ldots\ldots\ldots\ldots\ldots =$	185 kg
	2950 kg
Eigengewicht	~ 200 kg/m

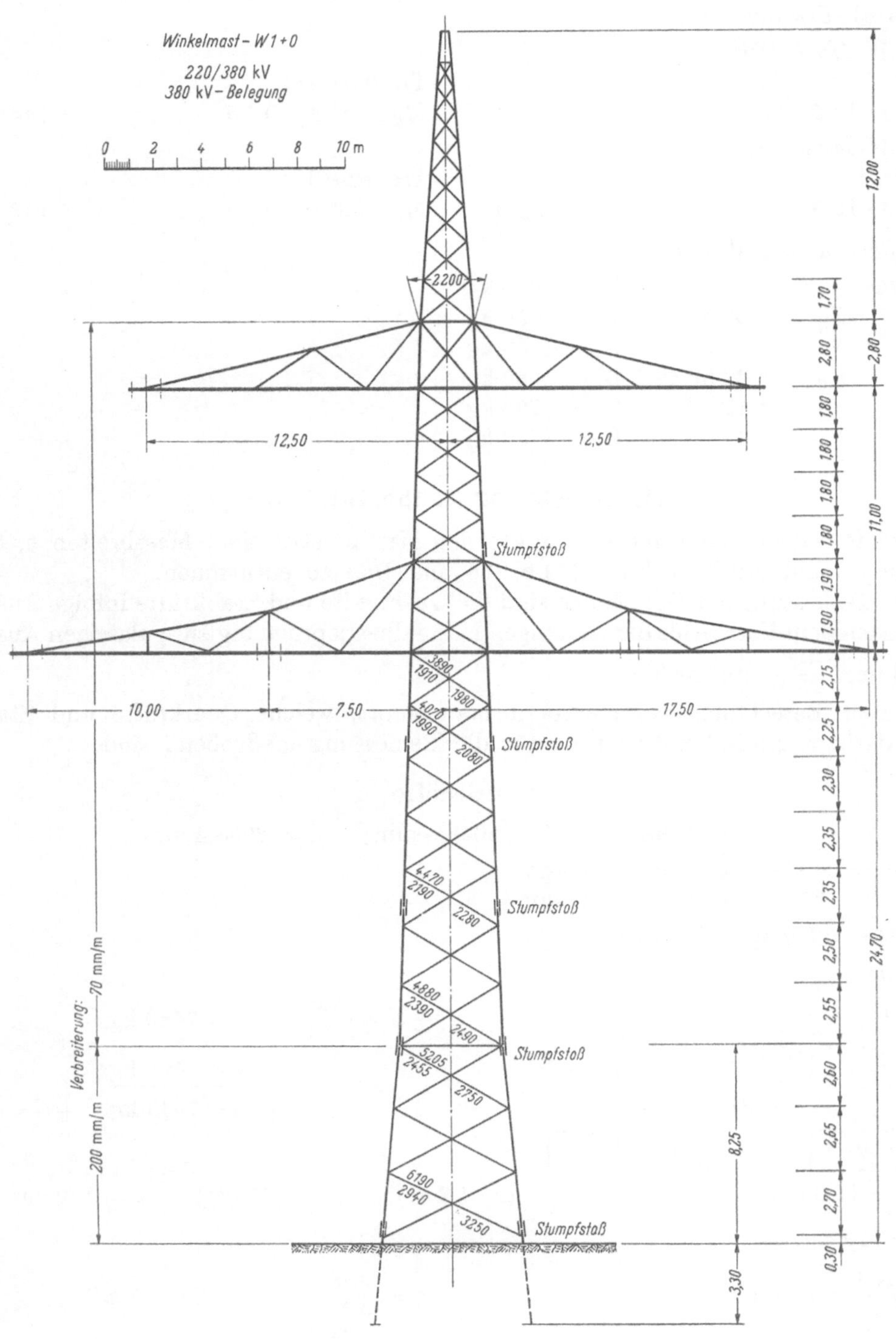

Abb. 105

$$P_1 = \frac{2950}{2} \cdot \frac{4,7}{5,00} + \frac{200}{2} \cdot \frac{5,0}{2} \qquad = 1390 + 250 \qquad = 1640 \text{ kg}$$

$$P_2 = \frac{2950}{2}\left(\frac{0,3}{5,00} + 1,0\right) + \frac{200}{2} \cdot 5,0 = 1560 + 500 \qquad = 2060 \text{ kg}$$

$$P_3 = \frac{2950}{2} \cdot \frac{2,7}{3,0} + \frac{200}{2}\left(\frac{5,0}{2} + \frac{3,0}{2}\right) \quad = 1330 + 400 \qquad = 1730 \text{ kg}$$

$$P_4 = \frac{2950}{2} \cdot \frac{0,3}{3,0} + \frac{200}{2} \cdot 3,0 + 185 \; = \; 145 + 300 + 185 = \; 630 \text{ kg}$$

b) Vertikale Belastung für 380-kV-Leitung

Seil mit Eis . . . . = 4330 kg

Kette mit Eis. . . . . = 1400 kg

Montagelast . . . . = 180 kg

$\overline{ \text{5910 kg}}$

Eigengewicht $\qquad\qquad\qquad\qquad \sim 200$ kg/m

1. Vollbelegung

$$P_1 = \frac{5910}{2} + \frac{200}{2} \cdot \frac{5,0}{2} \qquad = 2955 + 250 = 3205 \text{ kg}$$

$$P_2 = 180 + \frac{200}{2} \cdot 5,0 \qquad = 180 + 500 = 680 \text{ kg}$$

$$P_3 = \frac{5910}{2} + \frac{200}{2}\left(\frac{5,0}{2} + \frac{3,0}{2}\right) = 2955 + 400 = 3355 \text{ kg}$$

$$P_4 = 180 + \frac{200}{2} \cdot 3,0 \qquad = 180 + 300 = 480 \text{ kg}$$

2. Belegung nur außen

$$P_1 = 3205 \text{ kg}; \quad P_2 = 500 \text{ kg}; \quad P_3 = 400 \text{ kg}; \quad P_4 = 300 \text{ kg}$$

3. Belegung nur innen

$$P_1 = 250 \text{ kg}; \quad P_2 = 500 \text{ kg}; \quad P_3 = 3355 \text{ kg}; \quad P_4 = 300 \text{ kg}$$

Stabkräfte aus vertikaler Last

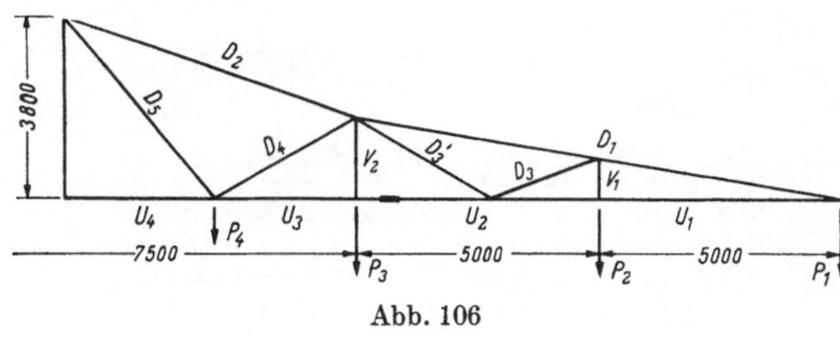

Abb. 106

b) 380-kV-Leitung

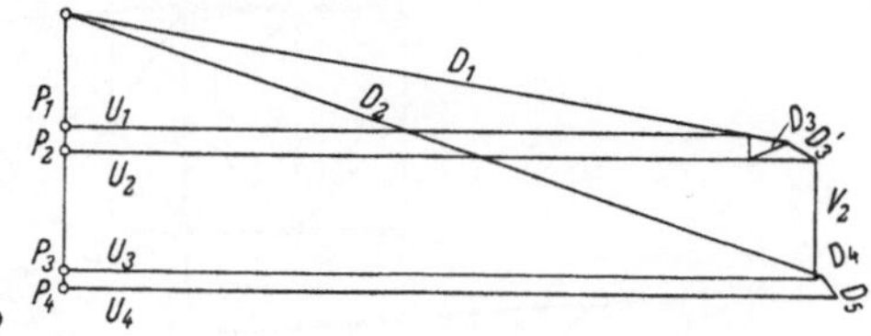

c) 380-kV-Leitung nur bei Außenbelegung

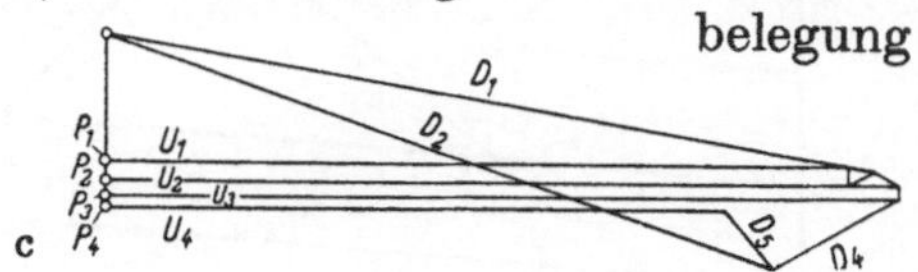

a) 220-kV-Leitung

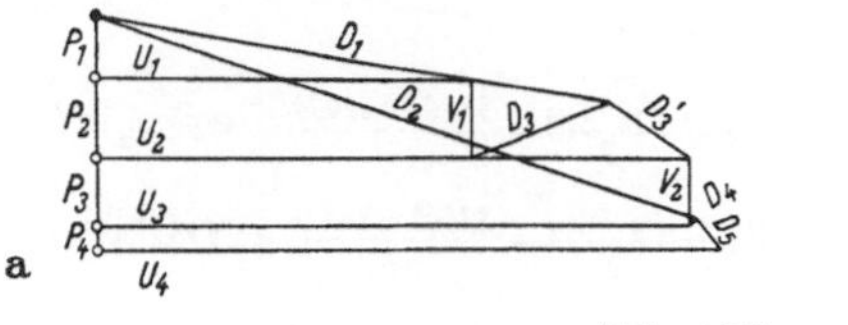

Abb. 107

d) 380-kV-Leitung nur bei Innenbelegung

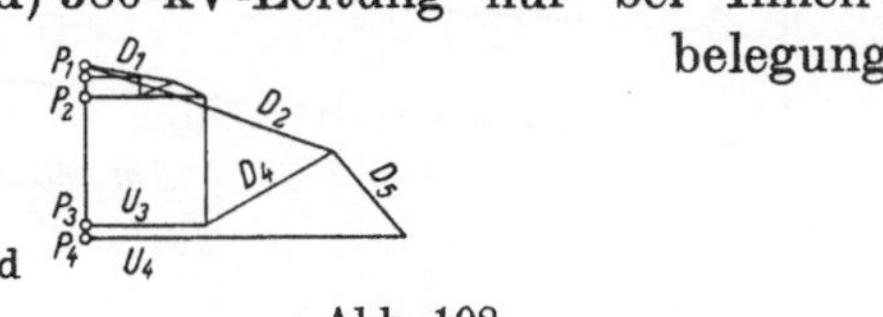

Abb. 108

Traverse II (s. Abb. 106—110)

Untergurt für 160°

$\sin 10° = 0,1736 \qquad \cos 10° = 0,9848$

380 kV-Leitung

Horizontale Last $\perp$ zur Leitung $\qquad\qquad P\perp = 8280 \cdot 0,1736 = 1440$ kg

Horizontale Last $\parallel$ zur Leitung $\qquad\qquad P\parallel = 8280 \cdot 0,9848 = 8140$ kg

$$U_{15} = \frac{54\,500 \cdot 8140}{8280} + 2 \cdot 1440 = 53\,500 + 2880 = 56\,380 \text{ kg}$$

$$U_{10} = \frac{36\,750 \cdot 8140}{8280} + 1440 \quad = 36\,100 + 1440 = 37\,540 \text{ kg}$$

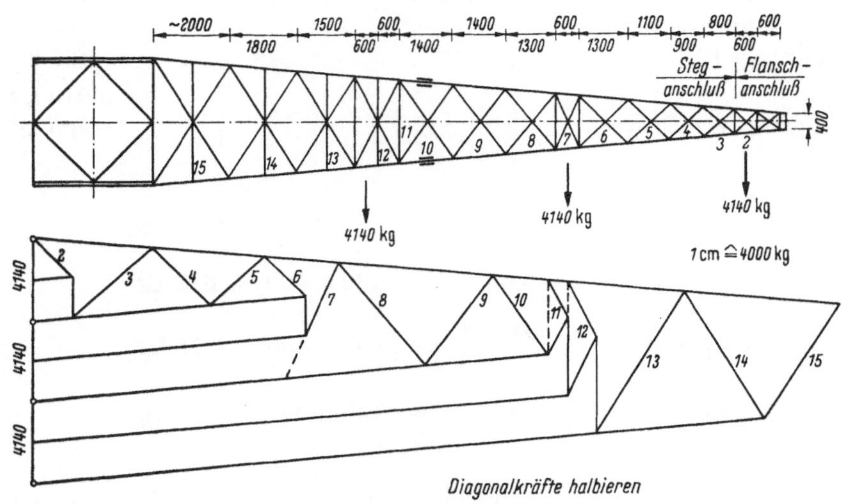

Abb. 109

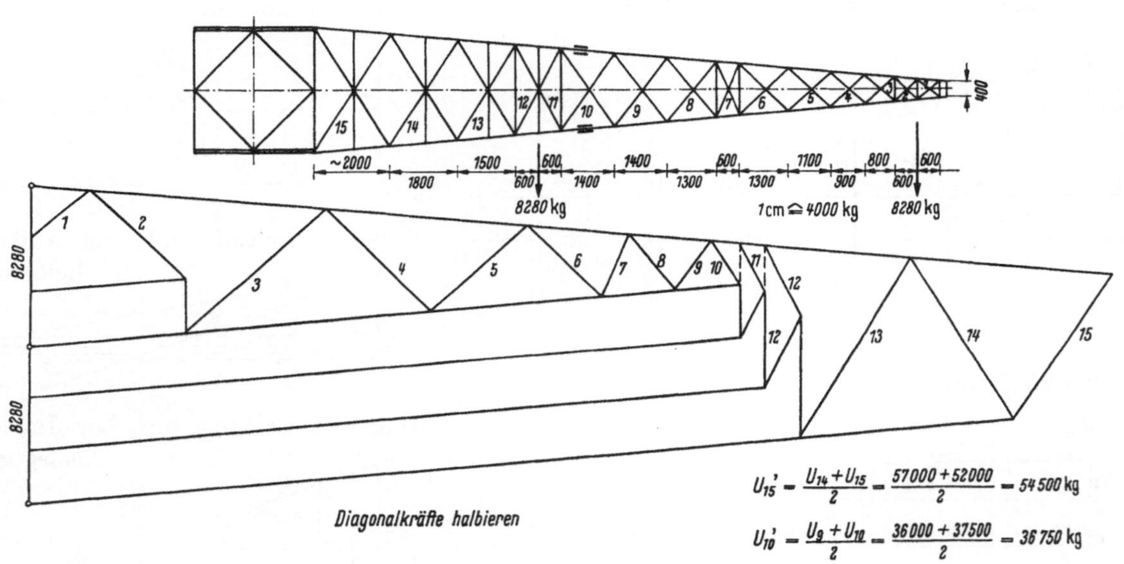

$$U_{15}' = \frac{U_{14}+U_{15}}{2} = \frac{57\,000+52\,000}{2} = 54\,500 \text{ kg}$$

$$U_{10}' = \frac{U_9+U_{10}}{2} = \frac{36\,000+37\,500}{2} = 36\,750 \text{ kg}$$

Abb. 110

Eckpfosten: $Z_{+5°}$ und Wind auf Seile

Schuß 1   Punkt 9,08 m; $b = 2835,6$ mm; $e = 2762,8$ mm

Aufstellung der Momente

$$
\begin{aligned}
M = \quad & 895 \cdot 21{,}08 = 18\,890 \text{ kgm}\\
& 650 \cdot 15{,}08 = 9\,800 \text{ kgm}\\
& 10\,000 \cdot 6{,}28 = 62\,800 \text{ kgm}\\
& 950 \cdot 4{,}54 = 4\,310 \text{ kgm}
\end{aligned}
$$

$$9660 + 340$$
$$\downarrow$$
Wind auf Traverse I

Querkraft $Q = 12\,495$ kg $M = 95\,800$ kgm

Bemessung der Traverse II (s. Abb. 106—110)

Traverse II

Stab	Kraft kg	Profil	F cm²	F_z	l_k	i cm	λ	ω	σ_d kg/cm²	σ_z	Anschluß	Bemerkung
U_{15}	− 21 600 − 56 380 − 77 980	⊏ 30	58,8	—	105	2,90	36	1,11	1470	—	16 · M 24	
U_{10}	− 21 000 − 37 540 − 58 540	⊏ 26	48,3	—	140	2,56	55	1,25	1515	—	16 · M 24	8 · M 24 Steg 8 · M 24 Flansche
D_1	+ 20 500	⊐⊏ 70 · 70 · 7	18,8	15,58	—	—	—	—	—	1315	4 · M 22	(12 mm Blech)
D_2	+ 22 400	⊐⊏ 75 · 75 · 7	20,2	16,98	—	—	—	—	—	1320	4 · M 22	
D_3	− 3700	∟ 75 · 75 · 8	11,5	—	235	1,46	161	4,38	1410	—	2 · M 16	
$D_3{}'$	+ 2500	∟ 50 · 50 · 5	4,80	3,16	—	—	—	—	—	790	2 · M 16	
D_4	− 3700	∟ 90 · 90 · 9	15,50	—	340	1,76	193	6,29	1500	—	2 · M 20	
D_5	+ 3000 − 2000	∟ 75 · 75 · 8	11,5	—	485	2,26	215	7,81	1355	—	2 · M 20	
d_2	∓ 3400	∟ 65 · 65 · 7	8,70	3,08	80	1,26	64	1,34	525	1105	1 · M 20	Flanschanschluß
d_3	∓ 4900	∟ 60 · 60 · 6	6,91	4,52	60	1,17	51	1,22	865	1080	2 · M 20	Steganschluß
d_6	∓ 2700	∟ 50 · 50 · 5	4,80	3,16	95	0,98	97	1,84	1035	855	2 · M 16	Steganschluß
d_8	∓ 3500	∟ 50 · 50 · 5	4,80	3,16	110	0,98	113	2,18	1590	1110	2 · M 16	Steganschluß
d_{10}	∓ 2500	∟ 50 · 50 · 5	4,80	3,16	130	0,98	133	2,99	1555	790	2 · M 16	Steganschluß
d_{13}	∓ 5500	∟ 65 · 65 · 7	8,70	5,78	150	1,26	119	2,39	1510	950	2 · M 20	Steganschluß
d_{14}	∓ 5000	∟ 70 · 70 · 7	9,40	6,34	170	1,37	124	2,60	1385	790	2 · M 20	Steganschluß
d_{15}	∓ 4600	∟ 70 · 70 · 7	9,40	6,34	190	1,37	139	3,26	1595	725	2 · M 20	Steganschluß

Gewichte

Mastspitze . . . . . . $=$ 600 kg

Erdseil . . . . $=$ 510 kg

6 Leiterseile . . . . . . $=$ 6120 kg

6 Ketten . . . . $=$ 3120 kg

Traverse I, Schuß 1 . . $=$ 5250 kg

$$G\,I = 15\,600\ \text{kg}$$

$$\pm S = \frac{95\,800}{2\cdot 2{,}76} = 17\,350\ \text{kg}$$

$$G/4 = 3\,900\ \text{kg}$$

Eckstieldruckkraft $- S = 21\,250$ kg

Eckstielzugkraft $\quad + S = 13\,450$ kg

$$\boxed{\llcorner\ 130 \cdot 130 \cdot 12}\qquad \boxed{8 \cdot \text{M}\,24}\qquad \text{Stumpfstoß, einschnittig}$$

$$F = 30{,}0\ \text{cm}^2;\qquad F_z = 24{,}0\ \text{cm}^2\ (2\cdot 2{,}5\ \varnothing);\qquad i = 2{,}54\ \text{cm};\qquad l_k = 180\ \text{cm}$$

$$\lambda = \frac{180}{2{,}54} = 71\qquad \omega = 1{,}42$$

$$\sigma_d = \frac{1{,}42\cdot 21\,250}{30{,}0} = 1010\ \text{kg/cm}^2 \qquad\qquad \sigma_z = \frac{13\,450}{24{,}0} = 560\ \text{kg/cm}^2$$

$$\sigma_s = \frac{21\,250}{8\cdot 4{,}52} = 585\ \text{kg/cm}^2 \qquad\qquad \sigma_l = \frac{21\,250}{8\cdot 2{,}4\cdot 1{,}2} = 925\ \text{kg/cm}^2$$

Schuß 2   Punkt 17,05 m; $l = 7{,}97$ m; $b = 3393{,}5$ mm; $e = 3303{,}7$ mm

$$
\begin{aligned}
M = \quad &895 \cdot 29{,}05 = 26\,000\ \text{kgm}\\
&650 \cdot 23{,}05 = 15\,000\ \text{kgm}\\
10\,000 &\cdot 14{,}25 = 142\,500\ \text{kgm}\\
&950 \cdot 12{,}51 = 11\,900\ \text{kgm}\\
10\,100 &\cdot\ 3{,}25 = 32\,820\ \text{kgm}\\
1\,000 &\cdot\ 3{,}99 = 3\,990\ \text{kgm}
\end{aligned}
$$

$9660 + 340$

↓

Wind auf Traverse I

$9660 + 440$

↓

Wind auf Traverse II

$$Q = 23\,595\ \text{kg}\qquad M = 232\,210\ \text{kgm}$$

Gewichte

$G\,I$ . . . . $=$ 15600 kg

6 Leiterseile . . . . . . $=$ 6120 kg

6 Ketten . . . . $=$ 3120 kg

Traverse II, Schuß 2 . . $=$ 7960 kg

$$G\,II = 32\,800\ \text{kg}$$

$$\pm S = \frac{232\,210}{2\cdot 3{,}30} = 35\,200\ \text{kg}$$

$$G/4 = 8\,200\ \text{kg}$$

$$- S = 43\,400\ \text{kg}$$

$$+ S = 27\,000\ \text{kg}$$

$$\boxed{\llcorner\ 160 \cdot 160 \cdot 15}\qquad \boxed{12 \cdot \text{M}\,24}\qquad \text{Stumpfstoß, einschnittig}$$

$$F = 46{,}10\ \text{cm}^2;\qquad F_z = 38{,}60\ \text{cm}^2\ (2\cdot 2{,}5\ \varnothing);\qquad i = 3{,}14\ \text{cm};\qquad l_k = 225\ \text{cm}$$

$$\lambda = \frac{225}{3{,}14} = 72\qquad \omega = 1{,}44$$

$$\sigma_d = \frac{1{,}44\cdot 43\,400}{46{,}10} = 1355\ \text{kg/cm}^2 \qquad\qquad \sigma_z = \frac{27\,000}{38{,}6} = 700\ \text{kg/cm}^2$$

$$\sigma_s = \frac{43\,400}{12\cdot 4{,}52} = 800\ \text{kg/cm}^2 \qquad\qquad \sigma_l = \frac{43\,400}{12\cdot 2{,}4\cdot 1{,}5} = 1005\ \text{kg/cm}^2$$

Schuß 3   Punkt 24,00 m; $l = 6{,}95$ m; $b = 3880$ mm; $e = 3779{,}6$ mm

$$
\begin{aligned}
M = \text{in Punkt } 17{,}05\ \text{m} &= 232\,210\ \text{kgm}\\
23\,595 \cdot 6{,}95 \quad &\quad 163\,800\ \text{kgm}\\
950 \cdot 3{,}475 \quad &= 3\,300\ \text{kgm}
\end{aligned}
$$

$$Q = 24\,545\ \text{kg}\qquad M = 399\,310\ \text{kgm}$$

Gewichte

$G\,II$ . . . . $=$ 32800 kg

Schuß 3 . . . . $=$ 2800 kg

$$G\,III = 35\,600\ \text{kg}$$

$$\pm S = \frac{399\,310}{2\cdot 3{,}78} = 52\,700\ \text{kg}$$

$$G/4 = 8\,900\ \text{kg}$$

$$- S = 61\,600\ \text{kg}\qquad + S = 43\,800\ \text{kg}$$

$\boxed{\llcorner\ 180 \cdot 180 \cdot 16}$ $\qquad$ $\boxed{10 \cdot M\,24}$ $\quad$ Zweischnittig

$$F = 55{,}4\ \text{cm}^2;\qquad F_z = 47{,}4\ \text{cm}^2\ (2 \cdot 2{,}5\ \varnothing);\qquad i = 3{,}50\ \text{cm};\qquad l_k = 235\ \text{cm}$$

$$\lambda = \frac{235}{3{,}50} = 67 \qquad \omega = 1{,}37$$

$$\sigma_d = \frac{1{,}37 \cdot 61\,600}{55{,}4} = 1525\ \text{kg/cm}^2 \qquad\qquad \sigma_z = \frac{43\,800}{47{,}4} = 925\ \text{kg/cm}^2$$

$$\sigma_s = \frac{61\,600}{2 \cdot 10 \cdot 4{,}52} = 680\ \text{kg/cm}^2 \qquad\qquad \sigma_l = \frac{61\,600}{10 \cdot 2{,}4 \cdot 1{,}6} = 1600\ \text{kg/cm}^2$$

Schuß 4 $\qquad$ Punkt 28,95 m; $\qquad l = 4{,}95$ m; $\qquad b = 4226{,}5$ mm; $\qquad e = 4116{,}1$ mm

$$
\begin{aligned}
M = \text{in Punkt } 24{,}0\ \text{m} &= 399\,310\ \text{kgm}\\
24\,545 \cdot 4{,}95 &= 121\,500\ \text{kgm}\\
750 \cdot 2{,}475 &= 1\,860\ \text{kgm}\\
\hline
Q = 25\,295\ \text{kg} \qquad M &= 522\,670\ \text{kgm}
\end{aligned}
$$

Gewichte

$$
\begin{aligned}
G\,III\ \ldots\ldots\ldots &= 35\,600\ \text{kg} \qquad\qquad &\pm S = \frac{522\,670}{2 \cdot 4{,}12} &= 63\,400\ \text{kg}\\
\text{Schuß 4}\ \ldots\ldots\ldots &= 2\,000\ \text{kg} \qquad\qquad & G/4 &= 9\,400\ \text{kg}\\
\hline
G\,IV &= 37\,600\ \text{kg} \qquad\qquad & -S &= 72\,800\ \text{kg}\\
& & +S &= 54\,000\ \text{kg}
\end{aligned}
$$

$\boxed{\llcorner\ 200 \cdot 200 \cdot 16}$ $\qquad$ $\boxed{10 \cdot M\,24}$ $\quad$ Zweischnittig

$$F = 61{,}8\ \text{cm}^2;\qquad F_z = 53{,}8\ \text{cm}^2\ (2 \cdot 2{,}5\ \varnothing);\qquad i = 3{,}91\ \text{cm};\qquad l_k = 255\ \text{cm}$$

$$\lambda = \frac{255}{3{,}91} = 65 \qquad \omega = 1{,}35$$

$$\sigma_d = \frac{1{,}35 \cdot 72\,800}{61{,}8} = 1590\ \text{kg/cm}^2 \qquad\qquad \sigma_z = \frac{54\,000}{53{,}8} = 1005\ \text{kg/cm}^2$$

$$\sigma_s = \frac{72\,800}{2 \cdot 10 \cdot 4{,}52} = 805\ \text{kg/cm}^2 \qquad\qquad \sigma_l = \frac{72\,800}{10 \cdot 2{,}4 \cdot 1{,}6} = 1900\ \text{kg/cm}^2$$

Schuß 5 $\qquad$ Punkt 36,79 m; $\qquad l = 7{,}84$ m; $\qquad b = 5625{,}5$ mm; $\qquad e = 5513{,}5$ mm

$$
\begin{aligned}
M = \text{in Punkt } 28{,}95\ \text{m} &= 522\,670\ \text{kgm}\\
25\,295 \cdot 7{,}84 &= 198\,500\ \text{kgm}\\
1\,150 \cdot 3{,}92 &= 4\,510\ \text{kgm}\\
\hline
Q = 26\,445\ \text{kg} \qquad M &= 725\,680\ \text{kgm}
\end{aligned}
$$

Gewichte

$$
\begin{aligned}
G\,IV\ \ldots\ldots\ldots &= 37\,600\ \text{kg} \qquad\qquad &\pm S = \frac{725\,680}{2 \cdot 5{,}52} &= 65\,700\ \text{kg}\\
\text{Schuß 5}\ \ldots\ldots\ldots &= 3\,600\ \text{kg} \qquad\qquad & G/4 &= 10\,300\ \text{kg}\\
\hline
G\,V &= 41\,200\ \text{kg} \qquad\qquad & -S &= 76\,000\ \text{kg}\\
& & +S &= 55\,400\ \text{kg}
\end{aligned}
$$

$\boxed{\llcorner\ 200 \cdot 200 \cdot 18}$ $\qquad$ $\boxed{10 \cdot M\,24}$ $\quad$ Zweischnittig

$$F = 69{,}1\ \text{cm}^2;\qquad F_z = 60{,}10\ \text{cm}^2\ (2 \cdot 2{,}5\ \varnothing);\qquad i = 3{,}90\ \text{cm};\qquad l_k = 270\ \text{cm}$$

$$\lambda = \frac{270}{3{,}90} = 69 \qquad \omega = 1{,}40$$

$$\sigma_d = \frac{1{,}40 \cdot 76\,000}{69{,}1} = 1540\ \text{kg/cm}^2 \qquad\qquad \sigma_z = \frac{55\,400}{60{,}10} = 920\ \text{kg/cm}^2$$

$$\sigma_s = \frac{76\,000}{2 \cdot 10 \cdot 4{,}52} = 840\ \text{kg/cm}^2 \qquad\qquad \sigma_l = \frac{76\,000}{10 \cdot 2{,}4 \cdot 1{,}8} = 1760\ \text{kg/cm}^2$$

Diagonalen

Punkt $3{,}68$ m; $b = 2457{,}6$ mm; $e = 2384{,}8$ mm

Normalbelastung $<$ Ausnahmebelastung   *Ausnahmebelastung* 380 kV $(180°)$

$$M_d = 103\,500 \text{ kgm}$$
$$M_b = 8280 \cdot 0{,}88 = \quad 7300 \text{ kgm}$$
$$Q = 8280 \text{ kg} \qquad M = 7300 \text{ kgm}$$

$$Q_r = \frac{103\,500}{2 \cdot 2{,}38} + \frac{8280}{2} - \frac{7300 \cdot 0{,}07}{2 \cdot 2{,}38}$$
$$= 21\,750 + 4140 - 107 = 25\,783 \text{ kg}$$

$$Q_N = 25\,783 \cdot \frac{1600}{2200} = (18\,720) \text{ Normalbelastung}$$

$$\cos 36°12' = 0{,}807$$

$$D = \frac{18\,720}{2 \cdot 0{,}807} = 11\,600 \text{ kg}$$

$$\boxed{\llcorner 80 \cdot 80 \cdot 8} \qquad \boxed{3 \cdot \text{M } 22}$$

$$F = 12{,}3 \text{ cm}^2; \qquad F_z = 8{,}37 \text{ cm}^2; \qquad i = 1{,}55 \text{ cm}; \qquad l_k = 0{,}9 \cdot 156 = 140 \text{ cm}$$

$$\lambda = \frac{140}{1{,}55} = 90 \qquad \omega = 1{,}71$$

$$\sigma_d = \frac{1{,}71 \cdot 11\,600}{12{,}3} = 1612 \text{ kg/cm}^2 \sim 1\% > \sigma_{zul} \qquad\qquad \sigma_z = \frac{11\,600}{8{,}37} = 1385 \text{ kg/cm}^2$$

$$\sigma_s = \frac{11\,600}{3 \cdot 3{,}8} = 1015 \text{ kg/cm}^2 \qquad\qquad \sigma_l = \frac{11\,600}{3 \cdot 2{,}2 \cdot 0{,}8} = 2195 \text{ kg/cm}^2$$

Punkt $9{,}08$ m; $b = 2835{,}6$ mm; $e = 2762{,}8$ mm

Normalbelastung $<$ Ausnahmebelastung   *Ausnahmebelastung* 380 kV $(180°)$

$$M_d = 103\,500 \text{ kgm}$$
$$M_b = 8280 \cdot 6{,}28 = 52\,000 \text{ kgm}$$
$$Q = 8280 \text{ kg} \qquad M = 52\,000 \text{ kgm}$$

$$Q_r = \frac{103\,500}{2 \cdot 2{,}76} + \frac{8280}{2} - \frac{52\,000 \cdot 0{,}07}{2 \cdot 2{,}76}$$
$$= 18\,750 + 4140 - 658 = 22\,232 \text{ kg}$$

$$Q_N = 22\,232 \cdot \frac{1600}{2200} = (16\,200) \text{ Normalbelastung}$$

$$\cos 32°20' = 0{,}843 \qquad D = \frac{16\,200}{2 \cdot 0{,}843} = 9600 \text{ kg}$$

$$\boxed{\llcorner 80 \cdot 80 \cdot 8} \qquad \boxed{3 \cdot \text{M } 22}$$

$$F = 12{,}3 \text{ cm}^2; \qquad F_z = 8{,}37 \text{ cm}^2; \qquad i = 1{,}55 \text{ cm}; \qquad l_k = 0{,}9 \cdot 171{,}4 = 154 \text{ cm}$$

$$\lambda = \frac{154}{1{,}55} = 99 \qquad \omega = 1{,}88$$

$$\sigma_d = \frac{1{,}88 \cdot 9600}{12{,}3} = 1465 \text{ kg/cm}^2 \qquad\qquad \sigma_z = \frac{9600}{8{,}37} = 1145 \text{ kg/cm}^2$$

$$\sigma_s = \frac{9600}{3 \cdot 3{,}8} = 840 \text{ kg/cm}^2 \qquad\qquad \sigma_l = \frac{9600}{3 \cdot 2{,}2 \cdot 0{,}8} = 1820 \text{ kg/cm}^2$$

Punkt $17{,}05$ m; $l = 7{,}97$ m; $b = 3393{,}5$ mm; $e = 3303{,}7$ mm

Normalbelastung $<$ Ausnahmebelastung   *Ausnahmebelastung* 380 kV $(165°)$

$$M_d = 143\,600 \text{ kgm}$$
$$M_b = \quad 540 \cdot 29{,}05 = 15\,700 \text{ kgm}$$
$$4320 \cdot 14{,}25 = 61\,600 \text{ kgm}$$
$$7560 \cdot 3{,}25 = 24\,600 \text{ kgm}$$
$$Q = 12\,420 \text{ kg} \qquad M = 101\,900 \text{ kgm}$$

$$Q_r = \frac{143\,600}{2\cdot 3{,}30} + \frac{12\,420}{2} - \frac{101\,900\cdot 0{,}07}{2\cdot 3{,}30}$$

$$= \sim 21\,800 + 6210 - 1080 = 26\,930 \text{ kg}$$

$$Q_N = 26\,930 \cdot \frac{1600}{2200} = (19\,600) \text{ Normalbelastung}$$

$$\cos 33°18' = 0{,}836 \qquad D = \frac{19\,600}{2\cdot 0{,}836} = 11\,700 \text{ kg}$$

$\boxed{\llcorner 90\cdot 90\cdot 9}$ $\qquad\qquad$ $\boxed{3\cdot M\,22}$

$$F = 15{,}5 \text{ cm}^2; \qquad F_z = 10{,}74 \text{ cm}^2; \qquad i = 1{,}76 \text{ cm}; \qquad l_k = 0{,}9\cdot 208 = 187 \text{ cm}$$

$$\lambda = \frac{187}{1{,}76} = 106 \qquad \omega = 2{,}02$$

$$\sigma_d = \frac{2{,}02\cdot 11\,700}{15{,}5} = 1525 \text{ kg/cm}^2 \qquad\qquad \sigma_z = \frac{11\,700}{10{,}74} = 1090 \text{ kg/cm}^2$$

$$\sigma_s = \frac{11\,700}{3\cdot 3{,}8} = 1025 \text{ kg/cm}^2 \qquad\qquad \sigma_l = \frac{11\,700}{3\cdot 2{,}2\cdot 0{,}9} = 1970 \text{ kg/cm}^2$$

Punkt 28,95 m; $\qquad l = 4{,}95$ m; $\qquad b = 4226{,}5$ mm; $\qquad e = 4116{,}1$ mm

Normalbelastung $<$ Ausnahmebelastung $\qquad\qquad$ *Ausnahmebelastung* 380 kV (165°)

$$M_d = 143\,600 \text{ kgm}$$
$$M_b = \text{in Punkt } 24{,}0 \text{ m} = 188\,400 \text{ kgm}$$
$$\underline{\qquad 12\,420\cdot 4{,}95 \qquad = \quad 61\,500 \text{ kgm}}$$
$$Q = 12\,420 \text{ kg} \qquad M = 249\,900 \text{ kgm}$$

$$Q_r = \frac{143\,600}{2\cdot 4{,}12} + \frac{12\,420}{2} - \frac{249\,900\cdot 0{,}07}{2\cdot 4{,}12}$$

$$= 17\,420 + 6210 - 2120 = 21\,510 \text{ kg}$$

$$Q_N = 21\,510 \cdot \frac{1600}{2200} = (15\,650) \text{ Normalbelastung}$$

$$\cos 31°12' = 0{,}8554 \qquad D = \frac{15\,650}{2\cdot 0{,}8554} = 9150 \text{ kg}$$

$\boxed{\llcorner 90\cdot 90\cdot 9}$ $\qquad\qquad$ $\boxed{3\cdot M\,20}$

$$F = 15{,}5 \text{ cm}^2; \qquad F_z = 10{,}89 \text{ cm}^2; \qquad i = 1{,}76 \text{ cm}; \qquad l_k = 0{,}9\cdot 249 = 224 \text{ cm}$$

$$\lambda = \frac{224}{1{,}76} = 127 \qquad \omega = 2{,}72$$

$$\sigma_d = \frac{2{,}72\cdot 9150}{15{,}5} = 1605 \text{ kg/cm}^2 \qquad\qquad \sigma_z = \frac{9150}{10{,}89} = 840 \text{ kg/cm}^2$$

$$\sigma_s = \frac{9150}{3\cdot 3{,}14} = 970 \text{ kg/cm}^2 \qquad\qquad \sigma_l = \frac{9150}{3\cdot 2{,}0\cdot 0{,}9} = 1695 \text{ kg/cm}^2$$

Punkt 36,79 m; $\qquad l = 7{,}84$ m; $\qquad b = 5625{,}5$ mm; $\qquad e = 5513{,}5$ mm

Ausnahmebelastung 380 kV (180°)

$$M_d = 144\,900 \text{ kgm}$$
$$M_b = 8280\cdot 22{,}99 = 190\,000 \text{ kgm}$$
$$\underline{Q = 8280 \text{ kg} \qquad M = 190\,000 \text{ kgm}}$$

$$Q_r = \frac{144\,900}{2\cdot 5{,}51} + \frac{8280}{2} - \frac{190\,000\cdot 0{,}2}{2\cdot 5{,}51}$$

$$= 13\,120 + 4140 - 3440 = 13\,820 \text{ kg}$$

$$Q_N = 13\,820 \cdot \frac{1600}{2200} = (10\,050) \text{ Normalbelastung}$$

$$\cos 25°36' = 0{,}9018 \qquad D = \frac{10\,050}{2\cdot 0{,}9018} = 5575 \text{ kg}$$

$$\boxed{\llcorner 90 \cdot 90 \cdot 11} \qquad\qquad \boxed{2 \cdot M\,20}$$

$$F = 18,70 \text{ cm}^2; \qquad F_z = 13,10 \text{ cm}^2; \qquad i = 1,75 \text{ cm}; \qquad l_k = 0,9 \cdot 325 = 293 \text{ cm}$$

$$\lambda = \frac{293}{1,75} = 168 \qquad \omega = 4,77$$

$$\sigma_d = \frac{4,77 \cdot 5575}{18,7} = 1420 \text{ kg/cm}^2 \qquad\qquad \sigma_z = \frac{5575}{13,10} = 425 \text{ kg/cm}^2$$

$$\sigma_s = \frac{5575}{2 \cdot 3,14} = 885 \text{ kg/cm}^2 \qquad\qquad \sigma_l = \frac{5575}{2 \cdot 2,0 \cdot 1,1} = 1265 \text{ kg/cm}^2$$

III. Gründung

Punkt 38,50 m; $l = 1,71$ m; $b = 5967,5$ mm; $e = 5855,5$ mm

$$M f = \text{in Punkt } 36,79 \text{ m} = 725\,680 \text{ kgm}$$
$$26\,445 \cdot 1,71 \qquad = \quad 45\,220 \text{ kgm}$$
$$M = 770\,900 \text{ kgm}$$

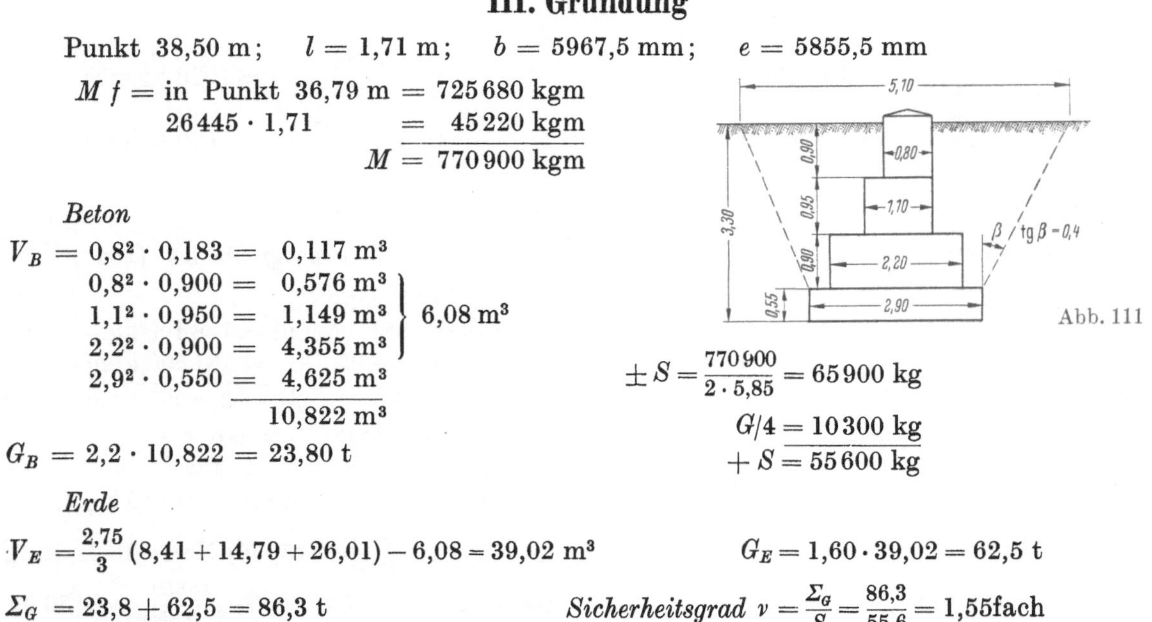

Beton

$$V_B = 0,8^2 \cdot 0,183 = 0,117 \text{ m}^3$$
$$\left. \begin{array}{l} 0,8^2 \cdot 0,900 = 0,576 \text{ m}^3 \\ 1,1^2 \cdot 0,950 = 1,149 \text{ m}^3 \\ 2,2^2 \cdot 0,900 = 4,355 \text{ m}^3 \\ 2,9^2 \cdot 0,550 = 4,625 \text{ m}^3 \end{array} \right\} 6,08 \text{ m}^3$$
$$\overline{\qquad\qquad 10,822 \text{ m}^3}$$

$$G_B = 2,2 \cdot 10,822 = 23,80 \text{ t}$$

$$\pm S = \frac{770\,900}{2 \cdot 5,85} = 65\,900 \text{ kg}$$

$$G/4 = 10\,300 \text{ kg}$$
$$+ S = 55\,600 \text{ kg}$$

Erde

$$V_E = \frac{2,75}{3}(8,41 + 14,79 + 26,01) - 6,08 = 39,02 \text{ m}^3 \qquad\qquad G_E = 1,60 \cdot 39,02 = 62,5 \text{ t}$$

$$\Sigma_G = 23,8 + 62,5 = 86,3 \text{ t} \qquad\qquad \textit{Sicherheitsgrad } v = \frac{\Sigma_G}{S} = \frac{86,3}{55,6} = 1,55\text{fach}$$

14. Berechnungsbeispiel
Geschweißter Flachmast in Rahmenkonstruktion

Der Flachmast besteht aus 2 Eckstielen und den waagerecht angeordneten Querblechen, die miteinander verbunden sind. Die Querbleche sind in bestimmten Abständen zwischen den Flanschen der Eckstiele angeschweißt. Durch die Belastung des Mastes in Richtung der Querbleche erhält der Eckstiel Zug-, Druck- und Biegespannungen. Die Zug- und Druckspannungen werden in der für Maste mit Diagonalverstrebung üblichen Weise errechnet. Um die Biegespannungen berechnen zu können, sind zunächst die Wendepunkte der Biegelinie zu bestimmen, in welchem das Biegemoment Null wird. Da die Schrägstellung der Eckstiele sehr gering ist, können mit genügender Annäherung die Wendepunkte in der Mitte der Felder liegend angenommen werden. Der weitere Gang der Berechnung ist in dem folgenden Zahlenbeispiel erläutert. Hierbei wird zweckmäßig das oberste und unterste Feld der Querbleche berechnet, nachdem zuvor die Feldteilung für den ganzen Mast festgelegt ist.

Flachmast für 800 kg Spitzenzug, $9 + 2 = 11,0$ m lang

Für die Eckstiele ist $\sqsubset 12$ gewählt und für die Querbleche Flacheisen $125 \cdot 8$. Die äußere Breite des Mastes am Kopf beträgt 160 mm, mithin ergibt sich der Abstand der Schwerpunkte zu $160 - 2 \cdot 16 = 128$ mm. Die Zunahme der Mastbreite beträgt 34 mm/m. Die Konstruktion des Mastes zeigen die Abbildungen 112 bis 115.

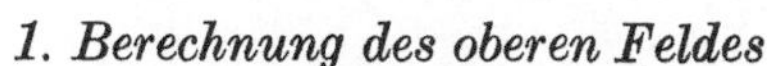

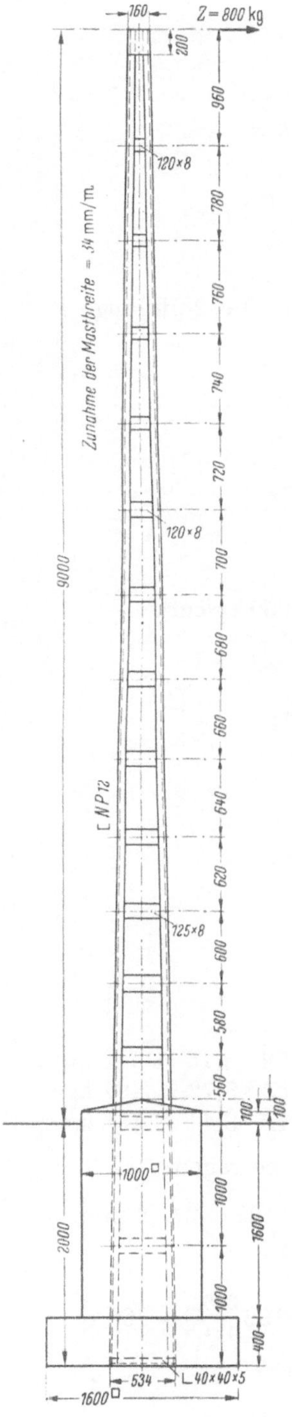

1. Berechnung des oberen Feldes

Der Winddruck auf den Mast ergibt sich zu:

$$W = 70 \cdot 2{,}6 \cdot 0{,}12 = 22 \text{ kg/m}$$

Hiernach betragen die Windlasten

1. für die Strecke bis zum Wendepunkt des oberen Feldes

$$22 \cdot 0{,}555 = 12 \text{ kg}$$

2. für die Strecke bis zum Wendepunkt des zweiten Feldes

$$22 \cdot 1{,}35 = 30 \text{ kg}$$

3. für die Strecke bis zum ersten Querblech . . . $22 \cdot 0{,}96 = 21$ kg

In den Angriffspunkten der Windlast beträgt die Mastbreite, bezogen auf den Schwerpunktsabstand der Eckstiele

zu 1.: $34 \dfrac{0{,}555}{2} + 128 = 137{,}4$ mm,

zu 2.: $34 \dfrac{1{,}35}{2} + 128 = 151$ mm.

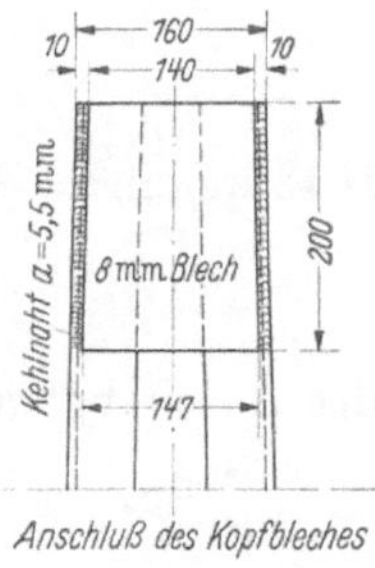

Anschluß des Kopfbleches

Abb. 113

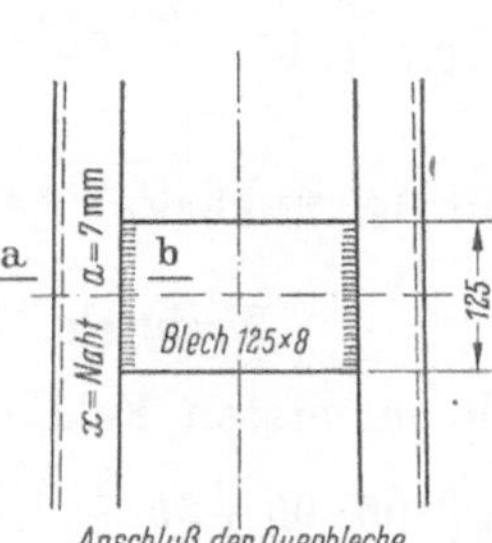

Anschluß der Querbleche

Abb. 114

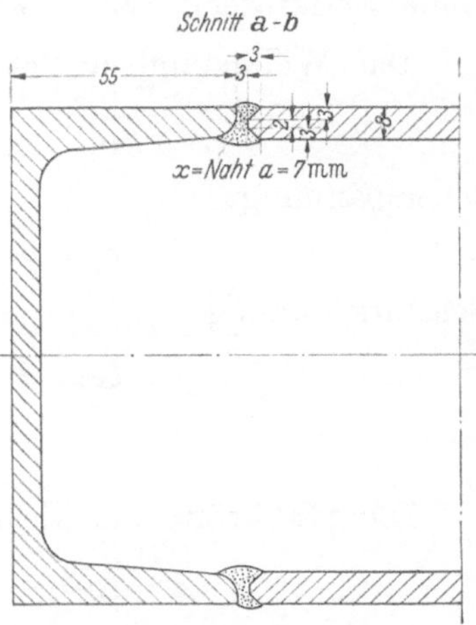

Schnitt a-b

Abb. 115

Die Querkräfte im Schnitt der Wendepunkte betragen:

$$\text{zu 1.:} \quad 800 \frac{128}{146{,}8} + 12 \frac{137{,}4}{146{,}8} = 709 \text{ kg},$$

$$\text{zu 2.:} \quad 800 \frac{128}{174} + 30 \frac{151}{174} = 614 \text{ kg}.$$

Die entsprechenden Biegungsmomente ergeben für:

$$M_{10} = + \frac{709}{2} \cdot \frac{81}{2} = \quad 14350 \text{ kgcm und}$$

$$M_{12} = - \frac{614}{2} \cdot \frac{78}{2} = -12000 \text{ kgcm}$$

$$M_1 = M_{10} - M_{12} = 14350 + 12000 = 26350 \text{ kgcm}.$$

Scherkraft in der Mittellinie des Querbleches:

$$T = \frac{M_1}{\frac{b_1}{2}} = \frac{M_1 \cdot 2}{b_1} = \frac{26350 \cdot 2}{160{,}6} = 3280 \text{ kg}$$

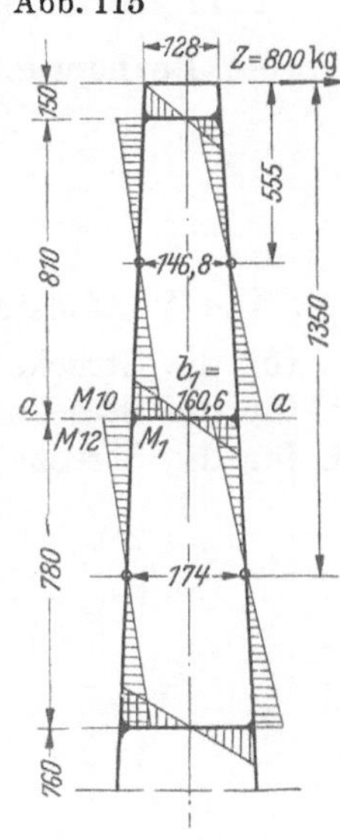

Abb. 116

Momente in der Schweißfuge

$$M = Ta = 3280 \cdot 4{,}13 = 13550 \text{ kgcm} \left(a = \frac{16{,}06}{2} - 3{,}9 = 4{,}13 \text{ cm}\right)$$

Das Querblech $125 \cdot 8$ hat ein Widerstandsmoment:

$$W = \frac{1}{6} \cdot 0{,}8 \cdot 12{,}5^2 = 20{,}8 \text{ cm}^3$$

Somit Normalspannung:

$$\sigma_1 = \frac{M}{W} = \frac{13550}{20{,}8} = 651 \text{ kg/cm}^2$$

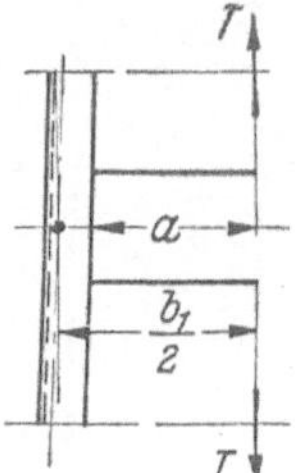

Abb. 117

Abb. 112

und Scherspannung

$$\tau = \frac{T}{F} = \frac{3280}{0,8 \cdot 12,5} = 328 \ \text{kg/cm}^2$$

Gesamtspannung:

$$\sigma_{\max} = \frac{1}{2}\left(\sigma_1 + \sqrt{\sigma_1^2 + 4\tau^2}\right)$$
$$= \frac{1}{2}\left(651 + \sqrt{651^2 + 4 \cdot 328^2}\right) = 787 \ \text{kg/cm}^2$$

Schweißnaht

Die Stärke a der Schweißnaht am Flansch der Profile beträgt 7 mm. Die Nutzlänge l (ohne Endkrater): $12,5 - 2 \cdot 0,7 = 11,1$ cm.

Das Widerstandsmoment hierfür: $W = \frac{1}{6} \cdot 0,7 \cdot 11,1^2 = 14,3 \ \text{cm}^3$.

$$\varrho_1 = \frac{M}{W} = \frac{13550}{14,3} = 945 \ \text{kg/cm}^2$$

Scherspannung:

$$\varrho_2 = \frac{T}{F} = \frac{3280}{0,7 \cdot 11,1} = 422 \ \text{kg/cm}^2.$$

Gesamtspannung:

$$\varrho_{\max} = \sqrt{\varrho_1^2 + \varrho_2^2} = \sqrt{945^2 + 422^2} = 1042 \ \text{kg/cm}^2. \quad < 1050 \ \text{kg/cm}^2.$$

Eckstiele

Die Stabkräfte der Eckstiele im ersten Feld (Schnitt a—a) betragen:

$$\pm S_1 = \frac{1}{16,06}\left(800 \cdot 96 + 21\,\frac{96}{2}\right) \pm \frac{600}{2} = \pm\,\frac{4550}{5150}\ \text{kg}.$$

$\llcorner$ 12 hat einen Querschnitt von $F_{br} = 17,0 \ \text{cm}^2$ und $W_y = 11,1 \ \text{cm}^3$.

Größte Beanspruchung:

$$\sigma = \frac{-S_1}{F_{br}} + \frac{M_{10}}{W_y} = \frac{5150}{17,0} + \frac{14350}{11,1} = 1595 \ \text{kg/cm}^2$$

2. Berechnung des unteren Feldes

Die Windlasten betragen:

1. für die Strecke bis zum Wendepunkt des vorletzten Feldes . . . . $22 \cdot 8,15 = 180$ kg
2. für die Strecke bis zum Wendepunkt des letzten Feldes . . . . . $22 \cdot 8,72 = 192$ kg
3. für die Strecke bis zur Mitte des unteren Querbleches . . . . . . $22 \cdot 8,44 = 186$ kg

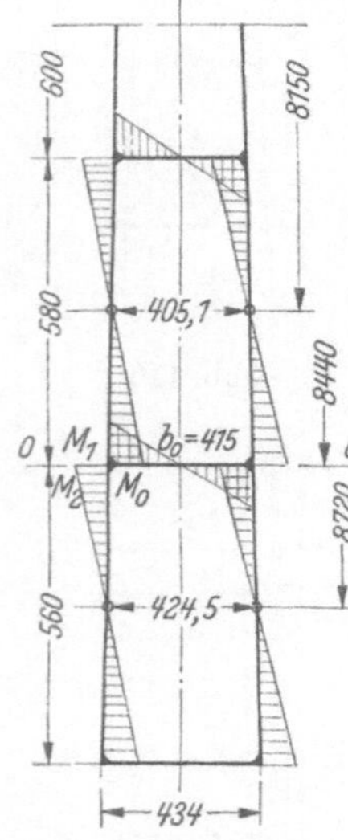

Die Mastbreiten in den Angriffspunkten der Windlast betragen

zu 1.: $34\,\frac{8,15}{2} + 128 = 266,5$ mm, $\qquad$ zu 2.: $34\,\frac{8,72}{2} + 128 = 276,2$ mm.

Die Querkräfte im Schnitt der Wendepunkte betragen

zu 1.: $800\,\frac{128}{405,1} + 180\,\frac{266,5}{405,1} = 371$ kg, $\qquad$ zu 2.: $800\,\frac{128}{424,5} + 192\,\frac{276,2}{424,5} = 366$ kg.

Die entsprechenden Biegungsmomente ergeben sich für:

$$M_1 = \frac{371}{2}\,\frac{58}{2} = 5380\ \text{kgcm}; \quad M_2 = -\frac{366}{2}\,\frac{56}{2} = -5120\ \text{kgcm};$$

$$M_0 = M_1 - M_2 = 5380 + 5120 = 10500\ \text{kgcm (Abb. 118)}$$

Scherkraft in der mittleren Vertikallinie des Querbleches:

$$T = \frac{M_0}{\frac{b_0}{2}} = \frac{2\,M_0}{b_0} = \frac{2 \cdot 10500}{41,5} = 506 \ \text{kg}.$$

Moment in der Schweißfuge:

$$M = Ta = 506\left(\frac{41,5}{2} - 3,9\right) = 8540 \ \text{kgcm}.$$

Abb. 118

Diese Werte sind kleiner als die entsprechenden des oberen Feldes, so daß sich der Spannungsnachweis erübrigt.

Eckstiele

Die Stabkräfte der Eckstiele im Schnitt o—o:

$$\pm S_0 = \frac{1}{41,5}\left(800 \cdot 844 + 186\,\frac{844}{2}\right) \pm \frac{800}{2} = \pm\,\frac{17720}{18520}\,\text{kg}.$$

Größte Beanspruchung:

$$\sigma_0 = \frac{-S_0}{F_{br}} + \frac{M_1}{W_y} = \frac{18520}{17,0} + \frac{5380}{11,1} = 1575\ \text{kg/cm}^2.$$

3. Fundament

Das Fundament ist gerechnet nach den Formeln von G. SULZBERGER. Es ist Baugrund von normaler Beschaffenheit angenommen. Die Abmessungen des Fundamentes zeigt Abb. 112. Die Baugrundziffern in 2,00 m Tiefe betragen

für die obere Stufe: $C_0 = 2,00\ \text{kg/cm}^3$;

für die untere Stufe: $C_u = 3,50\ \text{kg/cm}^3$ und für die Bettungsziffer: $C_B = 1,1\,C_t$.

Es ist:

$$C_{t_1} = 1,60\,\frac{2,0}{2,0} = 1,60\ \text{kg/cm}^3;\quad C_{t_1}' = 1,60\,\frac{3,50}{2,00} = 2,80\ \text{kg/cm}^3,$$

$$C_t = 2,00\,\frac{3,50}{2,00} = 3,50\ \text{kg/cm}^3;\quad C_B = 1,1 \cdot 3,50 = 3,85\ \text{kg/cm}^3.$$

Die Belastungsflächen ergeben sich für:

$$F_1 = 1,60 \cdot 1,00\,\frac{1,60}{2} = 1,28\ \text{m}^2;\quad F_2 = \left(\frac{2,80 + 3,50}{2}\right)0,40 \cdot 1,6 = 2,016\ \text{m}^2.$$

Die Schwerpunktsabstände betragen:

$$x_1 = \frac{2}{3}\,1,60 = 1,066\ \text{m};\quad x_2 = 1,60 + \frac{0,40}{3}\cdot\frac{2\cdot 3,50 + 2,80}{3,50 + 2,80} = 1,60 + 0,207 = 1,807\ \text{m}.$$

Entfernung der Drehachse von der Erdoberkante:

$$t' = \frac{1,28 \cdot 1,066 + 2,016 \cdot 1,807}{1,28 + 2,016} = 1,52\ \text{m};\quad \text{somit } t'' = t - t' = 2,00 - 1,52 = 0,48\ \text{m}.$$

Größtes Biegungsmoment, bezogen auf den Drehpunkt D:

$$M_D = 800\,(900 + 152) + 200\left(\frac{900}{2} + 152\right) = 962\,000\ \text{kgcm}.$$

Die Erdauflast beträgt bei einem Böschungswinkel von 8°:

$$E = \left[\frac{1,60}{3}\,(2,04^2 + 1,60^2 + 2,04 \cdot 1,60) - 1,00^2 \cdot 1,60\right]1600 = 3,72 \cdot 1600 = 5950\ \text{kg}.$$

Betongewicht:

$$\left[1,60^2 \cdot 0,40 + 1,00^2\left(1,60 + 0,10 + \frac{0,10}{3}\right)\right]2200 = 2,75 \cdot 2200 = 6050\ \text{kg}.$$

Gesamtlast an der Fundamentsohle: $G = 5950 + 6050 + 550 = 12\,550\ \text{kg}.$

Von der Sohlenfläche aufgenommenes Moment:

$$M_b = G \cdot b_2\left(0,5 - \frac{2}{3}\sqrt{\frac{G}{2\,b_2^3\,C_B\,\text{tg}\,\alpha}}\right) = 12\,550 \cdot 160\left(0,5 - \frac{2}{3}\sqrt{\frac{12\,550}{2 \cdot 160^3 \cdot 3,85 \cdot 0,01}}\right) = 737\,000\ \text{kgcm}.$$

Für das Seitenmoment ergibt sich:

$$M_s \sim \frac{1}{6}\,t'^3\,b_1\,\frac{t'}{200}\,\text{tg}\,\alpha + t_2^3\,\frac{1}{3}\,b_2\,C_t\,\text{tg}\,\alpha = \frac{1}{6}\,152^3 \cdot 100\,\frac{152}{200}\cdot 0,01 + \frac{40^3}{3}\cdot 160 \cdot 3,50 \cdot 0,01 = 564\,500\ \text{kgcm},$$

$$M_b + M_s = 737\,000 + 564\,500 = 1\,301\,500\ \text{kgcm},$$

$$M_s : M_b = \frac{564\,500}{737\,000} = 0,766;$$

hierfür Sicherheitsfaktor $s = 1,06$ (Abb. 31).

Somit zulässiges Moment:

$$\frac{M_a + M_b}{s} = \frac{1\,301\,500}{1,06} = 1\,227\,000 \text{ cmkg}.$$

Vorhandenes Moment:

$$M_D = 962\,000 \text{ cmkg} \quad < 1\,227\,000 \text{ kgcm}.$$

Das gewählte Fundament ist also ausreichend.

Die größten Druckbeanspruchungen des Erdreiches betragen für:

$$\sigma_1 = \frac{C_{t_1}}{2} \frac{t'}{2} \operatorname{tg} \alpha = \frac{1,60}{2} \frac{152}{2}\, 0,01 \qquad\qquad = 0,608 \text{ kg/cm}^2$$

$$\sigma_2 = C_t\, t_2 \operatorname{tg} \alpha = 3,50 \cdot 40 \cdot 0,01 \qquad\qquad = 1,40 \quad \text{kg/cm}^2$$

$$\sigma_3 = \sqrt{\frac{2\,C_B G}{b_2} \operatorname{tg} \alpha} = \sqrt{\frac{2 \cdot 3,85 \cdot 12\,550}{160}\, 0,01} \;\; = 2,46 \quad \text{kg/cm}^2$$

4. Durchbiegung des Mastes

Die Durchbiegung an der Mastspitze bei Nutz- und Windlast beträgt:

$$f = \left(\frac{3}{5}\, P + \frac{3}{8}\, W\right) \frac{l^3}{EJ}$$

Hierin bedeuten:

P = Nutzlast,

W = Windlast auf den Mast,

l = Mastlänge über Erde,

E = Elastizitätsmodul,

J = Trägheitsmoment des Mastquerschnittes in Oberkante
Erde.

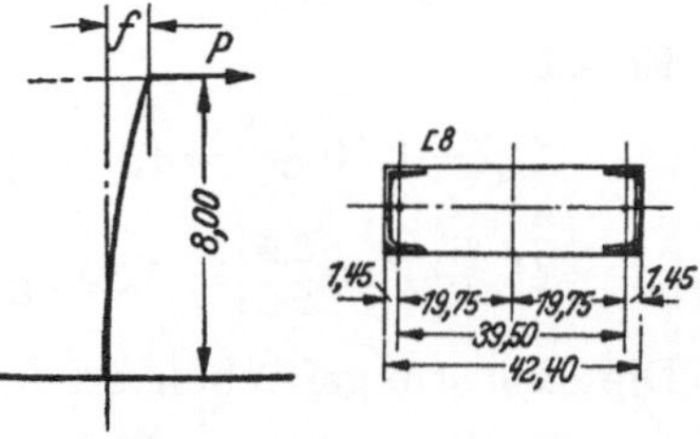

Abb. 119   Abb. 120

Es ist:
$$J_x = 2(J_y + e^2 F) = 2(43,2 + 21,7^2 \cdot 17,0) = 16\,100 \text{ cm}^4.\ (\text{Abb. 120})$$

Durchbiegung:
$$f = \left(\frac{3}{5}\, 800 + \frac{3}{8}\, 200\right) \frac{9,00^3}{2,10 \cdot 16\,100} = 12,0 \text{ cm},$$

das sind
$$\frac{12 \cdot 100}{900} = 1,33\% \text{ der freien Mastlänge.}$$

III. Anhang
1. Knickzahlen
Tabelle 1. Knickzahlen (Auszug aus DIN 4114. Knickung, Kippung, Beulung)

Tabelle 1 der Knickzahlen ω für St 37

λ	0	1	2	3	4	5	6	7	8	9	λ
20	1,04	1,04	1,04	1,05	1,05	1,06	1,06	1,07	1,07	1,08	20
30	1,08	1,09	1,09	1,10	1,10	1,11	1,11	1,12	1,13	1,13	30
40	1,14	1,14	1,15	1,16	1,16	1,17	1,18	1,19	1,19	1,20	40
50	1,21	1,22	1,23	1,23	1,24	1,25	1,26	1,27	1,28	1,29	50
60	1,30	1,31	1,32	1,33	1,34	1,35	1,36	1,37	1,39	1,40	60
70	1,41	1,42	1,44	1,45	1,46	1,48	1,49	1,50	1,52	1,53	70
80	1,55	1,56	1,58	1,59	1,61	1,62	1,64	1,66	1,68	1,69	80
90	1,71	1,73	1,74	1,76	1,78	1,80	1,82	1,84	1,86	1,88	90
100	1,90	1,92	1,94	1,96	1,98	2,00	2,02	2,05	2,07	2,09	100
110	2,11	2,14	2,16	2,18	2,21	2,23	2,27	2,31	2,35	2,39	110
120	2,43	2,47	2,51	2,55	2,60	2,64	2,68	2,72	2,77	2,81	120
130	2,85	2,90	2,94	2,99	3,03	3,08	3,12	3,17	3,22	3,26	130
140	3,31	3,36	3,41	3,45	3,50	3,55	3,60	3,65	3,70	3,75	140
150	3,80	3,85	3,90	3,95	4,00	4,06	4,11	4,16	4,22	4,27	150
160	4,32	4,38	4,43	4,49	4,54	4,60	4,65	4,71	4,77	4,82	160
170	4,88	4,94	5,00	5,05	5,11	5,17	5,23	5,29	5,35	5,41	170
180	5,47	5,53	5,59	5,66	5,72	5,78	5,84	5,91	5,97	6,03	180
190	6,10	6,16	6,23	6,29	6,36	6,42	6,49	6,55	6,62	6,69	190
200	6,57	6,82	6,89	6,96	7,03	7,10	7,17	7,24	7,31	7,38	200
210	7,45	7,52	7,59	7,66	7,73	7,81	7,88	7,95	8,03	8,10	210
220	8,17	8,25	8,32	8,40	8,47	8,55	8,63	8,70	8,78	8,86	220
230	8,93	9,01	9,09	9,17	9,25	9,33	9,41	9,49	9,57	9,65	230
240	9,73	9,81	9,89	9,97	10,05	10,14	10,22	10,30	10,39	10,47	240
250	10,55										250

Tabelle 2 der Knickzahlen ω für Baustahl St 52

λ	0	1	2	3	4	5	6	7	8	9	λ
20	1,06	1,06	1,07	1,07	1,08	1,08	1,09	1,09	1,10	1,11	20
30	1,11	1,12	1,12	1,13	1,14	1,15	1,15	1,16	1,17	1,18	30
40	1,19	1,19	1,20	1,21	1,22	1,23	1,24	1,25	1,26	1,27	40
50	1,28	1,30	1,31	1,32	1,33	1,35	1,36	1,37	1,39	1,40	50
60	1,41	1,43	1,44	1,46	1,48	1,49	1,51	1,53	1,54	1,56	60
70	1,58	1,60	1,62	1,64	1,66	1,68	1,70	1,72	1,74	1,77	70
80	1,79	1,81	1,83	1,86	1,88	1,91	1,93	1,95	1,98	2,01	80
90	2,05	2,10	2,14	2,19	2,24	2,29	2,33	2,38	2,43	2,48	90
100	2,53	2,58	2,64	2,69	2,74	2,79	2,85	2,90	2,95	3,01	100
110	3,06	3,12	3,18	3,23	3,29	3,35	3,41	3,47	3,53	3,59	110
120	3,65	3,71	3,77	3,83	3,89	3,96	4,02	4,09	4,15	4,22	120
130	4,28	4,35	4,41	4,48	4,55	4,62	4,69	4,75	4,82	4,89	130
140	4,96	5,04	5,11	5,18	5,25	5,33	5,40	5,47	5,55	5,62	140
150	5,70	5,78	5,85	5,93	6,01	6,09	6,16	6,24	6,32	6,40	150
160	6,48	6,57	6,65	6,73	6,81	6,90	6,98	7,06	7,15	7,23	160
170	7,32	7,41	7,49	7,58	7,67	7,76	7,85	7,94	8,03	8,12	170
180	8,21	8,30	8,39	8,48	8,58	8,67	8,76	8,86	8,95	9,05	180
190	9,14	9,24	9,34	9,44	9,53	9,63	9,73	9,83	9,93	10,03	190
200	10,13	10,23	10,34	10,44	10,54	10,65	10,75	10,85	10,96	11,06	200
210	11,17	11,28	11,38	11,49	11,60	11,71	11,82	11,93	12,04	12,15	210
220	12,26	12,37	12,48	12,60	12,71	12,82	12,94	13,05	13,17	13,28	220
230	13,40	13,52	13,63	13,75	13,87	13,99	14,11	14,23	14,35	14,47	230
240	14,59	14,71	14,83	14,96	15,08	15,20	15,33	15,45	15,58	15,71	240
250	15,83										250

Zwischenwerte brauchen nicht eingeschaltet zu werden.

Die Normblattangaben werden mit Genehmigung des Deutschen Normenausschusses wiedergegeben. Maßgebend ist die jeweils neueste Ausgabe des Normblattes im Normformat A 4, das bei der Beuth-Vertrieb GmbH., Berlin W 15 und Köln, erhältlich ist.

2. Seilquerschnitte
Tabelle 2. Seilquerschnitte

Starkstrom-Freileitungen Drähte und Seile	DIN 48201

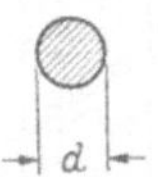

Abb. 3

Leitungsdrähte Ersatz für DIN VDE 8201,
3137 und 3139

Bezeichnung für Leitungsdraht von 10 mm² Querschnitt aus Kupfer
Leitungsdraht 10 DIN 48201 Kupfer

Querschnitt mm²		Durchmesser d	Gewicht²) für den Nennwert kg/1000 m ≈		
Nennwert	Sollwert	mm	Kupfer und Bronze I	Bronze II und III	Stahl
6	5,9	2,75	52,9	51	46,3
10	9,9	3,55	88,1	85,5	77,2
16	15,9	4,5	141,5	137,5	124

Drähte nach DIN 48200

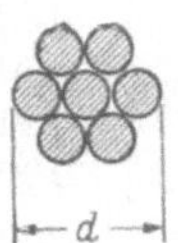

Abb. 4

Leitungsseile

Bezeichnung für 19drähtiges Leitungsseil von 50 mm² Querschnitt aus Kupfer
Leitungsseil 19drähtig 50 DIN 48201 Kupfer

Querschnitt mm²		Drähte nach DIN 48200		Seildurchmesser d mm Nennmaß	Gewicht¹)²) des Seiles kg/1000 m ≈			
Nennwert	Sollwert	Anzahl	Durchmesser		Kupfer und Bronze I	Bronze II und III	Aluminium und Aldrey	Stahl
10	10	7	1,35	4,1	84 bis 99	82 bis 96	—	73 bis 88
16	15,9	7	1,7	5,1	136 bis 155	132 bis 151	41 bis 47	115 bis 141
25	24,2	7	2,1	6,3	208 bis 236	202 bis 230	63 bis 72	175 bis 215
35	34,4	7	2,5	7,5	298 bis 332	289 bis 322	90 bis 101	252 bis 300
50	49,5	7	3	9	428 bis 467	416 bis 453	130 bis 142	368 bis 426
	48,3	19	1,8	9	416 bis 472	405 bis 459	126 bis 143	353 bis 427
70	65,8	19	2,1	10,5	566 bis 643	550 bis 625	172 bis 195	477 bis 585
95	93,2	19	2,5	12,5	809 bis 903	787 bis 878	246 bis 274	686 bis 817
120	117	19	2,8	14	1021 bis 1128	992 bis 1096	310 bis 342	869 bis 1016
150	147	37	2,25	15,8	1270 bis 1434	1235 bis 1394	385 bis 435	1073 bis 1300
185	182	37	2,5	17,5	1577 bis 1761	1533 bis 1711	478 bis 534	1337 bis 1592
240	243	61	2,25	20,3	2085 bis 2365	2036 bis 2298	635 bis 717	1770 bis 2145
300	299	61	2,5	22,5	2600 bis 2904	2527 bis 2823	789 bis 881	2205 bis 2625

¹) Die untere Grenze ist berechnet für Minus-Abweichung der Drähte und eine Schlaglänge vom 14fachen, die obere Grenze für Plus-Abweichung der Drähte und eine Schlaglänge vom 11fachen Drahtlagendurchmesser.

Schlaglänge 11- bis 14facher Drahtlagendurchmesser, Schlagrichtung bei den Mehrlagenseilen lagenweise wechselnd, die äußere Lage muß rechtsgängig sein.

²) Gerechnet für Kupfer und Bronze I   mit 8,9 kg/dm³
für Bronze II und III   mit 8,65 kg/dm³
für Aluminium und Aldrey mit 2,7 kg/dm³
für Stahl   mit 7,8 kg/dm³

Bei Verwendung ist VDE 0210 (DIN 57210) „Vorschriften für den Bau von Starkstrom-Freileitungen" zugrunde zu legen.

Werkstoff: Kupfer nach DIN 40500, gezogen
Bronze nach DIN...... (in Vorbereitung)   Aldrey
Aluminium nach DIN 40501, gezogen   Stahl nach DIN 177

Bei Ortsnetzen mit Nennspannung unter 1 kV sind bei Aluminiumleitungen vorzugsweise die Querschnitte 16, 25, 35 mm² für Hausanschlüsse und 50, 70, 95 mm² für Verteilungsleitungen zu verwenden.

Fachnormenausschuß Elektrotechnik im Deutschen Normenausschuß

Tabelle 3. Seilquerschnitte

Starkstrom-Freileitungen und elektrische Bahnen **Stahl-Aluminium-Seile**	**DIN 48204**

Bezeichnung für Stahl-Aluminium-Seil   **Stahl-Aluminium-Seil 95/15**
vom Nennquerschnitt 95/15:   **DIN 48204**

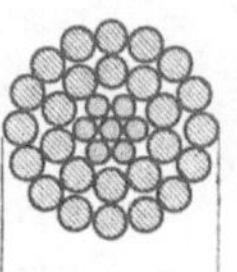

Abb. 5

Querschnitt Nennwert[1)] mm²	Sollwert für Aluminium mm²	Gesamt-querschnitt mm²	Seildurchmesser d mm	Gewicht[2)] kg/1000 m	Querschnitts-verhältnis Al/St
16/2,5	15,3	17,8	5,4	61,8	6
25/4	23,8	27,8	6,8	96,6	6
35/6	34,3	40,0	8,1	139,1	6
50/8	48,3	56,3	9,6	195,5	6
70/12	66,2	77,8	11,6	274,5	5,7
95/15	90,0	105,0	13,4	368,0	6
120/21	122,6	143,5	15,7	505,0	5,8
150/25	148,9	174,3	17,3	614,0	5,8
185/32	183,8	215,5	19,2	760,0	5,8
210/36	209,1	244,9	20,5	864,0	5,8
240/40	236,0	276,1	21,7	971,0	5,9
300/50	294,9	344,4	24,2	1208,0	6
125/29	124,6	153,7	16,1	576,0	4,3
170/40	171,8	211,9	18,9	794,0	4,3
210/50	212,1	261,6	21,0	980,0	4,3
310/100	305,2	405,2	26,6	1668,0	3
340/110	341,2	451,8	28,1	1864,0	3

Schlagrichtung bei den Mehrlagenseilen lagenweise wechselnd, die äußere Lage muß rechtsgängig sein. Schlag-länge 10- bis 14facher Drahtlagendurchmesser.

[1)] Die Stahl-Aluminium-Seile werden nach dem Nennquerschnitt des Aluminiummantels und dem Nenn-querschnitt des Stahlkerns bezeichnet.

[2)] Die Seilgewichte sind gerechnet mit 2,7 kg/dm³ für Aluminium, 7,85 kg/dm³ für Stahl und bei 1 oder 2 Lagen mit einer Schlaglänge vom 12fachen Drahtlagendurchmesser. Bei den Seilen mit 3 Al-Drahtlagen ist das Stahlseil mit 12facher, die Al-Lagen mit 12- 11,5- und 11facher Schlaglänge (von innen nach außen) gerechnet. Gewichts-abweichungen von ± 5% sind zulässig.

Aufbau

Querschnitt Nennwert mm²	Stahlkern				Aluminiummantel		
	Drähte		Seil	Querschnitt	Drähte		Seil
	Anzahl	Durchmesser mm	Durchmesser mm	mm²	Anzahl	Durchmesser mm	Drahtlagen-anzahl
16/2,5	1	1,8		2,55	6	1,8	1
25/4	1	2,25		4,0	6	2,25	1
35/6	1	2,7		5,7	6	2,7	1
50/8	1	3,2		8,0	6	3,2	1
70/12	7	1,45	4,35	11,6	26	1,8	2
95/15	7	1,65	4,95	15,0	26	2,1	2
120/21	7	1,95	5,85	20,9	26	2,45	2
150/25	7	2,15	6,45	25,4	26	2,7	2
185/32	7	2,4	7,20	31,7	26	3,0	2
210/36	7	2,55	7,65	35,8	26	3,2	2
240/40	7	2,7	8,10	40,1	26	3,4	2
300/50	7	3,0	9,0	49,5	26	3,8	2
125/29	7	2,3	6,9	29,1	30	2,3	2
170/40	7	2,7	8,1	40,1	30	2,7	2
210/50	7	3,0	9,0	49,5	30	3,0	2
310/100	19	1 · 2,92 + 18 · 2,57	13,2	100,2	78	2,23	3
340/110	19	1 · 3,1 + 18 · 2,7	13,9	110,6	78	2,36	3

Werkstoff: Aluminium nach DIN 40501. — Aluminiumdraht und Stahldraht nach DIN 48200.
Fachnormenausschuß Elektrotechnik im Deutschen Normenausschuß
Wiedergegeben mit Genehmigung des Deutschen Normenausschusses, usw.

3. Anleitung zur Durchhangsberechnung

Bei gleichmäßig verteilter Belastung hängt eine Leitung zwischen zwei Aufhängepunkten nach der Gleichung der Kettenlinie durch.

Mit genügender Genauigkeit kann diese durch eine kubische Parabel ersetzt werden.

Es sei:

a = Spannweite in cm,

σ = Zugbeanspruchung der Leitung an ihrer tiefst liegenden Stelle in kg/cm²,

σ_h = Zugspannung am höchst liegenden Aufhängepunkt in kg/cm²,

f = Durchhang in cm,

φ = Durchhang in % von a,

γ = spezifisches Gewicht in kg/cm³,

t = Temperatur in °C,

ε_t = Wärmedehnungszahl der Leitung in 1/°C,

E = Elastizitätsmodul der Leitung in kg/cm².

Ausgangswerte werden mit dem Index $_0$ bezeichnet.

Das Verhältnis von Zugspannung und Durchhang ergibt sich aus der Durchhangsgleichung

$$f = \frac{a^2\,\gamma}{8\,\sigma} + \frac{a^4\,\gamma^3}{384\,\sigma^3} \tag{1}$$

Das 2. Glied kann bei kleineren Spannweiten vernachlässigt werden, dann ergibt sich

$$f = \frac{a^2\,\gamma}{8\,\sigma} \tag{1a}$$

Durch diese Formeln sind nur die Zusammenhänge von σ und f gegeben. Änderungen im Belastungszustand durch Temperaturänderungen oder Hinzutreten einer Zusatzlast können, ausgehend von einem bekannten Anfangszustand, mit der Zustandsgleichung berechnet werden:

$$\sigma^3 + \sigma^2\left[\frac{a^2\,\gamma_0^2\,E}{24\,\sigma_0^2} + (t - t_0)\,\varepsilon_t\,E - \sigma_0\right] = \frac{a^2\,\gamma^2\,E}{24} \tag{2}$$

Tabelle 4. Cu-Seile nach DIN 48 201, einschließlich Bronze I

Nennquerschnitt q mm²	Eigengewicht G kg/m	Zusatzlast $G_z = 0{,}18 \cdot \sqrt{d}$ kg/m	$G_0 = G + G_z$ kg/m	Spezifisches Gewicht $\gamma_0 =$ kg/cm³ · 10⁻³	Seildurchmesser d mm
a 16	0,146	0,40644	0,55244	34,46	5,1
a 25	0,222	0,45180	0,67380	27,57	6,3
a 35	0,312	0,49302	0,80502	23,23	7,5
a 50	0,449	0,54000	0,98900	19,81	9,0
b 50	0,440	0,54000	0,98000	20,08	9,0
b 70	0,605	0,58320	1,18820	17,76	10,5
b 95	0,852	0,63648	1,48848	15,73	12,5
b 120	1,075	0,67356	1,74856	14,66	14,0
c 150	1,345	0,71550	2,06050	13,77	15,8
c 185	1,670	0,75294	2,42294	13,04	17,5
d 240	2,230	0,81108	3,04108	12,24	20,3
d 300	2,740	0,85374	3,59374	11,76	22,5

a = 7drähtig;　　b = 19drähtig.　　c = 37drähtig;　　d = 61drähtig.

Tabelle 5. Einwerkstoffseile Bronze II und III nach DIN 48201

Nennquerschnitt q mm²		Eigengewicht G kg/m	Zusatzlast $G_z = 0{,}18 \cdot \sqrt{d}$ kg/m	$G_0 = G + G_z$ kg/m	Spezifisches Gewicht $\gamma_0 = \text{kg/cm}^3 \cdot 10^{-3}$	Seildurchmesser d mm
a	16	0,142	0,40644	0,54844	34,21	5,1
	25	0,214	0,45180	0,66580	27,32	6,3
	35	0,303	0,49302	0,79602	22,98	7,5
	50	0,435	0,54000	0,97500	19,56	9,0
b	50	0,427	0,54000.	0,96700	19,83	9,0
	70	0,586	0,58320	1,16920	17,51	10,5
	95	0,829	0,63648	1,46548	15,48	12,5
	120	1,044	0,67356	1,71756	14,41	14,0
c	150	1,307	0,71550	2,02250	13,52	15,8
	185	1,621	0,75294	2,37394	12,79	17,5
d	240	2,167	0,81108	2,97808	11,99	20,3
	300	2,662	0,85374	3,51574	11,51	22,5

a = 7drähtig; b = 19drähtig; c = 37drähtig; d = 61drähtig.

Tabelle 6. Einwerkstoffseile aus Aluminium und Aldrey nach DIN 48201

Nennquerschnitt q mm²		Eigengewicht G kg/m	Zusatzlast $G_z = 0{,}18 \cdot \sqrt{d}$ kg/m	$G_0 = G + G_z$ kg/m	Spezifisches Gewicht $\gamma_0 = \text{kg/cm}^3 \cdot 10^{-3}$	Seildurchmesser d mm
a	16	0,044	0,40644	0,45044	28,26	5,1
	25	0,067	0,45180	0,51880	21,37	6,3
	35	0,094	0,49302	0,58702	17,03	7,5
	50	0,136	0,54000	0,67600	13,61	9,0
b	50	0,133	0,54000	0,67300	13,88	9,0
	70	0,184	0,58320	0,76720	11,56	10,5
	95	0,256	0,63648	0,89248	9,53	12,5
	120	0,321	0,67356	0,99456	8,46	14,0
c	150	0,410	0,71550	1,12550	5,57	15,8
	185	0 500	0,75294	1,25294	6,84	17,5
d	240	0,670	0,81108	1,48108	6,04	20,3
	300	0,825	0,85374	1,67874	5,56	22,5

a = 7drähtig; b = 19drähtig; c = 37drähtig; d = 61drähtig.

Tabelle 7. Einwerkstoffseile aus Stahl nach DIN 48201

Nennquerschnitt q mm²		Eigengewicht G kg/m	Zusatzlast $G_z = 0{,}18 \cdot \sqrt{d}$ kg/m	$G_0 = G + G_z$ kg/m	Spezifisches Gewicht $\gamma_0 = \text{kg/cm}^3 \cdot 10^{-3}$	Seildurchmesser d mm
a	16	0,128	0,40644	0,53444	33,36	5,1
	25	0,195	0,45180	0,64680	26,47	6,3
	35	0,276	0,49302	0,76902	22,13	7,5
	50	0,397	0,54000	0,93700	18,71	9,0
b	50	0,390	0,54000	0,93000	18,98	9,0
	70	0,531	0,58320	1,11420	16,66	10,5
	95	0,751	0,63648	1,38748	14,63	12,5
	120	0,942	0,67356	1,61556	13,56	14,0
c	150	1,186	0,71550	1,90150	12,67	15,8
	185	1,464	0,75294	2,21694	11,94	17,5
d	240	1,957	0,81108	2,76808	11,14	20,3
	300	2,415	0,85374	3,26874	10,66	22,5

a = 7drähtig; b = 19drähtig; c = 37drähtig; d = 61drähtig.

Tabelle 8. Stahl-Aluminium-Seile nach DIN 48204

Nennquerschnitt q mm²	Eigengewicht G kg/m	Zusatzlast $G_z = 0{,}18 \cdot \sqrt{d}$ kg/m	$G_0 = G + G_z$ kg/m	Spezifisches Gewicht $\gamma_0 = \text{kg/cm}^3 \cdot 10^{-3}$	Seildurchmesser d mm
16/2,5	0,0618	0,4183	0,4801	26,95	5,4
25/4	0,0966	0,4694	0,5660	20,34	6,8
35/6	0 1391	0,5123	0,6514	16,26	8,1
50/8	0,1955	0,5576	0,7531	13,35	9,6
70/12	0,2745	0,6131	0,8876	11,33	11,6
95/15	0,368	0,6590	1,0270	9,73	13,4
120/21	0,505	0,7132	1,2182	8.42	15,7
150/25	0,614	0,7486	1,3626	7,75	17,3
185/32	0,760	0,7888	1,5488	7,11	19,2
210/36	0,864	0,8150	1,6790	6,78	20,5
240/40	0,971	0,8384	1,8094	6,49	21,7
300/50	1,208	0,8854	2,0934	6,02	24,2
125/29	0,576	0,7222	1,2982	8,35	16,1
170/40	0,794	0,7825	1,5765	7,34	18,9
210/50	0,980	0,8249	1,8049	6,80	21,0
310/100	1,668	0,9284	2,5964	6,27	26,6
340/110	1,864	0,9540	2,8180	6,09	28,1

4. Skizzen für Isolatorenketten

(Erläuterungen hierzu s. S. 159—164)

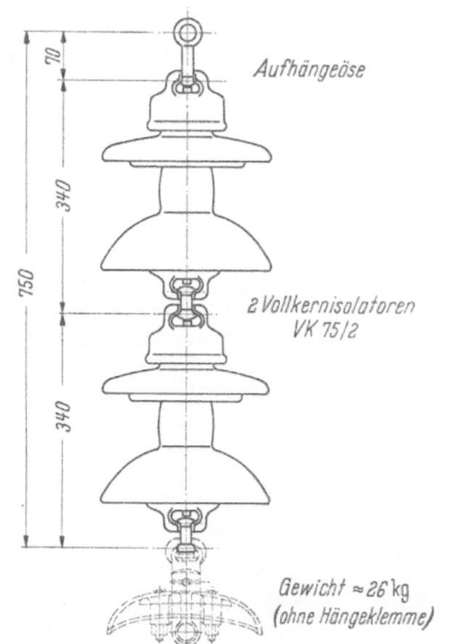

Abb. 121
60 kV-Hängekette für Tragmaste

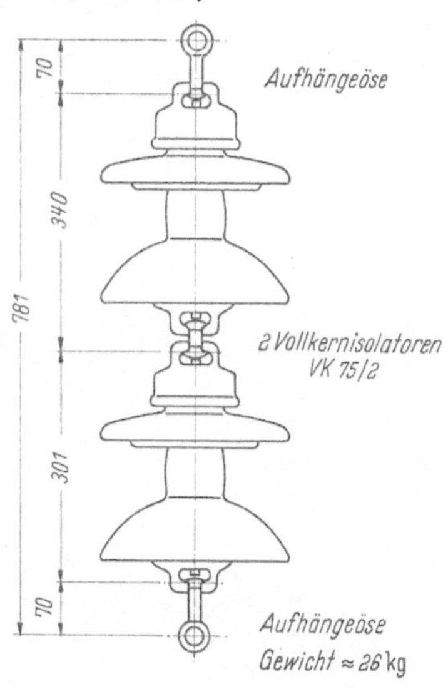

Abb. 122
60 kV-Abspannkette für Abspannmaste

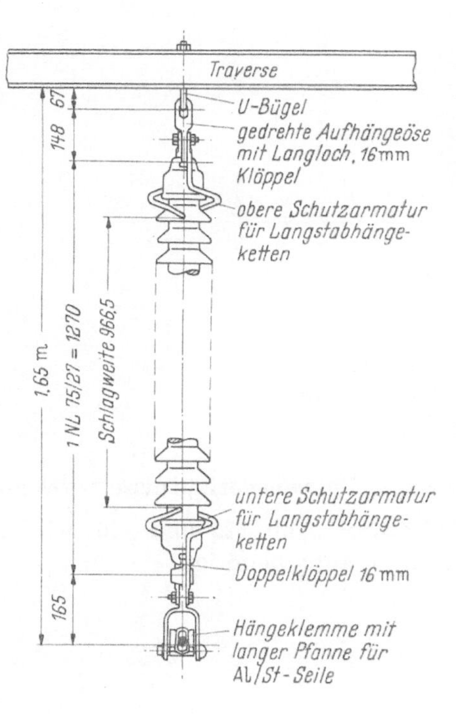

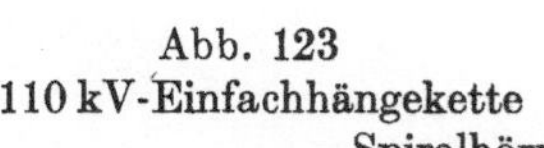

Abb. 123
110 kV-Einfachhängekette

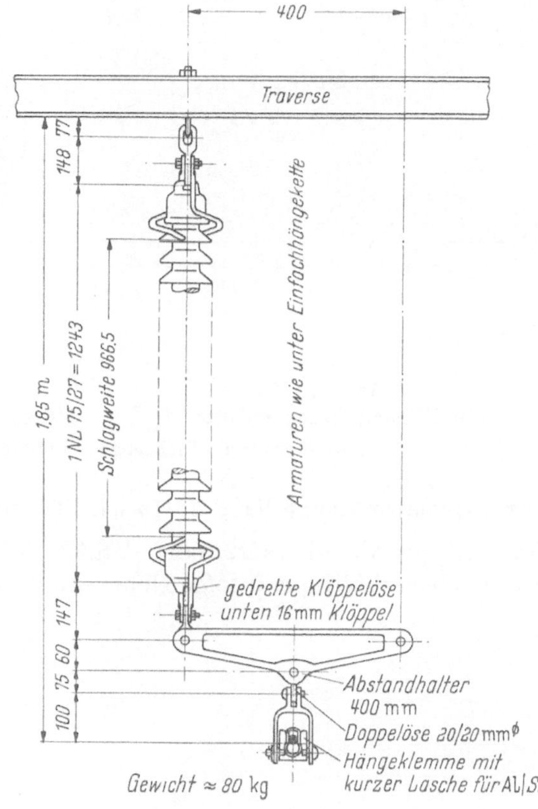

Abb. 124
110 kV-Doppelhängekette
Spiralhörner als Lichtbogenschutzarmaturen

Die Langstab-Isolatorentype VKL 75/14 wird für normale Betriebsverhältnisse verwendet.
Die Langstab-Isolatorentype VKNL 75/22 oder VKNL 75/27 (vergl. Abb. 123 und 124) wird
für erschwerte Betriebsverhältnisse infolge Nebel und Verschmutzung benötigt.

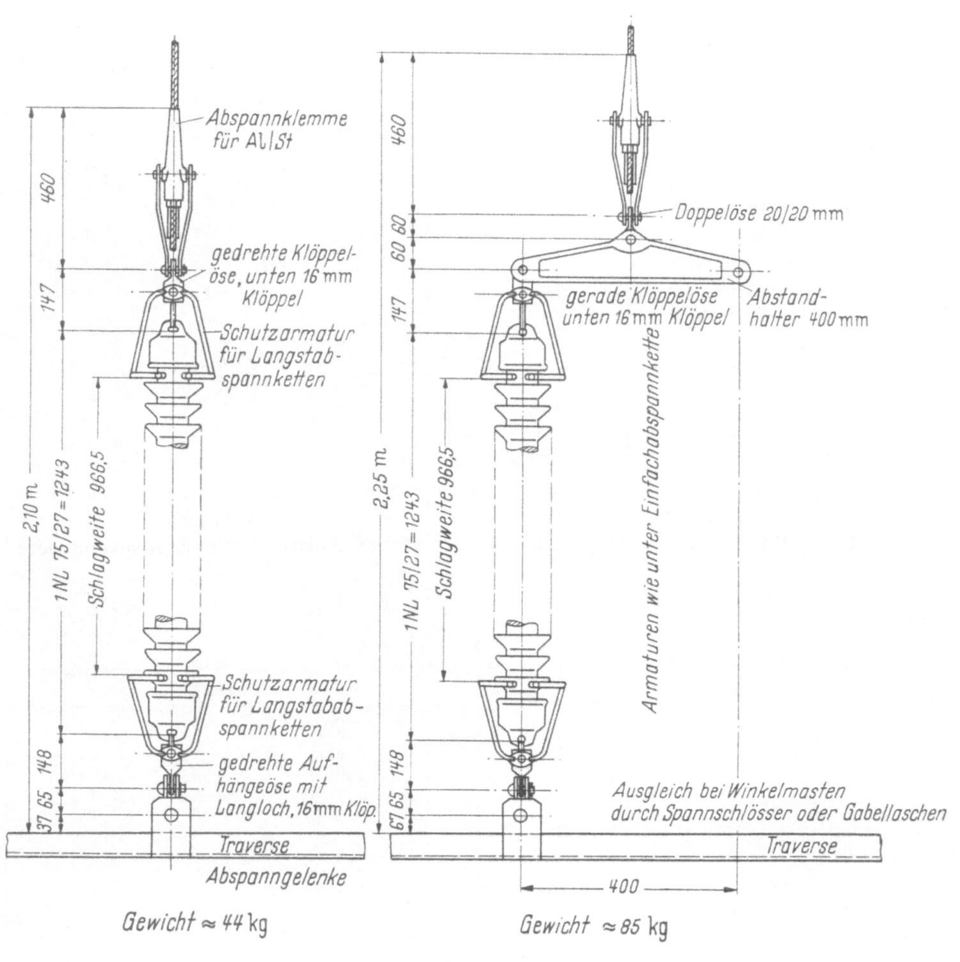

Abb. 125

110 kV-Einfachabspannkette

Abb. 126

110 kV-Doppelabspannkette

Spiralhörner als Lichtbogenschutzarmaturen

Die Langstab-Isolatorentype VKL 75/14 wird für normale Betriebsverhältnisse verwendet.

Die Isolatorentype VKNL 75/22 oder VKNL 75/27 (vergl. Abb. 125 und 126) wird für erschwerte Betriebsverhältnisse infolge Nebel und Verschmutzung benötigt.

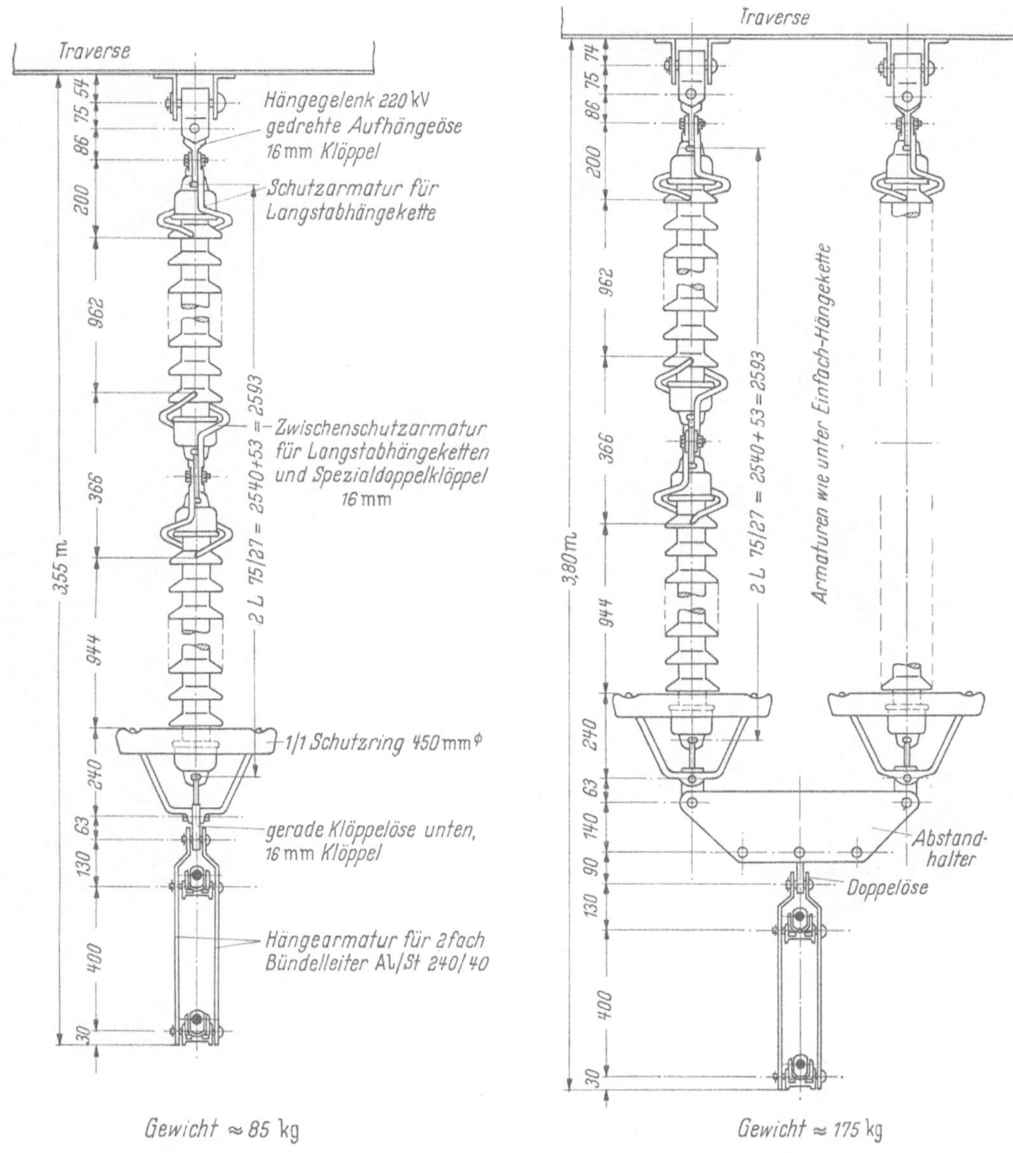

Abb. 127
220 kV-Einfachhängekette

Abb. 128
220 kV-Doppelhängekette

für vertikalen Zweierbündelleiter

(Lichtbogenschutzarmaturen oben und mitte: Spiralhörner unten: Schutzringe)

Die Isolatorentype VKL 75/14 (wie in Abb. 127 und 128 gezeichnet) wird für normale Betriebsverhältnisse verwendet.

Die Isolatorentype VKNL 75/22 oder VKNL 75/27 (vergl. Beschriftung der Abb. 127 und 128) wird für erschwerte Betriebsverhältnisse infolge Nebel und Verschmutzung benötigt.

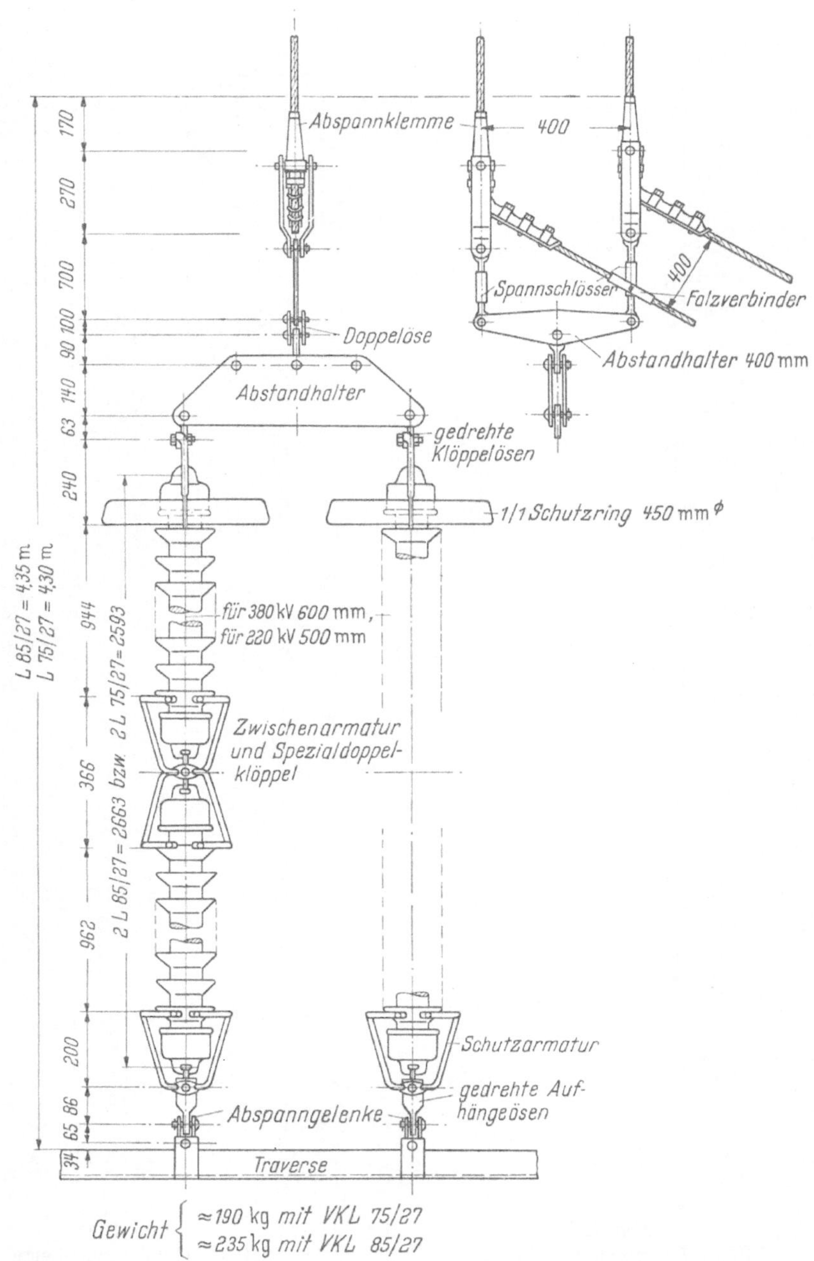

Abb. 129 und 130: 220 kV-Doppelabspannkette

(Lichtbogenschutzarmaturen am Abspanngelenk und zwischen den
Isolatoren: Spiralhörner, vor dem Zweierbündelleiter: Schutzringe)

Die Langstab-Isolatorentype VKL 75/14, bzw. 85/14 (wie in Abb. 129 und 130 gezeichnet) wird
für normale Betriebsverhältnisse verwendet.

Die Isolatorentype VKNL 75/22, bzw. 75/27, oder VKNL 85/22 bzw. 85/27 (vergl. Beschriftung
der Abb. 129 und 130) wird für erschwerte Betriebsverhältnisse infolge Nebel und Verschmutzung benötigt.

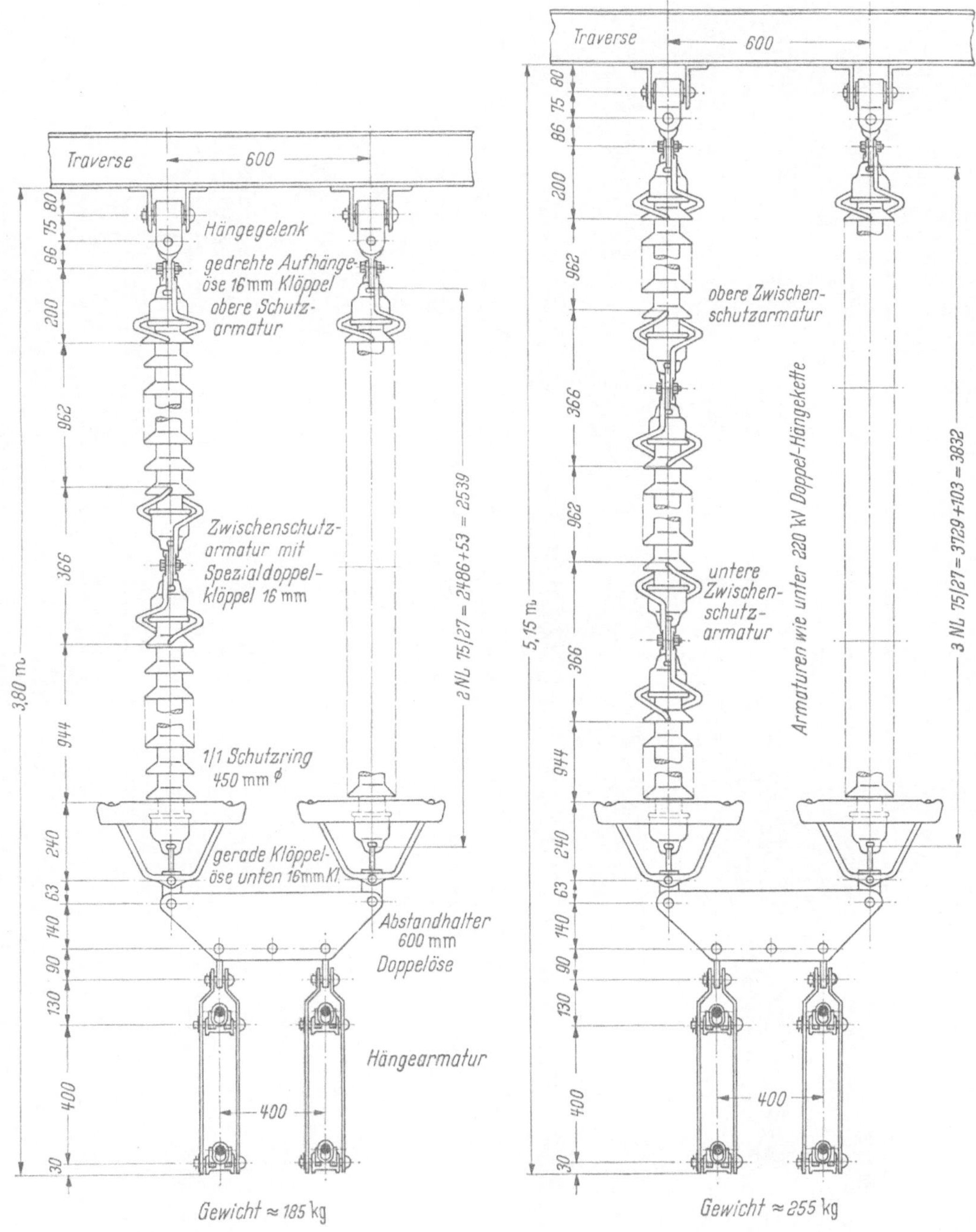

Abb. 131
220 kV-Doppelhängekette für Vierer-Bündelleiter

Abb. 132
380 kV-Doppelhängekette für Vierer-Bündelleiter

(Lichtbogenschutzarmaturen oben und mitte: Spiralhörner, unten: Schutzringe)

Die Isolatorentype VKL 75/14 (wie in Abb. 131 und 132 gezeichnet) wird für normale Betriebsverhältnisse verwendet.

Die Isolatorentype VKNL 75/22 oder VKNL 75/27 (vergl. Abb. 131 und 132) wird für erschwerte Betriebsverhältnisse infolge Nebel und Verschmutzung benötigt.

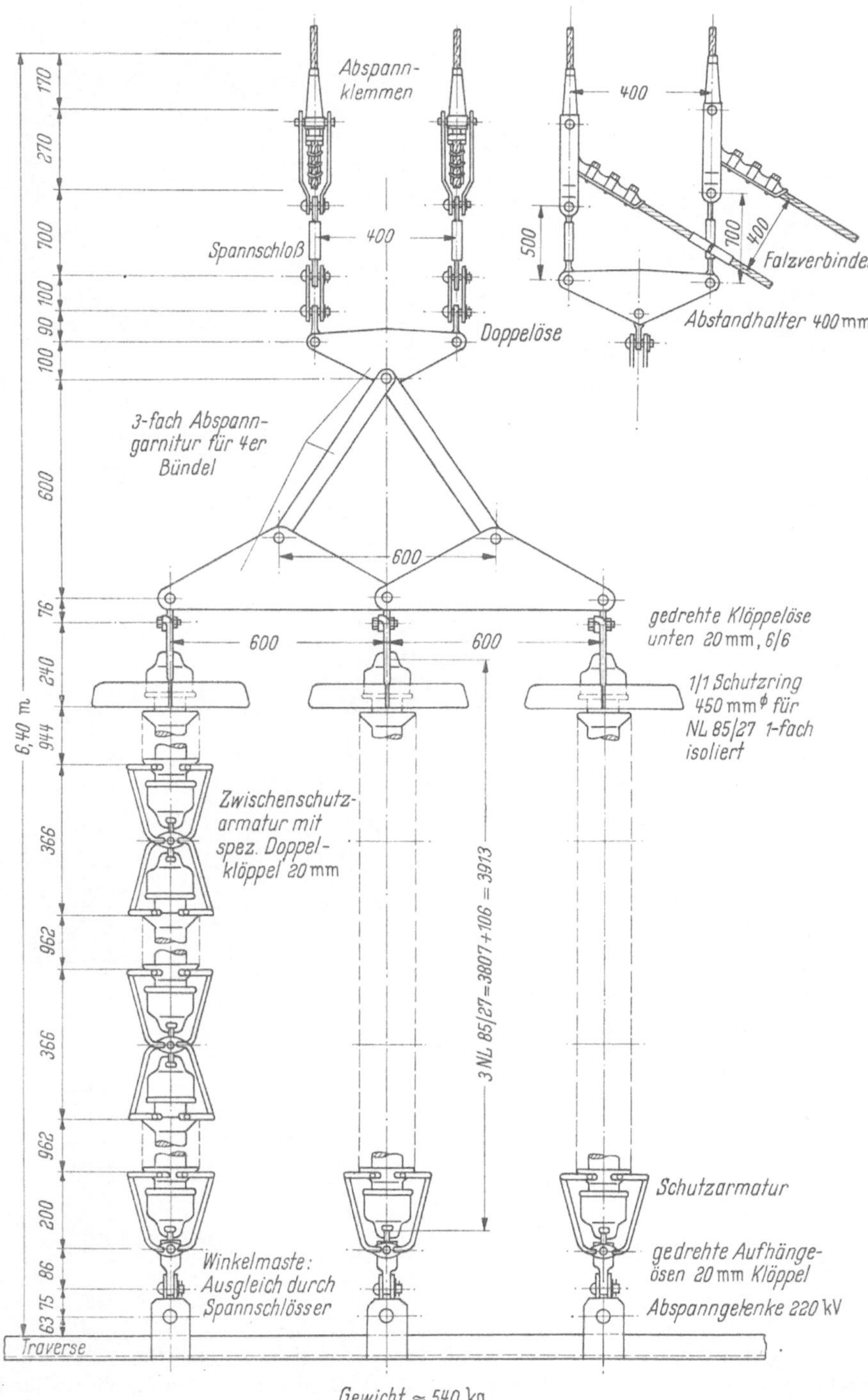

Abb. 133 und 134
380 kV-Dreifachabspannkette für Vierer-Bündelleiter.
(Lichtbogenschutzarmaturen am Abspanngelenk und zwischen den Isolatoren:
Spiralhörner, vor dem Vierer-Bündelleiter: Schutzringe

Die Langstab-Isolatorentype VKL 85/14 wird für normale Betriebsverhältnisse verwendet.

Die Isolatorentype VKNL 85/22, oder VKNL 85/27 wird für erschwerte Betriebsverhältnisse infolge Nebel und Verschmutzung benötigt.